科学出版社“十三五”普通高等教育本科规划教材

固体物理学

（基础篇）

（第三版）

陈长乐　编著

科学出版社

北　京

内 容 简 介

《固体物理学》全书分为基础篇和专题篇，以简明的方式，系统地介绍了固体物理学的基础理论及若干专题，物理图像清晰，论述深入浅出，取材新颖．本书是基础篇，共6章，包括晶体结构、晶体结合、晶格振动与晶体的热学性质、能带理论、金属电子论、晶体的缺陷与相图．

本书可作为普通高等院校应用物理、物理专业以及相关专业本科生的教材，也可供相关人员参考使用．

图书在版编目(CIP)数据

固体物理学．基础篇 / 陈长乐编著．--3版．北京：科学出版社，2024．9．
(科学出版社"十三五"普通高等教育本科规划教材)．-- ISBN 978-7-03-079444-4

Ⅰ．O48

中国国家版本馆CIP数据核字第2024G0U263号

责任编辑：窦京涛 / 责任校对：杨聪敏
责任印制：赵 博 / 封面设计：无极书装

科学出版社 出版
北京东黄城根北街16号
邮政编码：100717
http://www.sciencep.com
北京厚诚则铭印刷科技有限公司印刷
科学出版社发行 各地新华书店经销
*
1998年9月西北工业大学出版社第一版
2007年2月第 二 版 开本：720×1000 1/16
2024年9月第 三 版 印张：14 1/4
2025年7月第二十次印刷 字数：287 000

定价：49.00元

(如有印装质量问题，我社负责调换)

前　言

从 1987 年起，作者在西北工业大学为应用物理系、材料学院的本科生和研究生开设“固体物理学”课程，本书是根据作者的课程讲义，经过教学实践，多次修改、补充而成的，并于 1998 年由西北工业大学出版社出版第一版，2007 年由科学出版社出版第二版，多年来受到同行老师和学生的厚爱，多次重印.

近年来，固体物理学科的研究工作取得了突飞猛进的发展，新现象、新概念和新技术层出不穷，研究领域不断扩大，人们对其认识也在不断深化，因而在教学中必须不断地更新内容，吸收最新研究成果，以扩大学生视野，使之尽早了解、接触学科前沿. 为了满足固体物理学日新月异发展对教学提出的要求，作者对原书内容和安排进行了较大的补充和改动，并由科学出版社再版. 为适应教学的需要，分为基础篇和专题篇.

基础篇讲述固体物理学的基础内容，包括晶体结构、晶体结合、晶格振动与晶体的热学性质、能带理论、金属电子论和晶体的缺陷与相图，其内容可在 60 学时左右讲授完毕；专题篇概述了几个专题以及反映现代固体物理学发展前沿的新领域，包括半导体、固体的介电性与铁电性、固体磁性、超导电性、固体中的电子关联、非晶态固体与无序体系、介观体系与纳米固体，可供高年级本科生和硕士研究生进一步学习现代固体物理学选用.

本书力求深入浅出，以简明的方式，完整、准确地讲解固体物理学的基本概念、基本规律和基本方法. 对繁杂的研究对象和内容进行系统化讲述，帮助学生尽快掌握课程体系和理论框架，降低教学难度.

本书的出版得到科学出版社、西北工业大学物理科学与技术学院和西北工业大学教材科的大力支持. 西北工业大学应用物理学专业历届学生在使用过程中对本教材印刷错误和疏漏提出更正. 西北工业大学物理科学与技术学院“凝聚态结构与性质”陕西省重点实验室的博士和硕士研究生在书稿校正、插图绘制等方面作了大量工作，西安交通大学李普选高级工程师绘制、修正了部分插图，作者在此一并表示衷心感谢. 本书难免存在不妥之处，恳切希望读者批评指正.

作　者

2023 年 5 月

目　　录

第 1 章　晶 体 结 构

固体材料是由大量原子或分子、离子按一定方式排列而成的，这种微观粒子的排列方式称为固体的微结构.

固体按其微结构的有序程度可分为晶体和非晶体. 如果构成固体的原子、分子在微米量级以上是排列有序的称为长程有序(长程序)，该固体为**晶体**，否则为**非晶体**.

晶体又可分为单晶体和多晶体. **单晶体**中分子在整个固体中排列有序，如岩盐、金刚石、锗和硅单晶等. **多晶体**中分子在微米量级范围内排列有序，整个晶体是由这些排列有序的晶粒随机地堆砌而成的. 一般金属和合金都是多晶体. 若晶粒的线度小到纳米数量级时则称为微晶. 例如，磁记录材料 γ-Fe_2O_3 磁粉、碳黑颗粒等.

晶体分子排列的长程有序决定了单晶体具有以下性质：①具有规则的几何外形；②物理性质是各向异性的；③具有确定的熔点. 多晶体由于晶粒堆积的无规则性，因而不具有规则的外形，不表现出各向异性.

对于非晶体，原子排列不具有长程序. 但在原子间距量级10^{-10} m 的范围内原子排列是有序的，称为短程有序(短程序)，即近邻原子的数目和种类，近邻原子的间距(键长)及近邻原子配置的几何方向(键角)都与晶体具有一样的规律性. **非晶体**仅具有短程序. 例如，玻璃、橡胶、石蜡等都是典型的非晶体.

除了上述两类常见的固体材料外，还有一类既不同于晶体也不同于非晶体的固体材料，称为**准晶体**. 准晶体是固体结构研究的一个新领域.

至今，人们仅对晶体的性质及描述方法有了深入的认识. 晶体物理学与其他材料物理学相比已经发展到了成熟的阶段. 在本书中若不特别指出，则只讨论晶体，而且是单晶体. 本章介绍晶体中原子排列的几何规律性.

1.1　晶体结构的周期性

晶体中原子的规律排列可看成是由“基本结构单元”在空间重复堆砌而成的，我们称之为晶体结构的周期性. 本节介绍描述晶体结构周期性的方法和基本概念.

1. 基元、格点(基点)

构成晶体的基本单元称为基元(basis). 它由一种原子或多种原子(离子)组成的原子团构成. 例如，NaCl 晶体的基元就是由 Na^+ 离子和 Cl^- 离子组成的分子. 基元在晶格中的位置可用基元中任一点(如重心)代表，此代表点称为基点或格点

(lattice point).

2. 晶格(crystal lattice)

基元在空间 3 个不同方向上作周期性排列就形成晶体. 这 3 个方向不必正交,各个方向上的周期大小不一定相同. 显然,由于基元的周期性排列其格点也一定作相同的周期性排列. 这些点和它们之间的间距所形成的空间点阵称之为晶体格子,简称晶格. 因此,我们看到把基元以同样的方式放置在晶格的每个格点上就得到实际晶体.

3. 布拉维格子(Bravais lattice)

由基元的代表点(格点)形成的晶格称为布拉维格子或布拉维点阵. 它的特征是每个格点周围的情况(包括周围的格点数和格点位置的几何方位等)完全相同.

4. 基矢(初基平移矢量)(primitive vector)

晶体可以看成由格点沿空间 3 个不同方向上各按一定长度周期性地平移而构成,每一个平移距离称为周期. 我们令 $\boldsymbol{a}_1$、$\boldsymbol{a}_2$、$\boldsymbol{a}_3$ 的模代表空间 3 个方向上的最小平移距离(即 a_i 表示 i 方向上相邻两格点的距离,$i=1,2,3$),并称 $\boldsymbol{a}_i$ 为基矢. 这是因为,如果我们选某格点为坐标原点,则晶体中任一格点的位置都可表示为

$$\boldsymbol{R}_n = n_1\boldsymbol{a}_1 + n_2\boldsymbol{a}_2 + n_3\boldsymbol{a}_3,\quad n_1, n_2, n_3 = 0, \pm 1, \pm 2, \pm 3, \cdots \tag{1.1.1}$$

$\boldsymbol{R}$ 称为**晶格平移矢量**. 也就是说,从任一格点出发平移 $\boldsymbol{R}$ 后必然地到达另一格点. 显然,布拉维格子中的任一格点的位置都可由式(1.1.1)表示. 因此,可以给布拉维格子下一个等价的数学定义:由式(1.1.1)所确定的点的集合称为布拉维格子,如图 1.1.1 所示.

对于同一晶格,基矢的选择不是唯一的. 如图 1.1.2 中 1、2 和 3 所示的二维布拉维格子中的基矢取法都是正确的,这是因为虽然这些基矢组成了不同的平移矢量,但都得到完全相同的晶格. 而 4 的基矢取法是不对的.

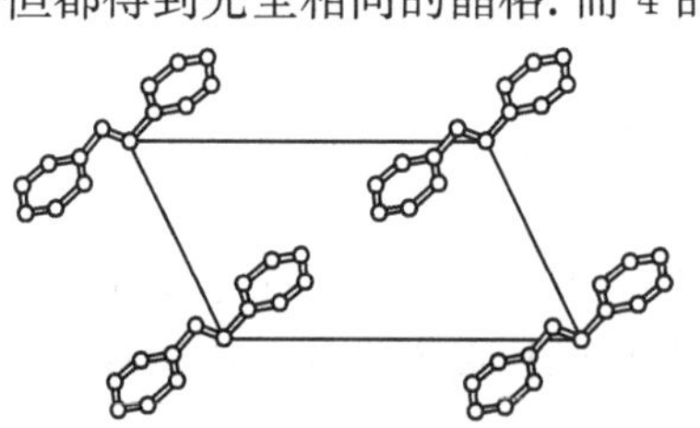

图1.1.1　实际晶体结构与布拉维格子

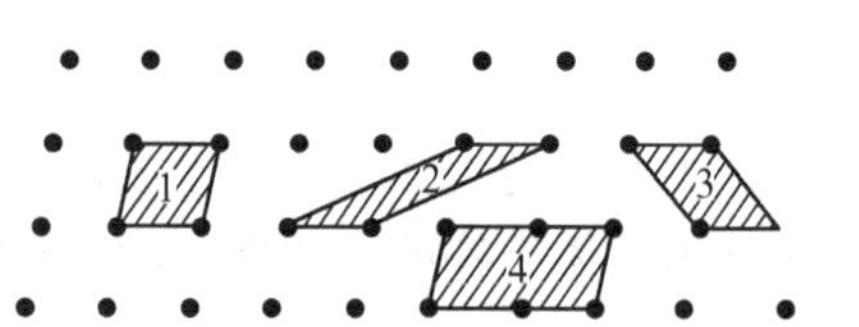

图 1.1.2　原胞示意图

5. 原胞(固体物理学原胞)

由基矢 $\boldsymbol{a}_1$、$\boldsymbol{a}_2$、$\boldsymbol{a}_3$ 为 3 个棱边组成的平行六面体是晶格结构的最小重复单元,

它们平行地、无交叠地堆积在一起，可以形成整个晶体. 这样的重复单元称为原胞(primitive cell). 很显然，每个原胞只含一个格点，因为每个原胞有 8 个顶点，而每个顶点为 8 个原胞所共有. 原胞的体积 V 为

$$V = \boldsymbol{a}_1 \cdot (\boldsymbol{a}_2 \times \boldsymbol{a}_3) \tag{1.1.2}$$

它是最小的晶格重复单元，由于基矢 $\boldsymbol{a}_i$ 选择的多样性，原胞的选择也是多样性的.

原胞的存在反映了晶体晶格的周期性，各原胞中对应点的一切物理性质相同. 因而作为位置函数的各种物理量 $A(\boldsymbol{r})$，应具有晶格周期性或称为平移对称性. 一般用**晶格平移矢量 $\boldsymbol{R}_n$** 来标志原胞的空间位置，则物理量的晶格周期性

$$A(\boldsymbol{r} + \boldsymbol{R}_n) = A(\boldsymbol{r})$$

平行六面体形的原胞有时不能反映晶格的全部宏观对称性(见 1.3 节). 为了既反映原晶体所具有的一切对称性又反映它是最小的重复单元，维格纳(Wigner)和赛茨(Seitz)提出了另一种原胞，称为**维格纳-赛茨原胞**(简写为 WS 原胞)，也称对称原胞. 它的取法是，做某一选定的格点与其他点连线的中垂面，被这些中垂面所围成的多面体便是 WS 原胞(图 1.1.3). 显然，WS 原胞只包含一个格点，因此它具有和原胞一样的体积，因而也是最小的周期性重复单元.

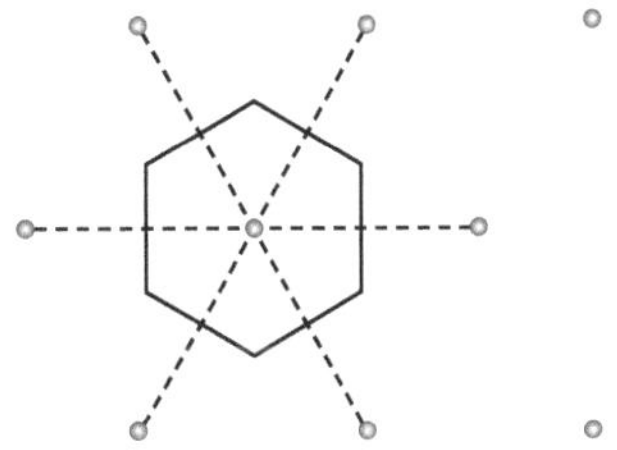

图 1.1.3 WS 原胞

6. 晶胞(结晶学原胞)(crystal cell)

除了周期性外，每种晶体还有自己特有的某种对称性. 为了反映晶体对称的特征，往往选取能直观反映上述对称性的晶格重复单元，称为**晶胞**. 若 $\boldsymbol{a}$、$\boldsymbol{b}$、$\boldsymbol{c}$ 代表 3 个不共面对称轴(晶轴)的方向，a、b、c 表示各轴上的周期，则 $\boldsymbol{a}$、$\boldsymbol{b}$、$\boldsymbol{c}$ 围成的六面体就是一个晶胞. 晶胞的边长称为晶格常数，它不一定等于近邻原子的间距. 以后用 $\boldsymbol{a}$、$\boldsymbol{b}$、$\boldsymbol{c}$ 表示晶胞的基矢. 对晶胞而言，格点不仅出现在顶点上，也可能出现在其他位置，如体心或面心位置上，因而每个晶胞不一定只含一个格点，晶胞不一定是最小的重复单元，它的体积一般是原胞体积的整数倍. 下面我们举两个例子来说明这一点.

在结晶学中，把晶轴相互垂直，即 $\boldsymbol{a} \perp \boldsymbol{b}$、$\boldsymbol{b} \perp \boldsymbol{c}$、$\boldsymbol{c} \perp \boldsymbol{a}$，且 $a=b=c$ 的晶胞称为立方晶系的晶胞. 立方晶系按格点的分布情况又分为简单立方、体心立方和面心立方 3 种，如图 1.1.4～图 1.1.6 所示. 取晶轴作为坐标轴，以 $\boldsymbol{i}$、$\boldsymbol{j}$、$\boldsymbol{k}$ 表示坐标轴的单位矢量，这 3 个晶胞分别讨论如下：

1) 简单立方(simple cubic, sc)

格点均在立方体的顶角上，因此原胞与晶胞的取法是一样的，即原胞的基矢为

$$\boldsymbol{a}_1 = a\boldsymbol{i}, \quad \boldsymbol{a}_2 = b\boldsymbol{j} = a\boldsymbol{j}, \quad \boldsymbol{a}_3 = c\boldsymbol{k} = a\boldsymbol{k}$$

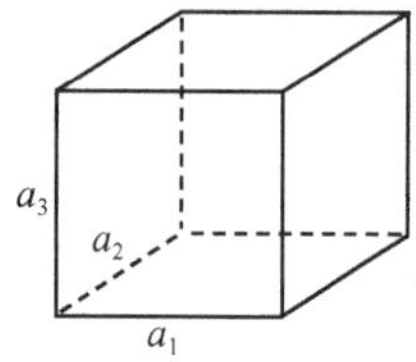

图 1.1.4　简单立方

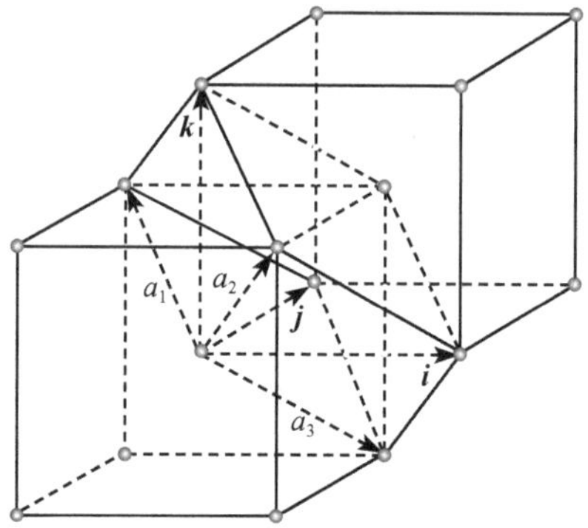

图 1.1.5　体心立方格子的晶胞与原胞

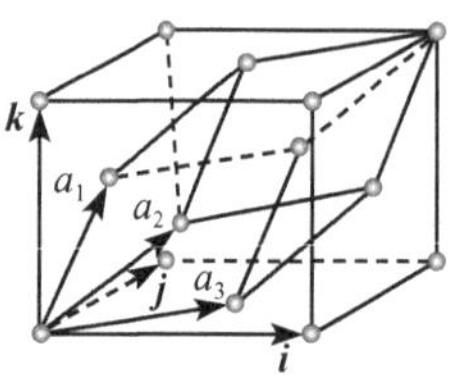

图 1.1.6　面心立方格子的晶胞与原胞

2) 体心立方(body-centered cubic,bcc)

除晶胞顶角上的格点外还有一个格点位于立方体的中心,故称为体心. 晶胞的基矢如前所述为

$$\boldsymbol{a} = a\boldsymbol{i}, \quad \boldsymbol{b} = a\boldsymbol{j}, \quad \boldsymbol{c} = a\boldsymbol{k}$$

每个体心立方晶胞含有两个等效格点,而原胞要求只含有一个格点,因此常用如图 1.1.4 所示的方法选取原胞,这个体心立方原胞的基矢可表达如下:

$$\begin{aligned} \boldsymbol{a}_1 &= \frac{a}{2}(-\boldsymbol{i}+\boldsymbol{j}+\boldsymbol{k}) \\ \boldsymbol{a}_2 &= \frac{a}{2}(\boldsymbol{i}-\boldsymbol{j}+\boldsymbol{k}) \\ \boldsymbol{a}_3 &= \frac{a}{2}(\boldsymbol{i}+\boldsymbol{j}-\boldsymbol{k}) \end{aligned} \tag{1.1.3}$$

这种原胞的体积可证明为

$$\boldsymbol{a}_1 \cdot (\boldsymbol{a}_2 \times \boldsymbol{a}_3) = \frac{1}{2}a^3 \tag{1.1.4}$$

即为原来晶胞体积的 1/2. 原来晶胞含有两个格点,故所取的原胞只含有一个格点.

3) 面心立方(face-centered cubic,fcc)

除顶角上的格点外,在立方体的 6 个面的中心还有 6 个格点,故称面心立方. 每个面心格点为相邻晶胞所共有,于是每个面心格点只有 1/2 是属于一个晶胞的,因此面心立方晶胞所含的等效格点数是 4 个. 如图 1.1.6 所示,最小原胞的基矢可取为

$$\boldsymbol{a}_1 = \frac{a}{2}(\boldsymbol{j}+\boldsymbol{k})$$

$$a_2 = \frac{a}{2}(\boldsymbol{k} + \boldsymbol{i}) \tag{1.1.5}$$

$$a_3 = \frac{a}{2}(\boldsymbol{i} + \boldsymbol{j})$$

其体积为

$$\boldsymbol{a}_1 \cdot (\boldsymbol{a}_2 \times \boldsymbol{a}_3) = \frac{1}{4}a^3 \tag{1.1.6}$$

即等于原来晶胞体积的 1/4，每个原胞中只含有一个格点.

4) 简单六角(方)布拉维格子(simple hexagonal Bravais lattice)

除上面立方晶系的晶胞外，还有一种晶胞的基矢并不相互垂直的晶系，称之为简单六角(方)晶胞，其基矢为

$$\begin{aligned} \boldsymbol{a}_1 &= a\boldsymbol{i} \\ \boldsymbol{a}_2 &= \frac{a}{2}\boldsymbol{i} + \frac{\sqrt{3}}{2}a\boldsymbol{j} \\ \boldsymbol{a}_3 &= c\boldsymbol{k} \end{aligned} \tag{1.1.7}$$

其布拉维格子如图 1.1.7 中的六角晶系所示.

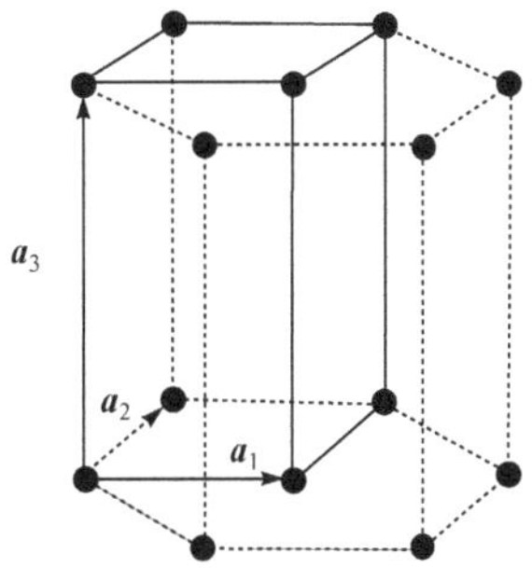

图 1.1.7　简单六角(方)格子的晶胞与原胞

7. 复式格子

到现在为止，我们对晶体的讨论都是以最小结构单元——基元为出发点的. 只要把基元按照一定的规律安排在格点上，就可得到实际晶体. 所以可以说所有的晶体对基元(格点)来说都构成布拉维格子.

如果我们的出发点是晶体中的原子，这时每个基元中包含 n 个原子，以这些原子为结构点来看，每个原子周围的情况是不相同的，如图 1.1.8(a)、(b)所示.

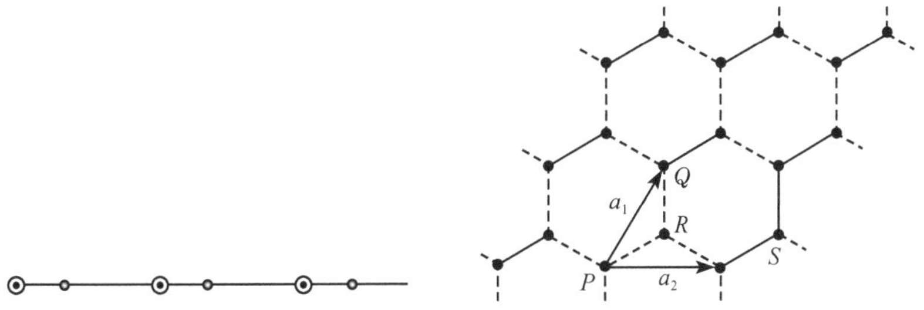

(a) 一维复式格子　　(b) 正六边形点阵中，Q、R 格点周围情况不同

图 1.1.8　复式格子图示

因此，对原子来说不是布拉维格子. 但我们看到各个基元中的相应原子构成与格点相同的布拉维格子，各自构成的布拉维格子形状完全相同，只不过这些晶格之

间存在着相对位移. 我们把由若干相同结构的布拉维格子相互套构而成的格子称为**复式格子**. 要注意的是,即使是由同一种原子组成的晶格,也并不一定是布拉维格子. 例如,由同一元素原子形成的如图 1.1.8(b)所示的蜂窝结构,很容易看出 $P,Q,\cdots$ 与 $R,S,\cdots$ 分属于两类不同的点,P 原子和 R 原子与其近邻原子成键的方位不同,所以 P 点和 R 点是不等价的,这些点的集合不是布拉维格子,而是由两个二维三角格子套构而成的复式格子.

为了方便,以后我们都以原子作为结构点把晶体分成布拉维格子和复式格子. 例如,Cu、Al 等是晶胞为面心立方的布拉维格子,而 NaCl 则是由 Na^+ 和 Cl^- 各自的布拉维格子套构而成的复式格子.

1.2　常见的实际晶体结构

本节按结晶学中晶胞的形状来分类讨论一些常见的实际晶体.

1.2.1　立方晶系的布拉维晶胞

由同一元素原子组成的具有体心立方、面心立方结构的晶体,无论对原子还是对原胞都是布拉维格子,也称布拉维晶胞.

属于体心立方结构的晶体有金属 Li、Na、K、Rh、Cs 及过渡族金属 Cr、Mo、W 等. 属于面心立方结构的晶体有 Cu、Ag、Au、Al、Ni、Pb 等. 它们的结构在 1.1 节中已讨论过,这里不再重复.

1.2.2　立方晶系的复式格子

1. 氯化钠(NaCl)结构

岩盐是典型的 NaCl 结构晶体,它由正离子 Na^+ 和负离子 Cl^- 相间排列组成,其立方晶胞如图 1.2.1 所示. Na^+ 和 Cl^- 各自构成面心立方布拉维晶格,这两个布拉维格子的原胞具有相同的基矢,它们沿轴相互错半个晶格常数互相套构在一起构成 NaCl 晶格结构. 基元由相距半个结构常数的一个正离子和负离子组成. 原胞的取法可按 Na^+ 的面心立方格子选取基矢,顶角在 Na^+ 上,内含一个 Cl^- 离子,也可按 Cl^- 的面心立方格子选取基矢内含一个 Na^+ 离子. 显然基元的代表点——格点也形成面心立方布拉维格子,碱金属 Li、Na、K、Rb 和卤族元素 F、Cl、Br、I 的化合物都具有 NaCl 结构,表 1.2.1 给出了几种常见的 NaCl 结构的点阵常数.

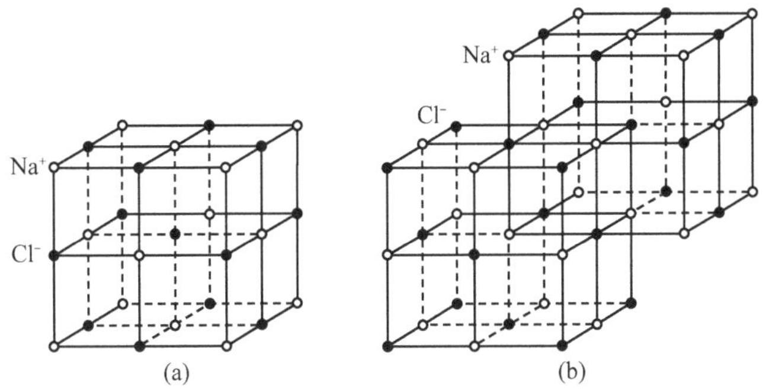

图 1.2.1　NaCl 晶体结构

表 1.2.1　常见 NaCl 结构的点阵常数

晶体	$a/\times10^{-10}$m	晶体	$a/\times10^{-10}$m	晶体	$a/\times10^{-10}$m
LiF	4.02	RbF	5.64	CaS	5.69
LiCl	5.13	RbCl	6.58	CaSe	5.91
LiBr	5.50	RbBr	6.85	CaTe	6.84
LiI	6.00	RbI	7.34	SrO	6.16
NaF	4.62	CsF	6.01	SrS	6.12
NaCl	5.64	AgF	4.92	SrSe	6.00
NaBr	5.97	AgCl	5.55	SeTe	6.00
NaI	6.47	AgBr	5.77	BaO	6.62
KF	5.35	MgO	4.21	BaS	6.39
KCl	6.29	MgS	5.20	BaSe	6.60
KBr	6.60	MgSe	5.45	BaTe	6.90
KI	7.07	CaO	4.81		

2. 氯化铯(CsCl)结构

图 1.2.2 给出了 CsCl 结构的立方晶胞结构. Cs^{+} 和 Cl^{-} 各自构成简立方布拉

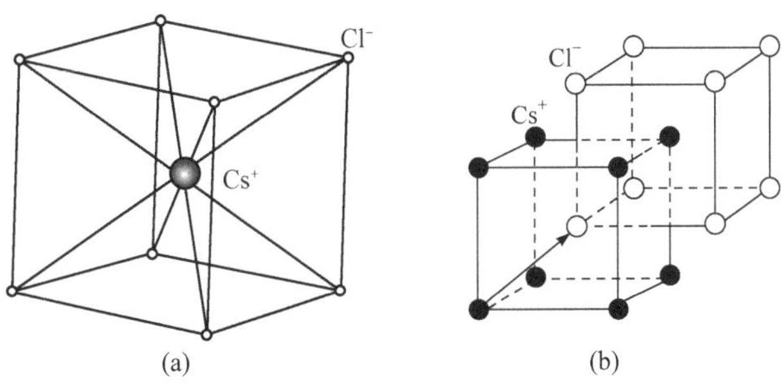

图 1.2.2　CsCl 结构

维格子,两简立方格子沿立方体空间对角线位移(1/2)长度相互套构形成 CsCl 结构. 基元由相距为体对角线一半的正负离子组成. 显然 CsCl 的布拉维格子是简立方格子,CsCr、CsI、CsCl、TiBr、TiI 等化合物晶体属氯化铯结构. 表 1.2.2 给出了几种常见的 CsCl 结构的点阵常数.

表 1.2.2　常见 CsCl 结构的点阵常数

晶体	$a/\times10^{-10}$m	晶体	$a/\times10^{-10}$m
CsCl	4.12	TiCl	3.84
CsBr	4.29	TiBr	3.97
CsI	4.57	TiI	4.20

3. 金刚石结构

金刚石结构的晶格是由同种原子构成的复式格子. 金刚石晶格的晶胞如图 1.2.3(a)所示,在面心立方晶胞内还有 4 个原子分别位于 4 个体对角线的 1/4 处. 体内 4 个原子与顶角、面心的原子不等价(共价键的方向不同),即它们周围的情况不同. 因此,整个金刚石结构可以看成是沿体对角线相互错开 1/4 长度的两个面心立方晶格套构而成的. 金刚石结构原胞的取法与面心立方晶格的原胞相同,原胞中包含原点 O 和$\frac{a}{4}(\boldsymbol{i}+\boldsymbol{j}+\boldsymbol{k})$位置两个不等价的碳原子.

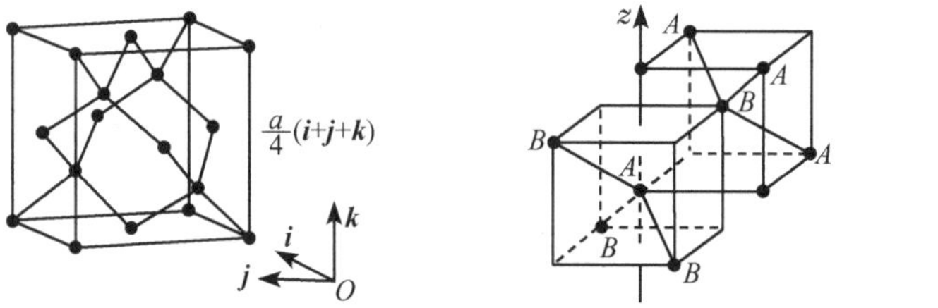

(a) 金刚石结构的晶胞　　(b) 金刚石结构中的两类格点的相互穿套

图 1.2.3　金刚石结构

金刚石是由碳原子组成的,是金刚石结构晶体的典型代表. 另外,如重要的半导体材料锗、硅等,它们的晶格也是金刚石结构.

4. 闪锌矿结构

闪锌矿结构也称为立方硫化锌(ZnS)结构. 图 1.2.4 给出了其晶体结构. 它的结构和金刚石结构非常类似,硫和锌原子分别组成面心立方格子,而两个面心立方格子套构的相对位置与金刚石完全相同. 许多重要的化合物半导体,如锑化铟、砷化钾等都是闪锌矿结构,常见闪锌矿结构的点阵常数如表 1.2.3 所示.

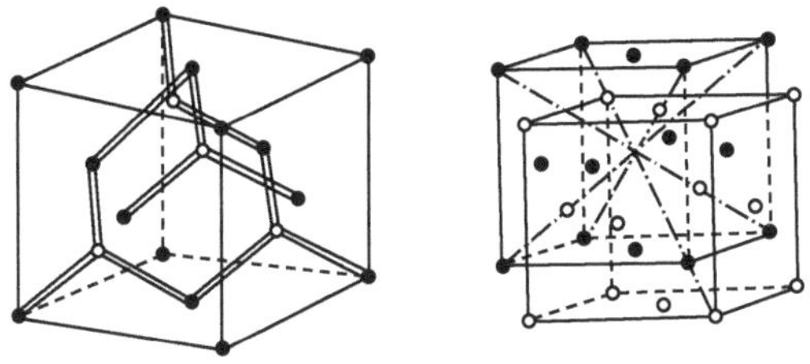

图 1.2.4 立方硫化锌的晶体结构

表 1.2.3 常见的闪锌矿结构的点阵常数

晶体	$a/\times10^{-10}$m	晶体	$a/\times10^{-10}$m
CuF	4.26	CdS	5.08
CuCl	5.41	InAs	6.04
AgI	6.47	InSb	6.46
ZnS	5.41	SiC	4.35

5. 钙钛矿结构

属钙钛矿结构的晶体有钛酸钙($CaTiO_3$)、钛酸钡($BaTiO_3$)、锆酸铅($PbZrO_3$)、铌酸锂($LiNbO_3$)、钽酸锂($LiTaO_3$)等介电晶体. 现以钛酸钡为例说明其结构.

钛酸钡在 20℃左右是一种四方相的铁电晶体,它的介电常量可达 4000. 但当温度高于 120℃时,其铁电性消失,这时,钛酸钡的晶胞如图 1.2.5 所示. 钡(Ba)位于立方体的顶角,钛位于体心,氧位于面心上. 三组氧(O_1、O_2、O_3)周围的情况各不相同. 整个晶格是由 Ba、Ti 和 O_1、O_2、O_3 各自组成的简立方格套构而成的.

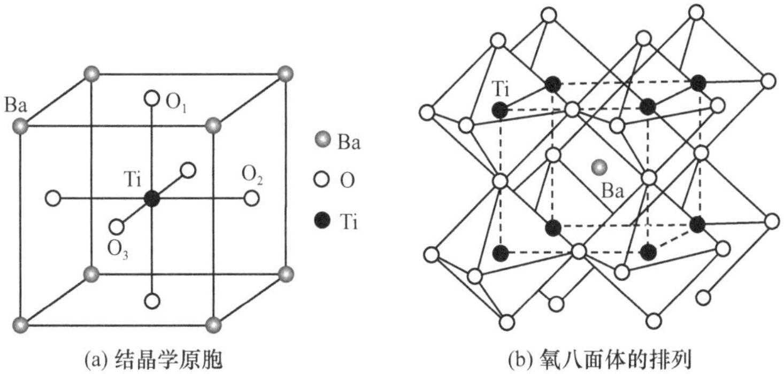

图 1.2.5 钛酸钡的晶格结构

1.2.3 六角密积结构(hcp)复式格子

六角密积也是一种常见的结构,很多金属如 Be、Mg、Ca、Zn、Hg、Ti 等 30 多种元素具有这种结构.

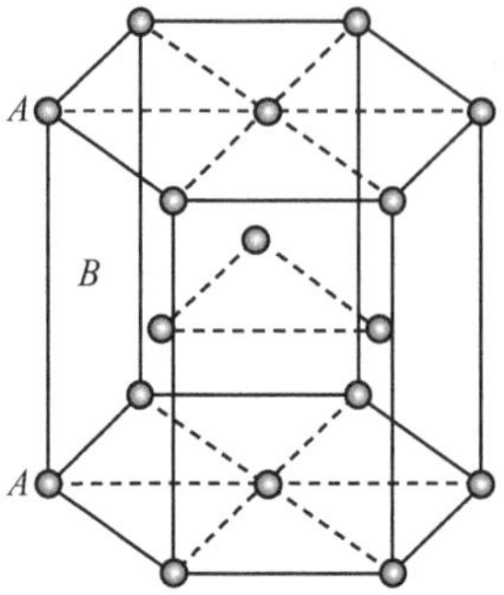

图 1.2.6　六角密积晶格的典型单元

图 1.2.6 给出了这种结构的晶胞，晶胞为正六角棱柱体，其上、下底面上原子分别位于顶角和面心. 除此之外，中间还插入一层原子，插入的这层原子中每个都排列在底面每 3 个原子间的空档上. 在六角密积结构中，原子总是最紧密地堆积在一起的.

六角密积结构不是布拉维格子，而是由两个六角布拉维格子套构而成的.

1.3　晶体结构的对称性　晶系

晶体的微观结构的规则性则可由周期性来描述. 除此之外，晶体还表现出外形上的规则性，称之为宏观对称性. 晶体外形上的对称性是其内部结构规律性的反映. 研究晶体的对称性是研究晶体内部结构的重要手段之一. 另外，对晶体对称性的研究可以定性或半定量地确定与其结构有关的物理性质，且能大大简化繁杂的计算. 本节简要介绍有关晶体对称性的初步知识.

1.3.1　操作

晶体的对称性是指晶体经过某种操作以后恢复原状的性质. 这里所说的操作实际就是晶体坐标(如是格点坐标)的某种变换. 因为操作应不改变晶体中任意两点间的距离，所以如用数学表示，这些操作就是非线性变换.

若用 G 表示某种操作，它把晶体中的一点 $\boldsymbol{r}(x,y,z)$ 变成 $\boldsymbol{r}'(x',y',z')$. 这个操作可表示为

$$\boldsymbol{r}'(x',y',z')=\boldsymbol{A}\boldsymbol{r}+\boldsymbol{\xi} \tag{1.3.1}$$

上式中 $\boldsymbol{\xi}$ 为平移操作，$\boldsymbol{A}$ 为无平移操作，具体可用矩阵表示为非齐次线性变换.

$$\begin{bmatrix} x' \\ y' \\ z' \end{bmatrix}=\begin{bmatrix} a_{11} & a_{12} & a_{13} \\ a_{21} & a_{22} & a_{23} \\ a_{31} & a_{32} & a_{33} \end{bmatrix}\begin{bmatrix} x \\ y \\ z \end{bmatrix}+\begin{bmatrix} t_1 \\ t_2 \\ t_3 \end{bmatrix} \tag{1.3.2}$$

因为平移操作 $\boldsymbol{\xi}$ 显然不会改变晶体中任意两点间的距离，那么无平移操作矩阵 $\boldsymbol{A}$ 应具有什么性质才能保证经过操作后不改变晶体中任意两点间的距离.

因为操作不改变晶体两点间的距离，变换矩阵

$$\mathbf{A}=\begin{pmatrix} a_{11} & a_{12} & a_{13} \\ a_{21} & a_{22} & a_{23} \\ a_{31} & a_{32} & a_{33} \end{pmatrix} \tag{1.3.3}$$

是正交矩阵，即

$$\mathbf{A}^{\mathrm{T}}\mathbf{A}=\boldsymbol{I} \tag{1.3.4}$$

式中，$\widetilde{A}^{T}$ 是 $\boldsymbol{A}$ 的转置矩阵，$\boldsymbol{I}$ 是单位矩阵. 若用 $|\boldsymbol{A}|$ 表示 $\boldsymbol{A}$ 的行列式，由式(1.3.4)可知

$$|\boldsymbol{A}| = \pm 1 \tag{1.3.5}$$

晶体中任何无平移操作都可以看成是几种最基本操作的组合，这几种最基本操作如下：

1）转动

设晶体绕 x_1 轴转过 θ 角，则晶体中任一点的位置由 $\boldsymbol{r}(x_1, x_2, x_3)$ 移到 $\boldsymbol{r}'(x_1', x_2', x_3')$，如图 1.3.1 所示，有

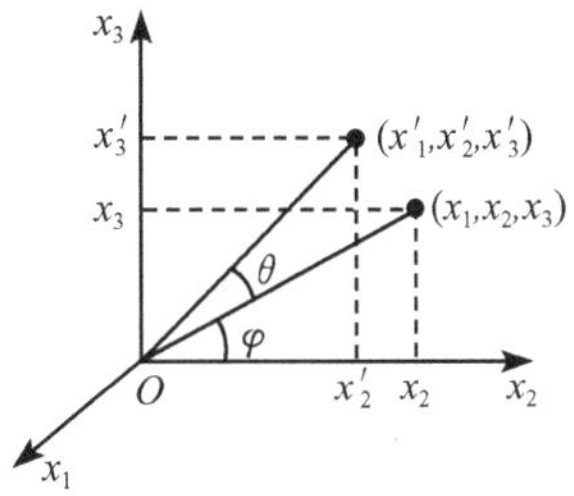

图 1.3.1 绕 x_1 轴的转动

$$\begin{aligned}
x_1' &= x \\
x_2' &= r\cos(\theta + \varphi) = r(\cos\theta\cos\varphi - \sin\theta\sin\varphi) \\
&= x_2\cos\theta - x_3\sin\theta \\
x_3 &= r\sin(\theta + \varphi) = r\cos\varphi\sin\theta + r\sin\varphi\cos\theta \\
&= x_2\sin\theta + x_3\cos\theta
\end{aligned}$$

写成矩阵形式为

$$\begin{pmatrix} x_1' \\ x_2' \\ x_3' \end{pmatrix} = \begin{pmatrix} 1 & 0 & 0 \\ 0 & \cos\theta & -\sin\theta \\ 0 & \sin\theta & \cos\theta \end{pmatrix} \begin{pmatrix} x_1 \\ x_2 \\ x_3 \end{pmatrix} \tag{1.3.6}$$

2）中心反演

若取中心为坐标原点，中心反演操作是把图形中的任一点(x_1, x_2, x_3)变成$(-x_1, -x_2, -x_3)$，即

$$\begin{pmatrix} x_1' \\ x_2' \\ x_3' \end{pmatrix} = \begin{pmatrix} -1 & 0 & 0 \\ 0 & -1 & 0 \\ 0 & 0 & -1 \end{pmatrix} \begin{pmatrix} x_1 \\ x_2 \\ x_3 \end{pmatrix} \tag{1.3.7}$$

3）平面反映

以 $x_3 = 0$ 面作为反映平面，平面反映的操作是将点(x_1, x_2, x_3)变成点$(x_1, x_2, -x_3)$，即

$$\begin{pmatrix} x_1' \\ x_2' \\ x_3' \end{pmatrix} = \begin{pmatrix} 1 & 0 & 0 \\ 0 & 1 & 0 \\ 0 & 0 & -1 \end{pmatrix} \begin{pmatrix} x_1 \\ x_2 \\ x_3 \end{pmatrix} \tag{1.3.8}$$

1.3.2 晶体的宏观对称性 基本的点对称操作

晶体的宏观对称性是晶体在一定的操作下保持自身重合的性质. 相应的操作称为对称操作. 晶体的宏观对称性表征了晶体的宏观特征. 从宏观上看晶体是有限

的，因此任何平移操作都不可能是宏观对称操作，宏观对称操作只能是点对称操作. 所谓点对称操作是指在操作过程中至少保持一点不动的操作. 由于受到晶格周期性的制约，晶体的宏观对称操作类型只有有限多个，每种对称操作类型都可用 8 种基本点对称操作的组合来表示. 晶体中基本的点对称操作分述如下：

1) 旋转对称轴(C_n)

若晶体绕某一固定轴旋转 $2\pi/n$ 角度后能与自身重合，我们称此操作为转动对称操作，并把旋转轴称为晶体的 n 次对称轴，用符号 C_n 表示. 例如，以立方晶体的 4 条体对角线为旋转轴转动 $360°/3=120°$，立方体复原，于是称这 4 条体对角线为三次对称轴. 由于受到晶体周期性的制约，轴次只能取 1、2、3、4、6 这 5 种，$n=5$ 和 $n>6$ 的对称轴不存在. 现证明如下：

设转动前晶格格点的位置矢量为

$$\boldsymbol{R}_n = n_1\boldsymbol{a}_1 + n_2\boldsymbol{a}_2 + n_3\boldsymbol{a}_3$$

式中 n_1、n_2、n_3 为整数，转动后格点移到 $\boldsymbol{R}_n'$，有

$$\boldsymbol{R}_n' = n_1'\boldsymbol{a}_1 + n_2'\boldsymbol{a}_1 + n_3'\boldsymbol{a}_3$$

且有

$$\boldsymbol{R}_n' = \boldsymbol{A}\boldsymbol{R}_n$$

式中，$\boldsymbol{A}$ 是式(1.3.5)所表示的转动操作，写成矩阵形式为

$$\begin{pmatrix} n_1' \\ n_2' \\ n_3' \end{pmatrix} = \begin{pmatrix} 1 & 0 & 0 \\ 0 & \cos\theta & -\sin\theta \\ 0 & \sin\theta & \cos\theta \end{pmatrix} \begin{pmatrix} n_1 \\ n_2 \\ n_3 \end{pmatrix} \tag{1.3.9}$$

即

$$\left.\begin{aligned} n_1' &= n_1 \\ n_2' &= n_2\cos\theta - n_3\sin\theta \\ n_3' &= n_2\sin\theta + n_3\cos\theta \end{aligned}\right\} \tag{1.3.10}$$

要使转动后晶体自身重合，n_1'、n_2'、n_3'也必须为整数，即 $n_1'+n_2'+n_3'=$整数. 把式(1.3.10)左右两边各自相加，得

$$\text{整数} = (n_2+n_3)\cos\theta + (n_2-n_3)\sin\theta + n_1$$

此式对任何 n_1、n_2、n_3 都成立. 取 $n_1=n_2=n_3=1$，则有

$$\text{整数} = 1 + 2\cos\theta \tag{1.3.11}$$

因为

$$-1 \leqslant \cos\theta \leqslant 1$$

所以有

$$-1 \leqslant 1 + 2\cos\theta \leqslant 3$$

也就是说 $1+2\cos\theta$ 只能取 -1、0、1、2、3 这 5 个数，把这 5 个值分别代入式(1.3.11)，可求出转动角 θ 的允许值为 $2\pi/1$、$2\pi/2$、$2\pi/3$、$2\pi/4$、$2\pi/6$，即晶体只能有 C_1、C_2、C_3、C_4、C_6 这 5 种旋转对称轴. C_5 和 $n>6$ 以上的旋转对称轴不存在. 这

个规律称为**晶体对称性定律**.

晶体对称性定律也可由图 1.3.2 直观看出. 不难设想如果晶体中有 $n=5$ 的对称轴,则垂直于轴的平面上格点的分布至少应是五边形,但这些五边形不可能相互拼接而充满整个平面,从而不能保证晶格的周期性,所以 C_5 对称轴不存在. $n>6$ 的情形也可以作类似的说明.

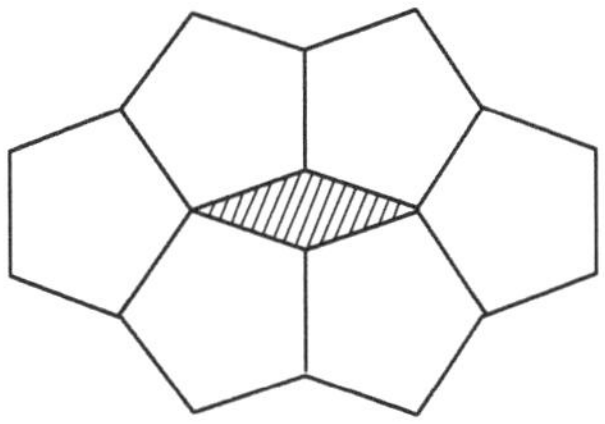

图 1.3.2 不可能使五边形相互连接充满整个平面

现在已经发现了一些固体具有 5 次旋转对称轴,这些具有 5 次或 6 次以上旋转对称轴,但又不具备周期结构的固体称为**准晶体**.

2) 象转轴(S_n)

转动对称操作、中心反演和平面反映是晶体基本的宏观对称操作. 象转操作是把上述基本点操作复合所得到的新对称操作.

若晶体沿某一轴旋转 $2\pi/n$ 之后再垂直于此轴的平面 σ 进行镜面反映而复原,则称此晶体具有 n 次象转轴,用符号 S_n 表示这种对称操作. 这是一种旋转与镜面反映的复合操作,可表示为 $S_n=\sigma C_n$. 由于 C_n 只有 5 种,故 S_n 也只有 5 种. 由图 1.3.3可以看出

$$S_1 = C_1\sigma = \sigma, \qquad S_2 = C_2\sigma = i$$
$$S_3 = C_3\sigma = C_3 \circ \sigma, \qquad S_6 = C_6\sigma = C_3 \circ i$$

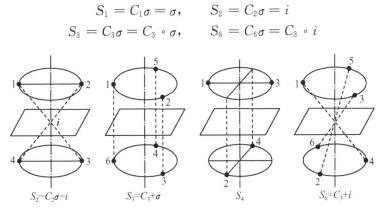

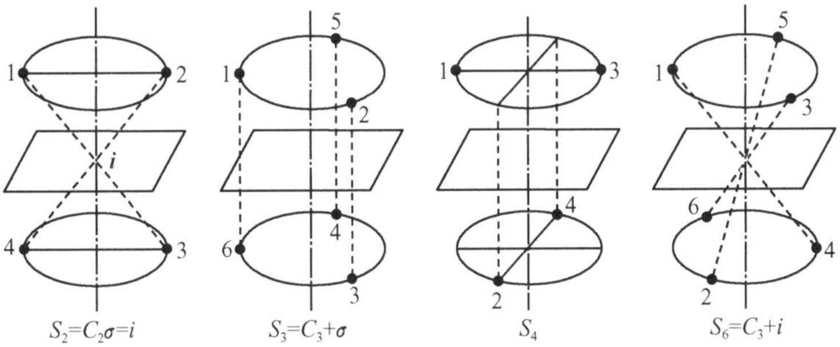

图 1.3.3 象转操作

“∘”表示联合操作,例如,$S_3=C_3\circ\sigma$ 表示晶体既有 C_3 轴,也有一与 C_3 轴垂直的对称面. 所以以上 4 种都不是新的操作. 只有

$$S_4 = C_4\sigma$$

不能表示成 C_n 与 σ、i 的联合操作,它是一种新的独立的对称操作.

综上所述,晶体中独立的基本宏观对称操作只有以下 8 种:

$$C_1、C_2、C_3、C_4、C_6、i、\sigma、S_4$$

表 1.3.1 给出了各点对称操作图.

表 1.3.1　点对称操作

国际符号（申夫利斯符号 *）	各种旋转轴及其符号	说明
$2(C_2)$		平面用虚线圈标记；平面上方的点用＋标记，平面下方的点用○标记；旋转用圆心处的符号标记，如纯旋转（或真旋转），用实心符号标记；对应的非真旋转用空心符号标记；镜面（也称平面反映）用实线圈标记.
$3(C_3)$	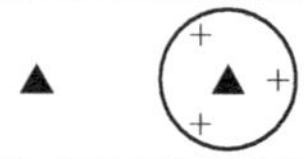	
$4(C_4)$	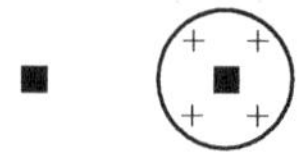	
$6(C_6)$	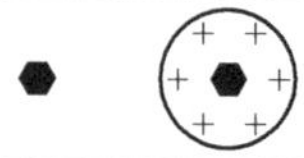	
$I(i)$	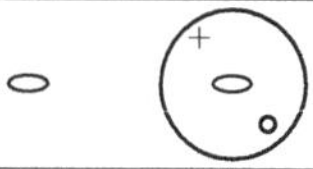	
$m(\sigma)$	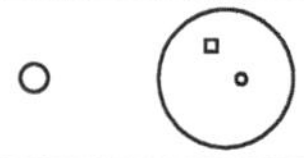	
$\bar{3}(S_6)$	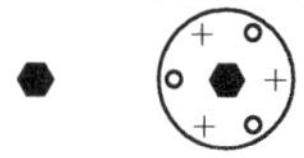	
$\bar{4}(S_4)$	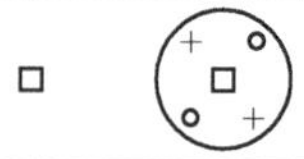	
$\bar{6}(S_3)$		

* 申夫利斯符号曾称熊夫利符号.

1.3.3　晶体宏观对称性的描述　点群

晶体的宏观对称性用其所有的对称操作的集合来描述，一个晶体所具有的对称操作越多，其对称性越高. 由于晶体的独立或基本对称操作只有 8 种，所以晶体的宏观对称性都可用以上 8 种基本对称操作的组合来描述.

从数学上看，每个基本操作的集合构成一个“群”，每个基本操作称作一个元素. 群作为一个数学概念简介如下：

一系列不同元素（或操作）$a,b,c,\cdots$的集合 $G=\{a,b,c,\cdots\}$，并在它们之间规定一种运算法则（称为“乘法”），如果满足以下条件：

(1) 封闭性，即集合中的任意两个元素的乘积仍是集合中的一个元素，表示为若 $a,b\in G$，则 $ab\in G$；

(2) 结合律,即若 $a,b,c\in G$,则$(ab)c=a(bc)$;

(3) 集合中存在单位元素 e,即对任一运算 $a\in G$,有 $ea=ae=a$;

(4) 集合中的任一元素 $a\in G$,一定存在 a 的逆元素 a^{-1},使

$$aa^{-1}=a^{-1}a=e$$

那么,这些元素(操作)构成数学上的群. 构成群的对象是广泛的,因而所定义的"乘法"也是各异的. 如对于实数全体,对加法运算("乘法")构成一个群. 对于点对称操作的集合,定义"相继操作"为乘法,则它们构成群. 由 8 个基本的点对称操作所构成的对称操作群称作"点群". 如 C_3 群,它是由单位元素 e(不转动操作或不变操作)、C_3^1(转动 $2\pi/3$)和 $C_3^2=C_3^1C_3^1$[转动 $2(2\pi/3)$]构成

$$C_3=\{eC_3^1C_3^2\}$$

由于晶格周期系的限制,晶体的点群并不可以有任意多个,可以证明,只能有 32 种点群(point group). 也就是说,晶体只能有 32 种不同类型的宏观对称. 这 32 种点群列于表 1.3.2 中.

表 1.3.2 晶体的 32 种宏观对称类型(点群)(申夫利斯符号标记)

符号	符号的意义	对称类型	数目
C_n	具有 n 重旋转对称轴	C_1,C_2,C_3,C_4,C_6	5
C_i	对称心(I)	$C_i(=S_2)$	1
C_s	对称面(m)	C_s	1
C_{nh}	h 代表除 n 重轴外还有与该轴垂直的水平对称面	$C_{2h},C_{3h},C_{4h},C_{6h}$	4
C_{nv}	v 代表除 n 重轴外还有通过该轴的铅垂对称面	$C_{2v},C_{3v},C_{4v},C_{6v}$	4
D_n	具有 n 重旋转轴及 n 个与之垂直的二重旋转轴	D_2,D_3,D_4,D_6	4
D_{nh}	h 的意义与前相同	$D_{2h},D_{3h},D_{4h},D_{6h}$	4
D_{nd}	d 表示还有一个平分两个二重轴间夹角的对称面	D_{2d},D_{3d}	2
S_n	经 n 重旋转后,再经垂直该轴的平面镜像	$C_{3i}(=S_6)$ $C_{4i}(=S_4)$	2
T	代表有 4 个三重旋转轴和 3 个二重轴(四面体的对称性)	T	1
T_h	h 的意义与前相同	T_h	1
T_d	d 的意义与前相同	T_d	1
O	代表 3 个相互垂直的四重旋转轴及 6 个二重、4 个三重的转轴	O,O_h	2
共计			32

1.3.4　晶体的微观对称性

从宏观上看，晶体是有限的，所以描述宏观对称性的点群不能包含平移对称操作. 但从微观上看，晶格的排列是无限的，为了描述晶体结构的对称性必须引入平移对称操作. 这样就又多出了以下两类对称操作：

1) n 度螺旋轴(n-fold screw axis)

一个 n 度螺旋轴 c 表示绕轴转 $2\pi/n$ 角度后，再沿该轴的方向平移 $\boldsymbol{T}/n$ 的 l 倍，则晶体中的原子和相同原子重合. 其中 $\boldsymbol{T}$ 为沿 c 轴方向上的周期矢量，l 为小于 n 的整数. 晶体也只能有 1、2、3、4 和 6 度螺旋轴. 图 1.3.4(a)表示一个 4 度螺旋轴. 例如，在金刚石结构中，如取原胞上下底面心到各底相应棱边垂线的中点，连接这两个中点的直线就是 4 度螺旋轴.

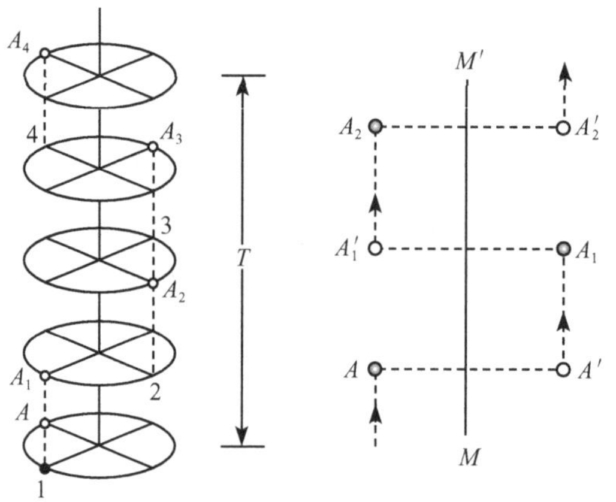

(a) 4 度螺旋轴　　(b) 滑移面

图 1.3.4　计入平移后对称操作

2) 滑移面(glide plane)

一个滑移反映面表示经过该面的镜面反映操作后，再沿平行于该面的某个方向平移 $\boldsymbol{T}/n$ 的距离，则晶体中相同原子重合，其中 $\boldsymbol{T}$ 是该方向上的周期矢量，n 为 2 或 4，图 1.3.4(b)表示一个 $n=2$ 的滑移面 MM'.

描述晶体宏观对称性的 32 种对称操作类型(点群)加上上面所述的两类对称操作，便可得出 230 种对称类型，称为空间群，每种空间群对应于一种晶体结构.

1.3.5　晶系　布拉维晶胞

如前所述，晶胞不仅反映了晶体结构的周期性，也反映了晶体的宏观对称性. 由于晶体只可能存在 32 种宏观对称类型，所以晶胞的取法是有限的. 可以证明，满足 32 种对宏观称类型的晶胞，其基矢 $\boldsymbol{a}$、$\boldsymbol{b}$、$\boldsymbol{c}$ 的组合方式只可能有 7 种，每种组合称为一个晶系(crystal system)，表 1.3.3 给出了 7 个晶系的特征. 再考虑格点在其中的分布情况，如体心、全面心、单面心等，每个晶系又包含了若干晶胞. 满足 32 种宏观对称类型的晶胞只有 14 种，称为 14 种布拉维晶胞，它们分属于 7 个晶系. 图 1.3.5 给出了 14 种布拉维晶胞. 表 1.3.3 给出了 14 种布拉维晶胞的特征及所属的对称群.

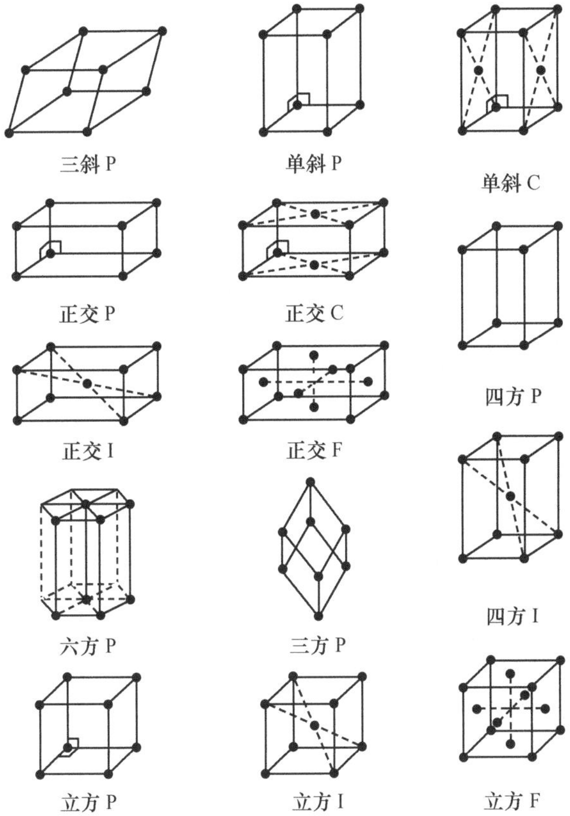

图 1.3.5 14 种布拉维晶胞

表 1.3.3 7 个晶系的有关特征

晶系	布拉维格子	对称性最高的点群	晶胞基矢特征
立方晶系	简单立方(P) 体心立方(I) 面心立方(F)	O_h	$a=b=c$ $\alpha=\beta=\gamma=90°$
四方晶系	简单四方(P) 体心四方(I)	D_{4h}	$a=b\neq c$ $\alpha=\beta=\gamma=90°$

续表

晶系	布拉维格子	对称性最高的点群	晶胞基矢特征
正交晶系	间单正交(P) 底心正交(C,A,B) 体心正交(I) 面心正交(F)	D_{2h}	$a\neq b\neq c$ $\alpha=\beta=\gamma=90°$
单斜晶系	简单单斜(P) 底心单斜(C,A)	C_{2h}	$a\neq b\neq c$ $\alpha=\beta=90°\neq\gamma$
三斜晶系	简单三斜(P)	C_i	$a\neq b\neq c$ $\alpha\neq\beta\neq\gamma\neq 90°$
三角晶系	三角(R)	D_{3d}	$a=b=c$ $\alpha=\beta=\gamma\neq 90°$ $(<120°)$
六角晶系	六角(P)	D_{6h}	$a=b\neq c$ $\alpha=\beta=90°$ $\gamma=120°$

点阵符号规定如下:P 为初基;I 为体心;F 为面心;R 为菱形. C、A、B 代表底心点阵,分别表示晶轴 a,b;b,c;c,a 所在的平面中心有一个格点. I 符号来自德文“Innenzentrierte”的第一个字母“I”.

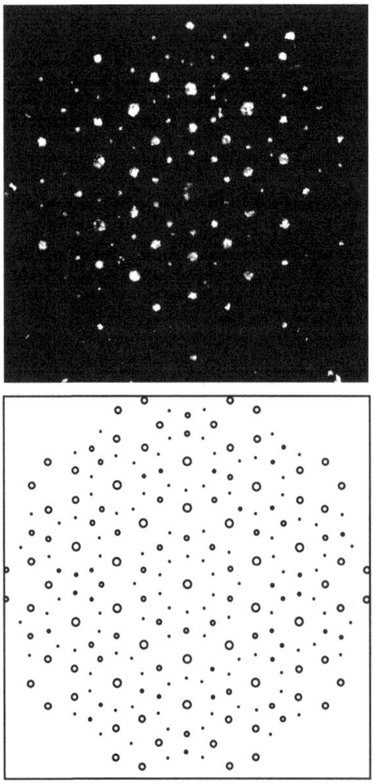

图 1.3.6　MnAl 合金的电子衍射图

1.3.6　对称性的意义

对一个物理体系,若知道它的几何对称性,就可在一定长度上确定它的某些物理性质. 例如,若原子结构具有中心反演对称性,则原子无固有偶极矩;若一个体系具有镜像对称性,而面对称操作使左旋矢量变为右旋矢量,故此体系无旋光性;若一个体系具有轴对称操作,则偶极矢必在对称轴上. 若有两个以上的非重合对称轴,就无偶极矩;若有对称面,偶极矢必在对称面上;若有两个对称面,偶极矢必在两个对称面的交线上. 由此可见,不必讨论体系结构的细节,仅从体系的对称性质,即可对其物理性质作出某些判断. 因此对称理论已经成为定性、半定量研究物理问题的重要方法.

1.3.7　准晶(quasicrystal)

1984 年,以色列科学家谢切曼等人在快速凝固得到的 MnAl 合金中发现了 10 次对称轴,其电子衍射劳厄照片如图 1.3.6 所示. 同样的衍射图样随后在其他材料中也被观察到.如此明锐的斑点也说明此类材料微观结构的长程有序性,即材料中具有能产生布拉格衍射的平行平面族.显然,此类材料既不同于晶体(具有 5 和 7 以上的对称轴,不具有平移不变性),也不同于非晶体(非晶的长程无序结构不能产生明锐的布拉格衍射,其衍射特征是弥散的宽峰),必须用新的概念来描述.这种结构被称为准周期晶体,简称**准晶**,其定义为:同时具有长程准周期性平移序和非晶体学旋转对称性的固态有序相.

从不同入射角的衍射图样分析可知,准晶通常具有如图 1.3.7 所示的二十面体对称性.组成二十面体的每个面都是等边三角形.图中$\boldsymbol{Oa}_1=(\boldsymbol{b}_1+\boldsymbol{b}_2+\boldsymbol{b}_3)$轴是二十面体的六个五度对称轴之一,它是产生十重对称衍射图样的原因.如果基本的结构单元像图 1.3.7 所示的两种菱面体,而不是晶体中的如图 1.4.1 所示的密排平面,则二十面体的原子排列完全自然地呈现密堆积.此二十面体可通过使二十个菱面体共有一个公共顶点而形成.为此每个菱面体有轻微的形变.一个原子离二十面体表面上相邻的原子的距离比其离公共顶点上原子的距离长大约 5%.通过从公共顶点向外连续堆砌轻微变形的菱面体即形成准晶体,这也就是准晶没有长程序排列的原因.所有 1984 年前发现的具有局部二十面体排置的非准晶体,都可以通过引入额外原子的方式减少形变,从而恢复为具有平移不变性的晶体结构.

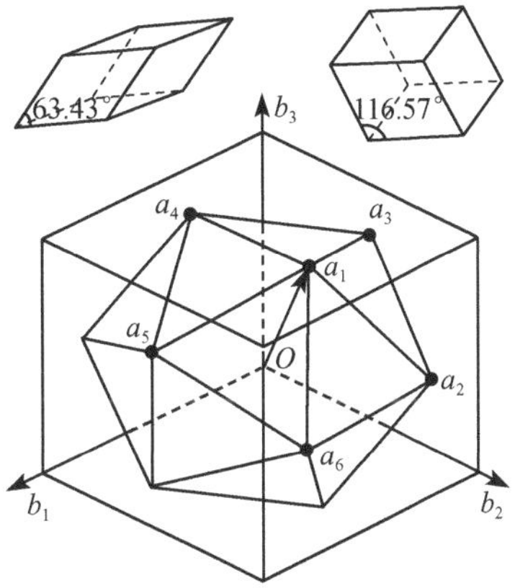

图 1.3.7 三维准晶的二十面体对称性(图中只画了前面的 10 个面)及二重轴(坐标轴)和 6 个五重轴空间取向

对准晶体结构的理解可通过把彭罗斯(Penrose)在 1974 年发明的二维拼图推广到三维而得到.如图 1.3.8 所示,相对于全同平行四边形原胞的堆积(这种堆积形成一个如图 1.1.2 所示的二维格),彭罗斯图使用如图 1.3.8(a)中所示的两种组成单元,两种基本单元是菱形格中的原胞,但是它们分别具有 144°和 108°的角 γ.在图 1.3.8(a)中所示的图案中 $\gamma=144°$的单元是 $\gamma=108°$单元的$\frac{1+\sqrt{5}}{2}$倍,尽管没有平移不变性,但图中包含着方向一致的常规的十边形,并且这些十边形排成相互成 72°的平行直线结构[图 1.3.8(b)仅是其中的一个直线系],这些直线的方向就是五度对称轴的方向.三维彭罗斯构图可以通过使用两种不同的菱形六面体(图 1.3.8)作为基本单元堆砌完成.虽然准晶结构很有可能用这方式解决,但是仍然没有消除结构判定上的含混之处.

由于平移不变性的缺失,阐明准晶体结构的努力遇到了困难.值得强调指出的是,使用平移不变性来分析问题对晶体学和固体物理工作者是司空见惯的和得心

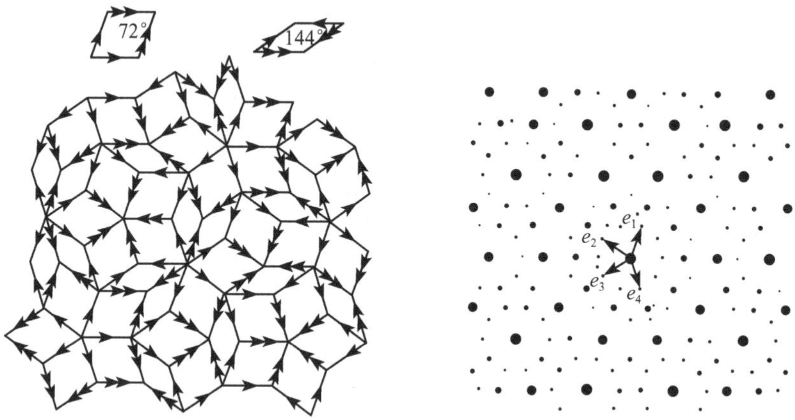

(a) 两种基本单元是菱形格子中的原胞，它们分别具有 144°和 108°的角γ及它们的堆积　　(b) X 射线衍射所显示的 10 次对称性

图 1.3.8　一些准晶的格点阵列示意图

应手的. 对于一个平移不变的晶体，为了描述所有原子的位置，只需要描述一个原胞中该类原子的位置和方位. 平移不变性的重要性在于它也可以运用于准晶体，只不过需要表示成在六维超空间（对三维准晶）的平移不变性，而真实准晶结构可以被看作是在此六维超空间中的三维真实空间的投影.

1.4　密堆积　配位数

本节讨论晶体中粒子排列的紧密程度，这种紧密程度可用配位数和致密度来描述. 一个粒子周围最近邻的粒子数目称为配位数（coordination number）. 晶胞中粒子所占的体积与晶胞体积的比称为致密度或堆积密度. 显然晶格的配位数和致密度越大，粒子排列就越紧密.

1.4.1　最大配位数和可能配位数

由于晶体中粒子排列的有序性，晶体的配位数只能取有限的 n 个值，现在讨论晶体中最大的配位数和可能的配位数.

1. 最大配位数

如果晶体由同种粒子构成，且把粒子看成是等大的刚性圆球，这些全同圆球最紧密的堆积称为密堆积. 密堆积所对应的配位数就是最大配位数. 密堆积可以这样实现：先把全同小圆球密排在一个平面上，任一球都和 6 个球相切，每个球的周围有 6 个空隙，这样构成第一层. 第二层也作同样的铺排，只是每个球只能放在第一层相间的 3 个空隙上，才能形成紧密排列，同时又与第一层的球紧密相切，从而形成密堆积. 至于第三层，则有两种不同的堆法，形成不同的堆积如下：

如果把第三层球放在第二层相间的空隙上，并且使第三层球恰好在第一层球上面，如图 1.4.1(a)所示. 如此重复地堆积下去，每两层为一组，形成 ABAB……的堆积方式，称之为六角密堆积.

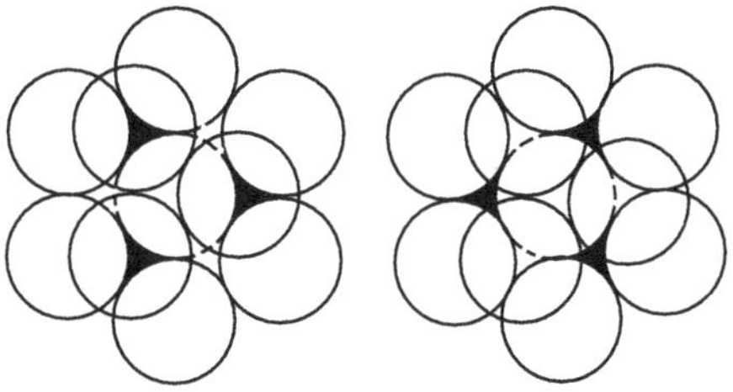

(a) 六角密堆积 (b) 立方密堆积

图 1.4.1 密堆积

如果把第三层球放在第二层另外的 3 个相间的空隙上，第三层正好与第一层的空隙上下对应，如图 1.4.1(b)所示，如此重复堆积下去，每 3 层为一组，形成 ABCABC……的堆积方式，称之为立方密堆积.

在上面两种密堆积中，每个球都与同层中的 6 个球相切，又分别与上、下层的 3 个球相切，所以每个球的最近邻球数是 12，即配位数是 12，这就是晶体中的最大的配位数.

2. 可能的配位数

若晶体不是六角和立方密堆积，或者是密堆积但球的大小不等，都不可能构成密堆积结构，因而配位数必小于 12. 但由于周期性和对称性的特点，晶体也不可能有 11、10、9、7、5 等配位数. 因而晶体可能的配位数只能有 6 种，依次为 12、8、6、4、3、2.

1.4.2 几种实际晶体的配位数

1. 同种粒子构成的晶体

同种粒子组成的晶体可用等大刚球模型来描述(刚球模型只有在一些特殊情形下，才近似反映粒子的真实情况，但对于配位数的讨论仍是适用的). 对金、银、铝、γ-Fe 等面心立方结构，由于每个粒子周围有 12 个最近邻粒子，故其配位数为 12，对 α-Fe、铬、钼、钨等体心立方结构晶体，其配位数显然为 8. 此类晶体的配位数可由其晶胞结构看出，不再一一列举.

2. 不同粒子组成的晶体

1) 氯化铯(CsCl)型

氯化铯晶格是由 Cs 和 Cl 粒子各自构成简立方格子套构而成的复式格子. 设 Cs 粒子处在晶胞的体心，其半径为 r. Cl 粒子处在立方体的 8 个顶角，其半径为 R，且 $R>r$. 此种结构的最紧密堆积为大小球之间相互相切. 此时立方体的边长 $a=$

$2R$，空间对角线长度为 $2\sqrt{3}R$，若要小球与大球相切，小球的半径应等于

$$r=\frac{1}{2}(2\sqrt{3}R-2R)=(\sqrt{3}-1)R=0.73R$$

此时的配位数最大，等于 8. 如果 r 增大，大球将不再相切，但由于小球与大球仍相切，故此结构依然稳定，配位数仍为 8. 所以当 $1>r/R\geqslant 0.73$ 时，两种球为氯化铯型. 若 r 变小，小球在中心的位置不固定，结构不稳定，于是结构将取配位数较小的堆积，即配位数为 6 的堆积，此时不再是氯化铯型了.

2) 氯化钠(NaCl)型

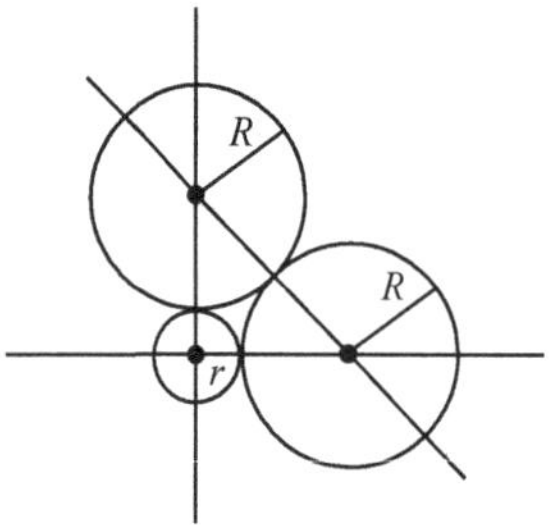

图 1.4.2　氯化钠结构中的大球和小球的半径

由前可知，氯化钠结构是由氯粒子和钠粒子各自构成的面心立方格子套构而成. 若氯粒子在体心，它与处于面心位置的 6 个钠粒子构成最近邻. 当处在中央的小球(氯粒子，半径为 r)与它左右上下前后的 6 个大球(R)相切时，无论大球是否相切，结构都是稳定的. 此时的配位数为 6. 若增 R 大，直到大球也相互相切时达到最紧密堆积. 若 R 继续增大以致小球不能与大球相切，氯化钠结构将改变. 由图 1.4.2 可看出，当氯化钠型达到最紧密堆积时，有

$$2(R+r)^2=(2R)^2=4R^2$$

得

$$\frac{r}{R}=\sqrt{2}-1\approx 0.41$$

由前面知，当 $r/R\geqslant 0.73$ 时为氯化铯型. 因此，当 $0.73>r/R>0.41$ 时，结构应为氯化钠型，配位数为 6. 表 1.4.1 给出了部分配位数和球半径之间的关系.

表 1.4.1　部分配位数和球半径之间的关系

配位数	r/R	配位数	r/R
12	1	4	0.41～0.23
8	1～0.73	3	0.23～0.16
6	0.73～0.41		

1.5　晶向、晶面及其标志

1.5.1　晶向(crystal direction)

晶体的一个基本特征是各向异性，即沿晶格的不同方向晶体的性质不同. 因此有必要识别和标志晶格中的不同方向.

由于布拉维格点周围的情况完全相同，从格点沿某一方向的排列规律来看，所有格点可以看成分列在一系列相互平行的直线上，这些直线叫晶列. 同一格子可以形成方向不同的晶列，如图 1.5.1 所示. 每个晶列定义了一个方向，称为**晶向**. 如果一个格点沿晶向到最近一个格点的平移矢量为

$$l_1\boldsymbol{a}_1 + l_2\boldsymbol{a}_2 + l_3\boldsymbol{a}_3$$

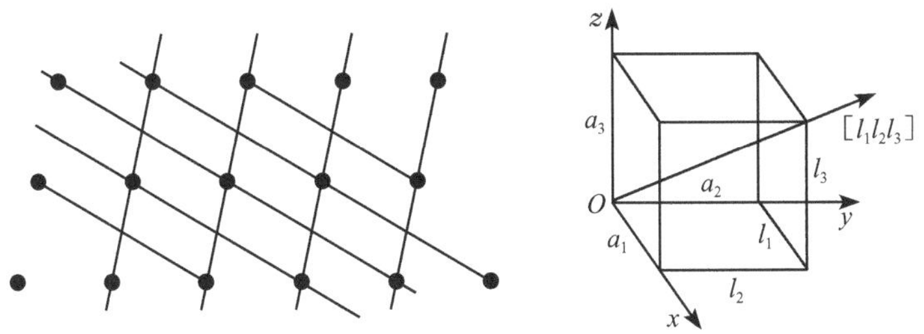

(a) 晶列　　(b) 晶向指数示意图

图 1.5.1　晶列及晶向指数

则晶向可用数组 l_1、l_2、l_3 来标志，写成$[l_1l_2l_3]$这组数称为**晶向指数**. 如果 l_i 为负数记为 $\bar{l}_i$，如 $l_1=3$，$l_2=-2$，$l_3=1$，则记为$[3\bar{2}1]$.

相互平行的晶列构成一晶列系，它们的晶向相同. 在一平面里，晶列系中相邻晶列的间距相等. 另外，这些平行的晶列把所有的格点都包括在内. 而且晶列系中每条晶列上格点分布的周期相同.

1.5.2　晶面(crystal plane)

对布拉维晶格，所有格点也可以看成排列在一系列相互平行、等间距的平面系上. 这些平面叫晶面. 很明显，对每个晶面系来说，格点在各晶面中的分布是相同的；一个晶面系必包含所有格点；晶格中有无穷多个晶面系.

为了表示一个晶面系的取向，选择任一个格点作为坐标原点，并选择 3 个不共面的平移矢量 $\boldsymbol{a}$、$\boldsymbol{b}$、$\boldsymbol{c}$ 作为坐标轴，它们可以是原胞基矢，也可以是晶胞基矢. 如果晶面系中的某一晶面在 $\boldsymbol{a}$、$\boldsymbol{b}$、$\boldsymbol{c}$ 3 个坐标轴上的截距分别是 $l'a$、$m'b$、$n'c$ 那么这一晶面的取向就完全确定了，因而该晶面系的取向也就完全确定了. 因此可用数组 l'、m'、n'来标志晶面系的方向. 但是，如果一晶面系与某坐标轴平行，则此晶面在该轴的截距无穷大，为了避免数组 l'、m'、n'出现无穷大，习惯上取 3 个截距 l'、m'、n'的倒数的互质整数比

$$\frac{1}{l'} : \frac{1}{m'} : \frac{1}{n'} = l : m : n \tag{1.5.1}$$

表示该晶面系的取向. 如果选择固体物理原胞基矢 $\boldsymbol{a}_1$、$\boldsymbol{a}_2$、$\boldsymbol{a}_3$ 作为坐标轴，则这组互质的整数组写成$(h_1h_2h_3)$，称之为**晶面指数**. 如果选择晶胞基矢 $\boldsymbol{a}$、$\boldsymbol{b}$、$\boldsymbol{c}$ 为坐标

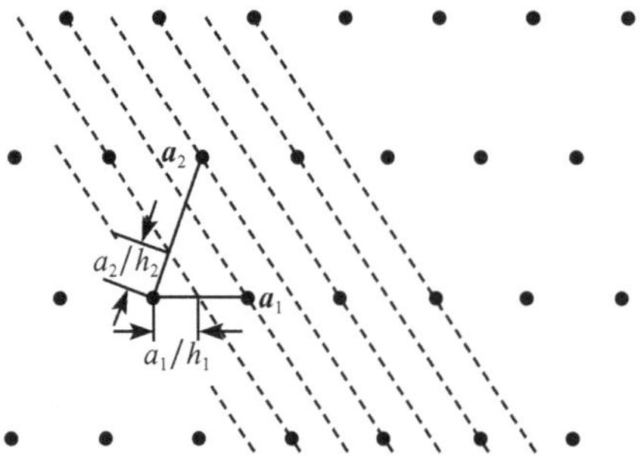

图 1.5.2　晶面指数的意义

轴,则这组互质的整数写为(hkl),并称之为**米勒指数**. 如果某晶面指数为负数,则在此数上方加一横,如$\bar{k}$等.

由于一个晶面系包含了所有格点,而任意两点间所通过的平行晶面数总是个整数. 截距为l'、m'、n'的晶面系中,总有两个晶面分别通过基矢的两端,从而这个晶面系把基矢$\boldsymbol{a}_1$、$\boldsymbol{a}_2$、$\boldsymbol{a}_3$分别截成h_1、h_2、h_3个等长的小段,如图 1.5.2 所示. 由此可看出,该晶面系中离原点最近的晶面的截距分别是a_1/h_1、a_2/h_2、a_3/h_3,若用$\boldsymbol{n}$表示该晶面系的法线方向,d表示该晶面系的面间距,显然有

$$\left.\begin{aligned}\frac{a_1}{h_1}\cos(\boldsymbol{a}_1,\boldsymbol{n})=d\\ \frac{a_2}{h_2}\cos(\boldsymbol{a}_2,\boldsymbol{n})=d\\ \frac{a_3}{h_3}\cos(\boldsymbol{a}_3,\boldsymbol{n})=d\end{aligned}\right\}\tag{1.5.2}$$

若选用自然长度单位a_1、a_2、a_3分别等于1,此时有

$$\cos(\boldsymbol{a}_1,\boldsymbol{n}):\cos(\boldsymbol{a}_2,\boldsymbol{n}):\cos(\boldsymbol{a}_3,\boldsymbol{n})=h_1:h_2:h_3\tag{1.5.3}$$

即晶面指数之比等于晶面法线方向与各坐标轴夹角的余弦之比.

晶面指数不仅可以标志晶面族,还可用以得出晶面系中相邻晶面的面间距和不同晶面系中两个晶面之间的夹角等. 例如,对简单正交晶格,选晶胞基矢作为坐标轴,其米勒指数可写为(hkl),从式(1.5.2)可得

$$\cos(\boldsymbol{a},\boldsymbol{n})=d/(a\cdot h^{-1})$$
$$\cos(\boldsymbol{b},\boldsymbol{n})=d/(b\cdot k^{-1})$$
$$\cos(\boldsymbol{c},\boldsymbol{n})=d/(c\cdot l^{-1})$$

考虑到正交坐标系有

$$\cos^2(\boldsymbol{a},\boldsymbol{n})+\cos^2(\boldsymbol{b},\boldsymbol{n})+\cos^2(\boldsymbol{c},\boldsymbol{n})=1$$

所以可得(hkl)晶面系的相邻晶面间距为

$$d_{hkl}=\frac{1}{\sqrt{\left(\frac{h}{a}\right)^2+\left(\frac{k}{b}\right)^2+\left(\frac{l}{c}\right)^2}}\tag{1.5.4}$$

对简单立方晶格,则

$$d_{hkl}=\frac{a}{\sqrt{h^2+k^2+l^2}}\tag{1.5.5}$$

同样,对简单立方晶格,可证明米勒指数为$(h_1k_1l_1)$和$(h_2k_2l_2)$的两个晶面之间的

夹角为 φ 时,有

$$\cos\varphi=\frac{h_1h_2+k_1k_2+l_1l_2}{(h_1^2+k_1^2+l_1^2)^{1/2}(h_2^2+k_2^2+l_2^2)^{1/2}} \tag{1.5.6}$$

图 1.5.3 给出了立方晶格 3 种晶面的米勒指数. 由于坐标轴选在晶轴方向,除了晶轴的晶向指数特别简单外[为(100)、(010)、(001)],指数简单的面也是最重要的晶面,如(100)、(110)之类. 这是因为指数简单的晶面系,其面间距 d 较大,由此晶体往往在这些面劈裂,这些面称为**解理面**(cleavage surface),这些面往往显露在晶体外表. 如锗、硅、金刚石的解理面往往是(111)面,而Ⅲ-Ⅴ族化合物半导体的解理面往往是(110)面. 另外,因为一晶面系包含了所有的格点(原子),因此,面间距大的晶体,格点的面密度必然大,若用 ρ 表示晶体格点(原子)的体密度,则格点面密度 σ 与面间距的关系为

$$\sigma=\rho d \tag{1.5.7}$$

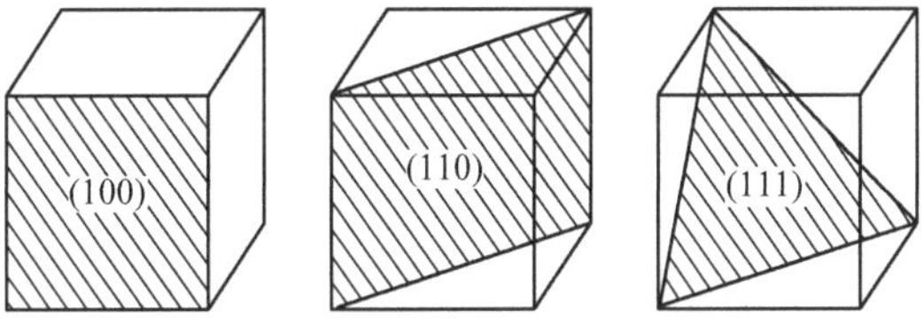

图 1.5.3 立方晶格的(100)、(110)、(111)面

知道了晶体的体密度,求出 d_{hkl},即可由式(1.5.7)求得(hkl)面的面密度. 原子密度大的晶面,对射线的散射强,因而指数简单的晶面系在 X 射线衍射中往往为照片中的亮点所对应的晶面.

这里需要指出,对六角晶系若选择晶胞基矢 $\boldsymbol{a}_1$、$\boldsymbol{a}_2$、$\boldsymbol{a}_3$,如图 1.1.7 所示,并不能使相互平行的晶面具有相同的晶面指数(米勒指数)(自己练习). 为了解决这一问题,提出了四基矢表示方式. 即晶胞基矢表示为 $\boldsymbol{a}_1$、$\boldsymbol{a}_2$、$\boldsymbol{a}_3$、$\boldsymbol{c}$,这四个基矢中独立变量区是三个,与三维空间维度一致,其中 $\boldsymbol{a}_3=(\boldsymbol{a}_1+\boldsymbol{a}_2)$. 相应的晶面指数(米勒指数)为四个,即($hklm$),以保证平行晶面系的晶面指数相同. 详情请参看相关研究文献.

1.6 倒格子 布里渊区

由于晶格的周期性,引入倒格子的概念对分析和表达有关晶格周期性的各种问题是非常有效的.

1.6.1 倒格子的定义

设晶格的基矢 $\boldsymbol{a}_1$、$\boldsymbol{a}_2$、$\boldsymbol{a}_3$,若有另一种格子的基矢 $\boldsymbol{b}_1$、$\boldsymbol{b}_2$、$\boldsymbol{b}_3$,它们与 $\boldsymbol{a}_1$、$\boldsymbol{a}_2$、$\boldsymbol{a}_3$

满足

$$\boldsymbol{a}_i \cdot \boldsymbol{b}_j = 2\pi\delta_{ij} = \begin{cases} 2\pi, & i = j, \\ 0, & i \neq j, \end{cases} \quad i,j = 1,2,3 \tag{1.6.1}$$

则称这两种格子互为正倒格子. 若基矢 $\boldsymbol{a}_1$、$\boldsymbol{a}_2$、$\boldsymbol{a}_3$ 的格子为正格子(direct lattice)，则 $\boldsymbol{b}_1$、$\boldsymbol{b}_2$、$\boldsymbol{b}_3$ 的格子就是**倒格子**(reciprocal lattice)，反之亦然. 由定义式(1.6.1)可知，倒格子的每一基矢与正格子的两个基矢正交，如 $\boldsymbol{b}_1 \perp \boldsymbol{a}_2$、$\boldsymbol{b}_1 \perp \boldsymbol{a}_3$. 因此，$\boldsymbol{b}_1$ 可表示为

$$\boldsymbol{b}_1 = c\boldsymbol{a}_2 \times \boldsymbol{a}_3 \tag{1.6.2}$$

c 为比例系数. 利用式(1.6.1)，有

$$\boldsymbol{a}_1 \cdot \boldsymbol{b}_1 = c\boldsymbol{a}_1 \cdot (\boldsymbol{a}_2 \times \boldsymbol{a}_3) = 2\pi \tag{1.6.3}$$

所以

$$c = \frac{2\pi}{\boldsymbol{a}_1 \cdot (\boldsymbol{a}_2 \times \boldsymbol{a}_3)} = \frac{2\pi}{\Omega_d} \tag{1.6.4}$$

式中

$$\Omega_d = \boldsymbol{a}_1 \cdot (\boldsymbol{a}_2 \times \boldsymbol{a}_3) \tag{1.6.5}$$

为正格子原胞体积.

将式(1.6.1)代入式(1.6.2)得到 b_1 用 $\boldsymbol{a}_1$、$\boldsymbol{a}_2$、$\boldsymbol{a}_3$ 的表示式为

$$\boldsymbol{b}_1 = \frac{2\pi(\boldsymbol{a}_2 \times \boldsymbol{a}_3)}{\boldsymbol{a}_1 \cdot (\boldsymbol{a}_2 \times \boldsymbol{a}_3)} = \frac{2\pi}{\Omega_d}\boldsymbol{a}_2 \times \boldsymbol{a}_3$$

同理有

$$\boldsymbol{b}_2 = \frac{2\pi(\boldsymbol{a}_3 \times \boldsymbol{a}_1)}{\boldsymbol{a}_1 \cdot (\boldsymbol{a}_2 \times \boldsymbol{a}_3)} = \frac{2\pi}{\Omega_d}\boldsymbol{a}_3 \times \boldsymbol{a}_1 \tag{1.6.6}$$

$$\boldsymbol{b}_3 = \frac{2\pi(\boldsymbol{a}_1 \times \boldsymbol{a}_2)}{\boldsymbol{a}_1 \cdot (\boldsymbol{a}_2 \times \boldsymbol{a}_3)} = \frac{2\pi}{\Omega_d}\boldsymbol{a}_1 \times \boldsymbol{a}_2 \tag{1.6.7}$$

正如以 $\boldsymbol{a}_1$、$\boldsymbol{a}_2$、$\boldsymbol{a}_3$ 可以构成布拉维格子一样，以 $\boldsymbol{b}_1$、$\boldsymbol{b}_2$、$\boldsymbol{b}_3$ 为基矢可构成一倒格子(倒易点阵)，其倒格点的位置矢量 $\boldsymbol{G}$ 为

$$\boldsymbol{G} = h_1\boldsymbol{b}_1 + h_2\boldsymbol{b}_2 + h_3\boldsymbol{b}_3 \tag{1.6.8}$$

式中，h_1、h_2、h_3 是一组整数，称 $\boldsymbol{G}$ 为**倒格子矢量**(reciprocal lattice vector)，简称倒格矢. 显然，倒格子基矢的量纲是[长度]$^{-1}$，与波数矢量具有相同的量纲.

1.6.2 倒格子与正格子之间的关系

首先讨论正、倒格子原胞体积之间的关系，由定义可知倒格子原胞的体积为

$$\Omega_r = \boldsymbol{b}_1 \cdot (\boldsymbol{b}_2 \times \boldsymbol{b}_3)$$

把 $\boldsymbol{b}_i$ 的表达式(1.6.6)代入上式，并利用矢量的矢积公式，有

$$\boldsymbol{A}\times(\boldsymbol{B}\times\boldsymbol{C})=(\boldsymbol{A}\cdot\boldsymbol{C})\boldsymbol{B}-(\boldsymbol{A}\cdot\boldsymbol{B})\boldsymbol{C}$$

不难得到倒格子的原胞体积 Ω_r 为

$$\Omega_r=\frac{(2\pi)^3}{\Omega_d} \tag{1.6.9}$$

现在我们讨论倒格矢与正格子晶面之间的关系. 先证明倒格矢 $\boldsymbol{G}_{h_1h_2h_3}=h_1\boldsymbol{b}_1+h_2\boldsymbol{b}_2+h_3\boldsymbol{b}_3$ 与正格子的晶面系$(h_1h_2h_3)$正交. 如图 1.6.1 所示，晶面系$(h_1h_2h_3)$中最靠近原点的晶面 ABC 在基矢 $\boldsymbol{a}_1$、$\boldsymbol{a}_2$、$\boldsymbol{a}_3$ 上的截距分别是$\frac{a_1}{h_1}$、$\frac{a_2}{h_2}$、$\frac{a_3}{h_3}$. 于是

$$\overrightarrow{CA}=\overrightarrow{OA}-\overrightarrow{OC}=\frac{\boldsymbol{a}_1}{h_1}-\frac{\boldsymbol{a}_3}{h_3}$$

$$\overrightarrow{CB}=\overrightarrow{OB}-\overrightarrow{OC}=\frac{\boldsymbol{a}_2}{h_2}-\frac{\boldsymbol{a}_3}{h_3}$$

因为

$$\boldsymbol{G}_{h_1h_2h_3}\cdot\overrightarrow{CA}=(h_1\boldsymbol{b}_1+h_2\boldsymbol{b}_2+h_3\boldsymbol{b}_3)\cdot\left(\frac{\boldsymbol{a}_1}{h_1}-\frac{\boldsymbol{a}_3}{h_3}\right)=2\pi-2\pi=0$$

同理

$$\boldsymbol{G}_{h_1h_2h_3}\cdot\overrightarrow{CB}=0$$

而且 CA、CB 都在 ABC 面上，所以，$\boldsymbol{G}_{h_1h_2h_3}$ 与晶面系$(h_1h_2h_3)$正交. 另外，可以证明，$\boldsymbol{G}_{h_1h_2h_3}$ 的长度等于晶面系面间距倒数的 2π 倍. 如图 1.6.1所示，晶面系的面间距就是原点到 ABC 面的距离. 由于 G 垂直于 ABC 面，于是面间距 d 为

$$d_{h_1h_2h_3}=\overrightarrow{OA}\cdot\frac{\boldsymbol{G}_{h_1h_2h_3}}{G_{h_1h_2h_3}}=\frac{2\pi}{G_{h_1h_2h_3}} \tag{1.6.10}$$

式中，$G_{h_1h_2h_3}$ 是 $\boldsymbol{G}_{h_1h_2h_3}$ 的模.

可见，知道了 $\boldsymbol{G}$ 就知道了晶面系$(h_1h_2h_3)$的法线方向和面间距. 利用晶面系与倒格点的对应关系，可以给处理问题带来很多方便.

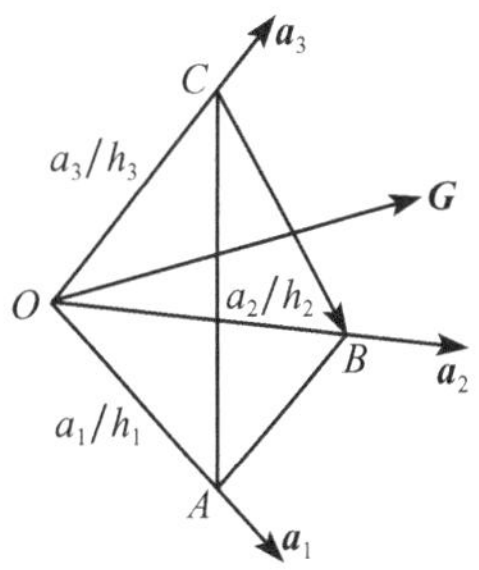

图 1.6.1 $G_{h_1h_2h_3}$ 与晶面系$(h_1h_2h_3)$正交

1.6.3 晶格周期函数的傅里叶展开

由于晶格的周期，晶体的物理性质也具有与晶格相同的周期性，若晶格中任一点的物理量为 $V(\boldsymbol{r})$，则有

$$V(\boldsymbol{r})=V(\boldsymbol{r}+\boldsymbol{R})$$

式中，$\boldsymbol{R}$ 是晶格平移矢量. $\boldsymbol{r}$ 是该点的位置坐标矢量. 这个等式表示所有原胞中相应点的物理性质相同. 若把晶格中任意一点的位置矢量用 $\boldsymbol{r}$ 基矢表示，则可写成

$$\boldsymbol{r} = \xi_1 \boldsymbol{a}_1 + \xi_1 \boldsymbol{a}_1 + \xi_1 \boldsymbol{a}_1 \tag{1.6.11}$$

式中，ξ_i 不一定为整数，则 $V(\boldsymbol{r})$ 可看成是以 ξ_1、ξ_2、ξ_3 为变量，周期为 1 的周期函数，即由

$$V(\xi_1 \boldsymbol{a}_1 + \xi_2 \boldsymbol{a}_2 + \xi_3 \boldsymbol{a}_3) = V[(\xi_1 + 1)\boldsymbol{a}_1 + (\xi_2 + 1)\boldsymbol{a}_2 + (\xi_3 + 1)\boldsymbol{a}_3]$$

可写成

$$V(\xi_1, \xi_2, \xi_3) = V(\xi_1 + 1, \xi_2 + 1, \xi_3 + 1)$$

因此 $V(\xi_1, \xi_2, \xi_3)$ 可展成傅里叶级数

$$V(\xi_1, \xi_2, \xi_3) = \sum_{h_1 h_2 h_3} V_{h_1 h_2 h_3} \mathrm{e}^{2\pi \mathrm{i}(h_1 \xi_1 + h_2 \xi_2 + h_3 \xi_3)} \tag{1.6.12}$$

式中，h_1、h_2、h_3 是整数，展开系数

$$V_{h_1 h_2 h_3} = \int_0^1 \mathrm{d}\xi_1 \int_0^1 \mathrm{d}\xi_2 \int_0^1 \mathrm{d}\xi_3 \, \mathrm{e}^{-2\pi \mathrm{i}(h_1 \xi_1 + h_2 \xi_2 + h_3 \xi_3)} V(\xi_1, \xi_2, \xi_3)$$

根据式(1.6.1)，ξ_1、ξ_2、ξ_3 可用倒格子基矢写出，给式(1.6.11)两边点乘 $\boldsymbol{b}_1$，得

$$\xi_1 = \frac{1}{2\pi} \boldsymbol{b}_1 \cdot \boldsymbol{r}$$

同理可得

$$\xi_2 = \frac{1}{2\pi} \boldsymbol{b}_2 \cdot \boldsymbol{r}, \qquad \xi_3 = \frac{1}{2\pi} \boldsymbol{b}_3 \cdot \boldsymbol{r}$$

代入式(1.6.12)，傅里叶级数可直接用 r 表示出来，即

$$V(r) = \sum_{h_1 h_2 h_3} V_{h_1 h_2 h_3} \mathrm{e}^{\mathrm{i}(h_1 \boldsymbol{b}_1 + h_2 \boldsymbol{b}_2 + h_3 \boldsymbol{b}_3) \cdot \boldsymbol{r}} = \sum_G V_G \mathrm{e}^{\mathrm{i}\boldsymbol{G} \cdot \boldsymbol{r}} \tag{1.6.13}$$

上式中的求和是对所有倒格矢进行的. 式 1.6.13 表明，同一物理量在正格子中的表述 $V(\boldsymbol{r})$ 和在倒格子中的表述 V_G 之间遵守傅里叶变换关系. 而且这种变换仍然保持物理量的晶格周期性即

$$V(\boldsymbol{r} + \boldsymbol{R}) = \sum_G V_G \mathrm{e}^{\mathrm{i}\boldsymbol{G} \cdot (\boldsymbol{r} + \boldsymbol{R})} = \sum_G V_G \mathrm{e}^{\mathrm{i}\boldsymbol{G} \cdot \boldsymbol{r} + \mathrm{i}\boldsymbol{G} \cdot \boldsymbol{R}} = \sum_G V_G \mathrm{e}^{\mathrm{i}\boldsymbol{G} \cdot \boldsymbol{r}} = V(\boldsymbol{r})$$

推导中用到了下式：

$$\boldsymbol{G} \cdot \boldsymbol{R} = 2\pi(h_1 n_1 + h_2 n_2 + h_3 n_3) = 2\pi \times \text{整数}$$

1.6.4　布里渊区(Brillouin zone)

布里渊区是今后经常要用到的概念. 其定义是：在倒格子中，以某一倒格子点为坐标原点，作所有倒格矢的垂直平分面，倒格子空间被这些平面分成许多包围原点的多面体区域，这些区域称为**布里渊区**. 其中最靠近原点的平面所围的区域称为第一布里渊区. 第一布里渊区界面与次远垂直平分面所围成的区域为第二布里渊区. 第一、第二布里渊区界面与再次远垂直平面围成的区域为第三布里

渊区.依此类推,图 1.6.2 给出了二维正方格子的前 3 个布里渊区.

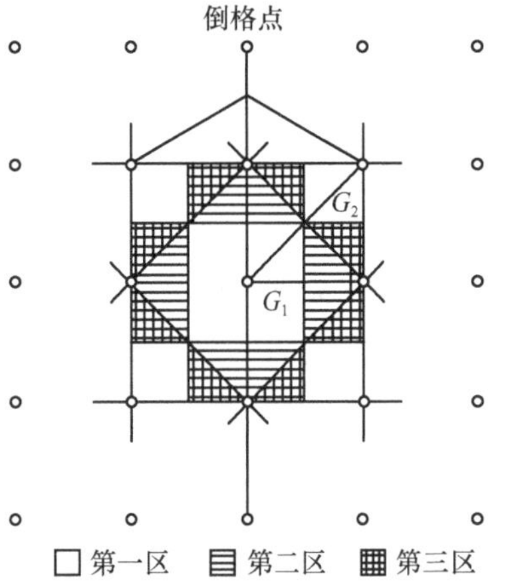

图 1.6.2 二维正方晶格的布里渊区构图

1. 布里渊区的界面方程

由于布里渊区界面是其倒格矢 $\boldsymbol{G}$ 的垂直平分面,用 $\boldsymbol{k}$ 表示倒格空间的矢量,如果它的端点落在布里渊区界面上,它必须满足

$$\boldsymbol{k} \cdot \boldsymbol{G} = \frac{1}{2}G^2 \qquad (1.6.14)$$

即在倒格子空间中,凡满足式(1.6.14)的 $\boldsymbol{k}$ 的端点的集合构成布里渊区界面,因而称式(1.6.14)为布里渊区的**界面方程**.

2. 布里渊区的特点

由布里渊区的构成定义可知,各个布里渊区的形状都是对原点对称的,若某布里渊区分成 n 个部分,则各部分的分布是对原点对称的.各布里渊区经过适当的平移,如移动一个倒格矢 $\boldsymbol{G}$ 都可移到第一布里渊区且与之全重.因此每个布里渊区的体积都是相同的,且等于倒格子原胞的体积.

另外,由于倒格子基矢是根据正格子基矢来定义的,所以布里渊区的形状完全取决于晶体的布拉维格子,无论晶体是由哪种原子组成,只要其布拉维格子相同,其布里渊区形状也就相同.下面给出几种常见的布里渊区.

3. 二维正方格子的布里渊区

二维正方晶格的基矢为

$$\boldsymbol{a}_1 = a\boldsymbol{i}, \qquad \boldsymbol{a}_2 = a\boldsymbol{j}$$

式中,a 为晶格常数,$\boldsymbol{i}$、$\boldsymbol{j}$ 为 x、y 轴的单位矢量.相应的倒格基矢为

$$\boldsymbol{b}_1 = \frac{2\pi}{a}\boldsymbol{i}, \qquad \boldsymbol{b}_2 = \frac{2\pi}{a}\boldsymbol{j}$$

倒格矢为

$$\boldsymbol{G} = n_1 \frac{2\pi}{a}\boldsymbol{i} + n_2 \frac{2\pi}{a}\boldsymbol{j}$$

若用 $\boldsymbol{k}=k_x\boldsymbol{i}+k_y\boldsymbol{j}$ 表示倒格子空间的矢量,代入界面方程得

$$n_1k_x + n_2k_y = \frac{\pi}{a}(n_1^2 + n_2^2)$$

对应原点最近的 4 个倒格点($n_1=\pm1, n_2=0$)、($n_1=0, n_2=\pm1$),得到 4 条垂直平分线

$$k_x = \pm \frac{\pi}{a}, \qquad k_y = \pm \frac{\pi}{a}$$

它们所围成的区域就是第一布里渊区. 再由离原点次近邻的 4 个点($n_1 = \pm 1, n_2 = \pm 1$),得到另外 4 条垂直平分线

$$\pm k_x \pm k_y = \frac{2\pi}{a}$$

它们与第一布里渊区边界围成的闭全区域就是第二布里渊区. 依次类推,如图 1.6.2所示.

4. 简单立方格子的第一布里渊区

简立方晶格的基矢为

$$\boldsymbol{a}_1 = a\boldsymbol{i}, \quad \boldsymbol{a}_2 = a\boldsymbol{j}, \quad \boldsymbol{a}_3 = a\boldsymbol{k}$$

其倒格子基矢为

$$\boldsymbol{b}_1 = \frac{2\pi}{a}\boldsymbol{i}, \quad \boldsymbol{b}_2 = \frac{2\pi}{a}\boldsymbol{j}, \quad \boldsymbol{b}_3 = \frac{2\pi}{a}\boldsymbol{k}$$

倒格矢为 $\boldsymbol{G} = \frac{2\pi}{a}(n_1\boldsymbol{i} + n_2\boldsymbol{j} + n_3\boldsymbol{k})$,其中,$n_1$、$n_2$、$n_3$ 为整数. 可见其倒格子也是简单立方格子. 做原点与 6 个最近邻点连线的垂直平分面,所围成的正立方体就是简单立方格子的第一布里渊区.

5. 面心立方格子的第一布里渊区

面心立方格子的基矢由式(1.1.5)给出,其倒格子基矢可求出为

$$\left.\begin{aligned} \boldsymbol{b}_1 &= \frac{2\pi}{a}(-\boldsymbol{i} + \boldsymbol{j} + \boldsymbol{k}) \\ \boldsymbol{b}_2 &= \frac{2\pi}{a}(\boldsymbol{i} - \boldsymbol{j} + \boldsymbol{k}) \\ \boldsymbol{b}_3 &= \frac{2\pi}{a}(\boldsymbol{i} + \boldsymbol{j} - \boldsymbol{k}) \end{aligned}\right\} \tag{1.6.15}$$

与体心立方格子的基矢式(1.1.3)比较可以看出,这是一个边长为 $4\pi/a$ 的体心立方格子,即面心立方格子的倒格子是体心立方格子. 其倒格矢为

$$\begin{aligned} \boldsymbol{G} &= n_1\boldsymbol{b}_1 + n_2\boldsymbol{b}_2 + n_3\boldsymbol{b}_3 \\ &= \frac{2\pi}{a}[(-n_1 + n_2 + n_3)\boldsymbol{i} + (n_1 - n_2 + n_3)\boldsymbol{j} + (n_1 + n_2 - n_3)\boldsymbol{k}] \end{aligned}$$

离原点最近的 8 个倒格点的坐标是 $(2\pi/a)(111)$、$(2\pi/a)(11\bar{1})$、$(2\pi/a)(1\bar{1}\bar{1})$、$(2\pi/a)(\bar{1}\bar{1}1)$、$(2\pi/a)(1\bar{1}1)$、$(2\pi/a)(\bar{1}1\bar{1})$、$(2\pi/a)(\bar{1}\bar{1}\bar{1})$、$(2\pi/a)(\bar{1}\bar{1}1)$. 它们与坐标原点连线的中垂面围成一正八面体,每个点到原点的距离为 $\sqrt{3}\pi/a$. 这个正八面体的体积是 $(9/2)(2\pi)^3/a^3$,比倒格子原胞的体积 $4(2\pi)^3/a^3$ 大,因而这个正八面体还不是第一布里渊区. 进而考虑次近邻的 6 个倒格点 $(2\pi/a)$、$(\pm 2, 0, 0)$、

(2π/a)、(0,±2,0)、(2π/a)、(0,0,±2),它们相应的中垂面截去正八面体的 6 个角,形成一截角八面体,截去后的这个十四面体的体积正好等于倒格子原胞的体积. 因此,面心立方格子的第一布里渊区是一个截角八面体,如图 1.6.3 所示,图中也给出了一些对称点的符号.

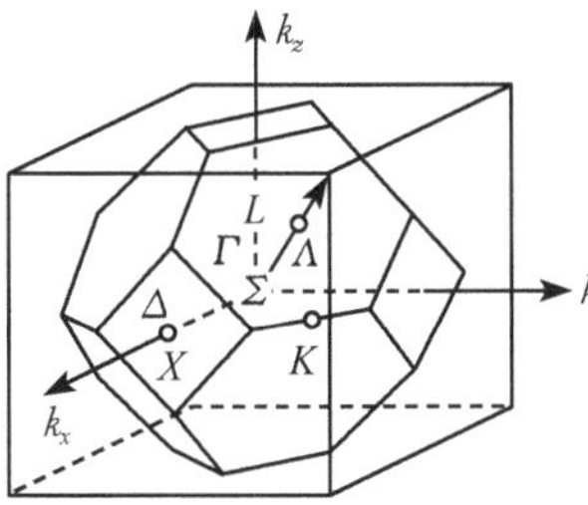

对称点的常用符号	波矢 $\boldsymbol{k}$
Γ	$\frac{2\pi}{a}(0,0,0)$
X	$\frac{2\pi}{a}(1,0,0)$
L	$\frac{2\pi}{a}\left(\frac{1}{2},\frac{1}{2},\frac{1}{2}\right)$
K	$\frac{2\pi}{a}\left(\frac{3}{4},\frac{3}{4},0\right)$

图 1.6.3 面心立方晶格的第一布里渊区

6. 体心立方格子的第一布里渊区

体心立方格子的基矢如式(1.1.3)所示. 其倒格子基矢可求得为

$$\boldsymbol{b}_1 = \frac{2\pi}{a}(\boldsymbol{j}+\boldsymbol{k})$$

$$\boldsymbol{b}_2 = \frac{2\pi}{a}(\boldsymbol{i}+\boldsymbol{k})$$

$$\boldsymbol{b}_3 = \frac{2\pi}{a}(\boldsymbol{i}+\boldsymbol{j}) \tag{1.6.16}$$

与式(1.1.5)比较,可知体心立方格子的倒格子是一个边长为 $4\pi/a$ 的面心立方格子,以其倒格点作为原点,共有 12 个最近邻倒格点,相应的 12 个垂直平分面围成的菱形十二面体即是体心立方的第一布里渊区,如图 1.6.4 所示.

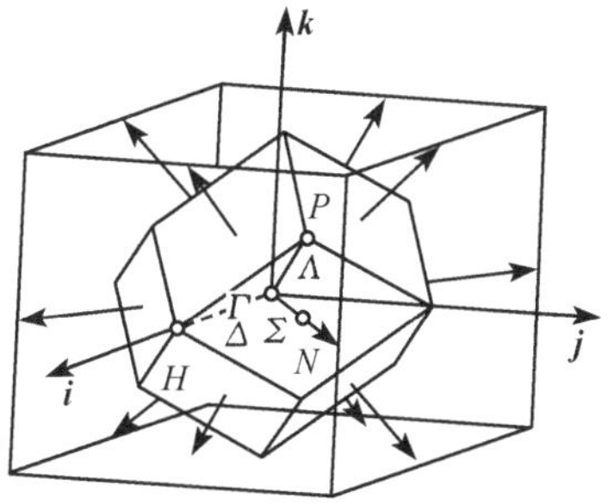

对称点的常用符号	波矢 $\boldsymbol{k}$
Γ	$\frac{2\pi}{a}(0,0,0)$
H	$\frac{2\pi}{a}(1,0,0)$
P	$\frac{2\pi}{a}\left(\frac{1}{2},\frac{1}{2},\frac{1}{2}\right)$
N	$\frac{2\pi}{a}\left(\frac{1}{2},\frac{1}{2},0\right)$

图 1.6.4 体心立方晶格的第一布里渊区

1.7 晶体的 X 射线衍射

晶体结构的周期性使得晶体可以作为衍射光栅. 由于晶体中原子的间距为 10^{-10}m 数量级，衍射波的波长也应是这个数量级. 所以能在晶体中产生明显衍射的光波只能是 X 射线，晶体的 X 射线衍射图样给出了反映晶体结构的信息，因此，它是研究晶体结构的有力工具.

晶体对 X 射线的衍射，是晶体中的电子对 X 射线散射结果的总和. 而电子是分布在原子中的，原子又是分布在原胞中的，原胞在晶体中又排列成一定的布拉维格子. 因此，晶体的 X 射线衍射图案不仅与晶体的布拉维格子有关，而且还与原胞中原子的种类、原子的分布以及原子中电子的分布等都有关. 下面，将按布拉维晶格、原胞和原子三个层次分别讨论.

除 X 射线外，一些德布罗意波长在 10^{-10}m 数量级的微观粒子，如电子、中子等也可以产生晶体衍射，因此它们也用于研究晶体结构. 如电子衍射主要用于研究表面和薄膜. 中子尤适于研究磁性物质. 由于处理方法是类似的，这里只讨论 X 射线的衍射.

在以下的讨论中将不考虑康普顿效应，即认为入射光的波长与散射光的波长相等. 另外，由于 X 射线源到晶体及晶体到观测点的距离都要比晶体本身的线度大得多，所以可以认为入射光和散射光都是平行光.

1.7.1 衍射极大条件 劳厄方程

晶体可看做是带基元的格点组成的布拉维格子. 现在我们仅讨论布拉维格子衍射的极大条件. 劳厄把布拉维格的格点看做是散射中心，当所有格点的散射光发生相干加强时相应于衍射极大. 基于这个考虑，当波矢为 $\boldsymbol{k}_0$ 的 X 射线投射到相距为 $\boldsymbol{R}$ 的两个格点 O 和 A 时，就会受到两个格点的散射而产生出散射波. 若在某个方向上的散射波波矢为 $\boldsymbol{k}$，按照前面假定，$|\boldsymbol{k}_0|=|\boldsymbol{k}|$. 两格点散射波之间的光程差 δ(图 1.7.1)为

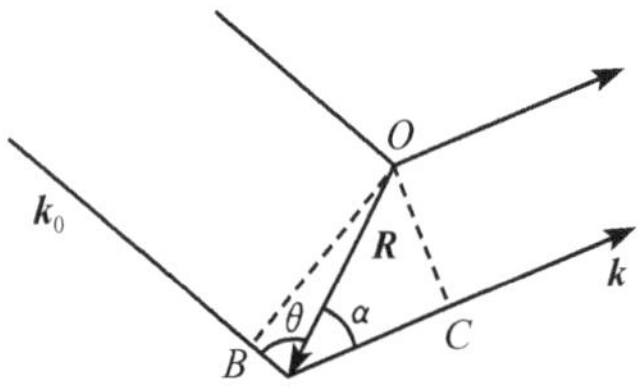

图 1.7.1 两个点散射中心 O、A 对 X 射线的衍射

$$\delta=\overline{AB}+\overline{AC}=R\cos\theta+R\cos\alpha=\boldsymbol{R}\cdot\frac{\boldsymbol{k}_0}{k_0}-\boldsymbol{R}\frac{\boldsymbol{k}}{k}=\boldsymbol{R}\cdot\frac{(\boldsymbol{k}_0-\boldsymbol{k})}{k_0}$$

根据波的相干加强条件，当

$$\delta=\boldsymbol{R}\cdot\frac{(\boldsymbol{k}_0-\boldsymbol{k})}{k}=m\lambda,\qquad m=0,\pm1,\pm2,\cdots \tag{1.7.1}$$

时，沿 $\boldsymbol{k}$ 方向的散射光相干加强. 式(1.7.1)即衍射极大条件，由于 $k_0=2\pi/\lambda$，式(1.7.1)可写成

$$\boldsymbol{R}\cdot(\boldsymbol{k}_0-\boldsymbol{k})=2\pi m,\qquad m=0,\pm1,\pm2,\cdots \tag{1.7.2}$$

由于$\boldsymbol{R}$是晶格平移矢量,根据倒格子的定义,晶格平移矢量$\boldsymbol{R}=n_1\boldsymbol{a}_1+n_2\boldsymbol{a}_2+n_3\boldsymbol{a}_3$与其倒格矢$\boldsymbol{G}=h_1\boldsymbol{b}_1+h_2\boldsymbol{b}_2+h_3\boldsymbol{b}_3$,满足

$$\boldsymbol{R}\cdot\boldsymbol{G}=2\pi m',\qquad m'=0,\pm1,\pm2,\cdots \tag{1.7.3}$$

比较式(1.7.2)与式(1.7.3),可知任何衍射极大方向,必须满足

$$\boldsymbol{k}_0-\boldsymbol{k}=\boldsymbol{G} \tag{1.7.4}$$

上式称为**劳厄方程**(Laue equation),它是衍射极大条件式在式(1.7.2)倒格子空间的表述.

劳厄方程还可写成其他等价形式. 如图1.7.2所示,虚线表示与倒格矢$\boldsymbol{G}$对应的晶面,劳厄方程表示$\boldsymbol{k}_0$、$\boldsymbol{k}$与$\boldsymbol{G}$构成一等腰三角形. 由图1.7.2可以看出

$$\boldsymbol{G}\cdot\boldsymbol{k}_0=Gk_0\cos\alpha$$

$$\boldsymbol{G}\cdot\boldsymbol{k}=Gk_0\cos(\pi-\alpha)=-Gk_0\cos\alpha$$

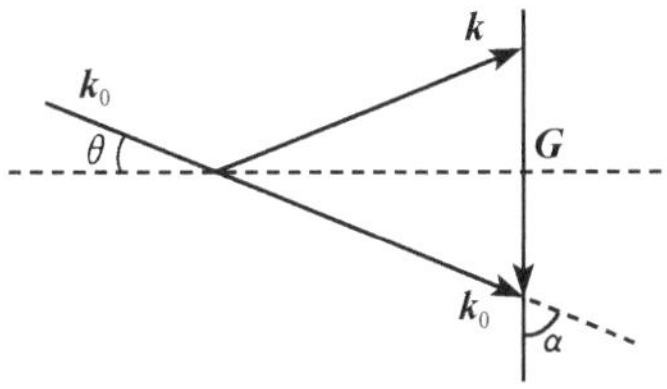

图1.7.2 证明布拉格反射公式与劳厄公式等价性的附图

所以有$\boldsymbol{G}\cdot\boldsymbol{k}=-\boldsymbol{G}\cdot\boldsymbol{k}_0$. 给式(1.7.4)两边点乘$\boldsymbol{G}$,并考虑到上式,即得劳厄方程的另一等价表示式,即

$$2\boldsymbol{k}_0\cdot\boldsymbol{G}=G^2 \tag{1.7.5}$$

或

$$2\boldsymbol{k}_0\cdot\frac{\boldsymbol{G}}{G}=G \tag{1.7.6}$$

如果把$\boldsymbol{k}_0$当作倒格子空间的一矢量,式(1.7.5)即前面给出的布里渊区界面方程. 这就是说,从某倒格点出发,凡波矢端点落在布里渊区界面上的X射线,都满足衍射极大条件,而且其衍射束是在$\boldsymbol{k}_0-\boldsymbol{G}$方向上,这对于分析波在晶体中的衍射是非常重要的.

1.7.2 布拉格定律与劳厄方程

布拉格把晶体对X射线的衍射看成是晶面对X射线的反射,整块晶体可看作是某晶面系(hkl)一系列平行且等间距的晶面组成. 当相邻晶面所反射的两束光之间的光程差为入射光波长的整数倍时,将产生衍射极大. 如图1.7.3所示,衍射极大条件可表示为

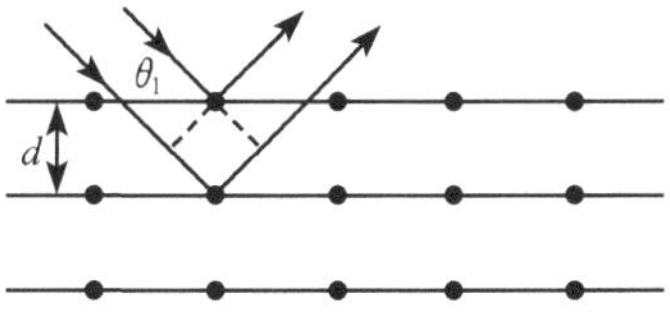

图1.7.3 布拉格公式的图示

$$2d_{hkl}\sin\theta=n\lambda,\qquad n=0,1,2,\cdots$$

此式称为**布拉格反射公式**. 现在说明布拉格公式与劳厄方程是等价的. 从图1.7.2可以看出,劳厄方程的左端

$$2\boldsymbol{k}_0\cdot\frac{\boldsymbol{G}}{G}=2k_0\sin\theta$$

右端根据倒格矢的性质有

$$G_{hkl} = n\frac{2\pi}{d_{h_1h_2h_3}} \tag{1.7.7}$$

式中，n 为倒格矢 $\boldsymbol{G}$ 表达式中的公因子，即

$$\boldsymbol{G}_{hkl} = n(h_1\boldsymbol{b}_1 + h_2\boldsymbol{b}_2 + h_3\boldsymbol{b}_3)$$

$d_{h_1h_2h_3}$ 表示相邻晶面的间距，因此劳厄方程可写成

$$2k_0\sin\theta = n\frac{2\pi}{d_{h_1h_2h_3}}$$

或

$$2\frac{2\pi}{\lambda}\sin\theta = n\frac{2\pi}{d_{h_1h_2h_3}}$$

即

$$2d_{h_1h_2h_3}\sin\theta = n\lambda$$

这就表明劳厄方程与布拉格公式是完全等价的.

1.7.3　劳厄方程的图示——厄瓦尔构图

劳厄方程(1.7.4)可以通过一个所谓的反射球可以形象地表示出来，称为**厄瓦尔构图**. 任一倒格点为原点，在倒格子空间中画出 $\boldsymbol{k}_0$，以 $\boldsymbol{k}_0$ 的起始端为球心，以 k_0 为半径画一球面，如图 1.7.4 所示. 由于 $k=k_0=\frac{2\pi}{\lambda}$，所以从球面上的任何一倒格点向球心作出的矢量 $\boldsymbol{k}$ 都满足

$$\boldsymbol{k}_0 - \boldsymbol{k} = \boldsymbol{G}$$

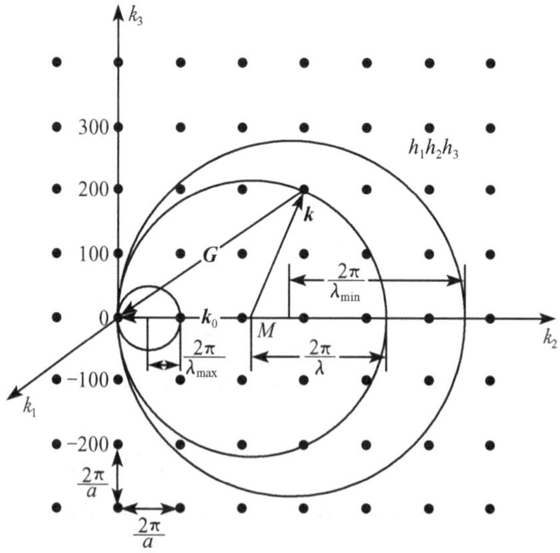

图 1.7.4　劳厄衍射的厄瓦尔构图

因此,落在反射球上各倒格点到球心的矢量,都表示在给定入射波 $\boldsymbol{k}_0$ 情况下,晶体可产生衍射极大的方向.

1.7.4 原子散射因子、几何结构因子

前面已经提到,晶体对 X 射线的衍射可以分 3 个层次来处理.劳厄方程仅是考虑到晶格格点的周期性排列所产生的结果,它没有涉及组成晶体的原子和原胞的具体性质.因而它只能给出在一定入射波矢 $\boldsymbol{k}_0$ 和一定的布拉维格子时,衍射极大可能发生的方向,而没能涉及衍射条纹的强度问题.要解决这一问题,首先,要知道作为散射中心,原子对 X 射线的散射能力——**原子散射因子**(atomic scattering factor).其次,由于来自同一原胞中各个原子的散射波之间存在干涉,原胞中原子的分布不同,散射能力也就不同,因而必须确定原胞的散射能力,它可用**几何结构因子**(geometrical structure factor)来概括.

1. 原子散射因子

晶体的 X 射线散射是由电子对 X 射线的散射引起的.因此原子对 X 射线的散射取决于原子中每个电子的散射.与 X 射线的波长相比,原子具有一定的线度,原子的电子分布在一定区域内,因此核外各电子发射的散射波之间有一定的相位差.这样,在求原子的散射振幅时,应该考虑各个电子(或各部分电子云)的散射波之间的干涉.核外电子的分布不同,原子的散射能力也就不同.

首先,考虑单个电子的散射.假定入射前 X 射线是波矢为 $\boldsymbol{k}_0$、圆频率为 ω 的平面波

$$u_0 = A\mathrm{e}^{\mathrm{i}(\boldsymbol{k}_0 \cdot \boldsymbol{r} - \omega t)} \tag{1.7.8}$$

经一个电子散射后,成为沿径向传播的球面波

$$u' = f_{\mathrm{e}} \frac{A}{D} \mathrm{e}^{\mathrm{i}(\boldsymbol{k} \cdot \boldsymbol{D} - \omega t)} \tag{1.7.9}$$

式中,$\boldsymbol{D}$ 为观测点到散射电子的位置矢量;f_{e} 是描述单个电子散射能力的参数,称为散射长度.

若原子中有 n 个电子,任选其中一个电子为坐标原点 O,其他电子的位置矢径分别是 $\boldsymbol{r}_1, \boldsymbol{r}_2, \boldsymbol{r}_3, \cdots$.观测点 P 到坐标原点的位置矢量为 $\boldsymbol{D}$,如图 1.7.5 所示.

其次,当一平面波入射到原子上后,各个电子的散射波传到 P 点时,相对坐标原点电子的散射波的波程差分别是

$$\delta_1 = \boldsymbol{r}_1 \cdot \frac{\boldsymbol{k}_0}{k_0} - \boldsymbol{r}_1 \cdot \frac{\boldsymbol{k}}{k_0} = \boldsymbol{r}_1 \cdot \frac{1}{k_0}(\boldsymbol{k}_0 - \boldsymbol{k})$$

$$\delta_2 = \boldsymbol{r}_2 \cdot \frac{1}{k_0}(\boldsymbol{k}_0 - \boldsymbol{k})$$

……

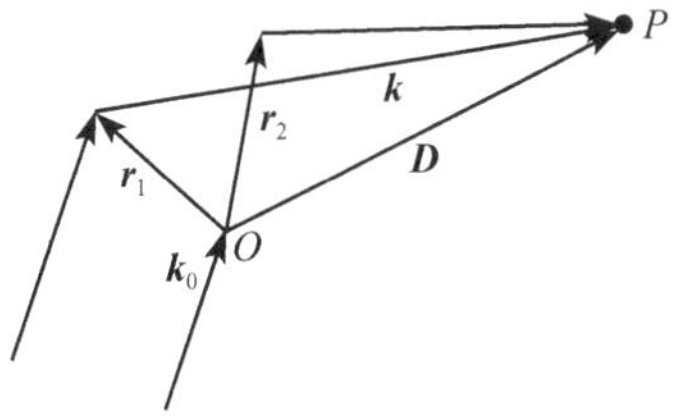

图 1.7.5 电子散射相位差示意图

根据劳厄方程,要产生衍射极大,必须有

$$\boldsymbol{k}_0-\boldsymbol{k}=\boldsymbol{G}$$

所以第 i 个电子散射波的波程差 δ_i 为

$$\delta_i=\boldsymbol{r}_i\cdot\frac{1}{k_0}(\boldsymbol{k}_0-\boldsymbol{k})=\frac{1}{k_0}\boldsymbol{r}_i\cdot\boldsymbol{G}$$

这样,P 点的散射波应是 n 个电子散射波的叠加

$$u=u_0'+u_1'+u_2'+\cdots=f_e\frac{A}{D}e^{i\boldsymbol{k}\cdot\boldsymbol{D}}+f_e\frac{A}{D}e^{i(\boldsymbol{k}\cdot\boldsymbol{D}+\boldsymbol{G}\cdot\boldsymbol{r}_1)}+f_e\frac{A}{D}e^{i(\boldsymbol{k}\cdot\boldsymbol{D}+\boldsymbol{G}\cdot\boldsymbol{r}_2)}+\cdots$$

$$=f_e\frac{A}{D}e^{i\boldsymbol{k}\cdot\boldsymbol{D}}\sum_{i=0}^{n}e^{i\boldsymbol{G}\cdot\boldsymbol{r}_i} \tag{1.7.10}$$

在上面的推导中,已经假定各电子的散射波是平行的,因而忽略了因电子位置不同所引起 $\boldsymbol{D}$ 的差别. 同时也略去了 $e^{-i\omega t}$ 因子. 如果加上 $e^{-i\omega t}$ 因子,式(1.7.10)可写成

$$u=f_e\frac{A}{D}\sum_{i=0}^{n}e^{i\boldsymbol{G}\cdot\boldsymbol{r}_i}e^{i(\boldsymbol{k}\cdot\boldsymbol{D}-\omega t)} \tag{1.7.11}$$

显然,散射波的振幅 A_s 为

$$A_s=f_e\frac{A}{D}\sum_{i=0}^{n}e^{i\boldsymbol{G}\cdot\boldsymbol{r}_i}\propto\sum_{i=0}^{n}e^{i\boldsymbol{G}\cdot\boldsymbol{r}_i}$$

它反映了含有多个电子的散射系统的散射能力. 定义原子散射因子 $f(s)$为

$$f(s)=\sum_{i}^{n}e^{i\boldsymbol{G}\cdot\boldsymbol{r}_i} \tag{1.7.12}$$

根据量子理论,核外电子的分布应看成是有一定密度分布的电子云,设电子的分布概率为 $\rho(\boldsymbol{r})$,则原子的散射因子可写为

$$f(s)=\int e^{i\boldsymbol{G}\cdot\boldsymbol{r}}\rho(\boldsymbol{r})\mathrm{d}v \tag{1.7.13}$$

由量子力学求得原子中电子的分布密度 $\rho(\boldsymbol{r})$后,原则上就可按照式(1.7.13)求出原子散射因子.

2. 几何结构因子与消光现象(extinction phenomenon)

劳厄方程给出了晶格格点的散射波相互干涉的结果. 但对带基元的格子,每个格点不仅是一个原子,而是代表包含多个原子的原胞. 各个格点散射波的强度,取决于原胞中各个原子散射波的叠加. 原胞中的原子数目、原子种类及原子位置分布不同,原胞的散射能力就不同. 下面讨论原胞的散射能力.

设一个原胞中有 n 个原子,以某个原子为坐标原点,其余原子位置分别是 $\boldsymbol{r}_1$,$\boldsymbol{r}_2$,$\boldsymbol{r}_3$,…. 与前面的讨论类似,第 j 个原子的散射波与原点处原子的散射波之间的相位差为

$$(\boldsymbol{k}_0-\boldsymbol{k})\cdot\boldsymbol{r}_j$$

第 j 个原子的散射波为

$$u_{\text{ato}j} = f_e \frac{A}{D} f_j(s) e^{i[\boldsymbol{k}\cdot\boldsymbol{D}+(\boldsymbol{k}_0-\boldsymbol{k})\cdot\boldsymbol{r}_j]}$$

整个原胞在 k 方向散射波为

$$U_e = \sum_{j=0}^{n} U_{\text{ato}j} = f_e \frac{A}{D} e^{i\boldsymbol{k}\cdot D} \sum_{j=0}^{n} e^{i(\boldsymbol{k}_0-\boldsymbol{k})\cdot\boldsymbol{r}_j} f_j(s) \tag{1.7.14}$$

$f_j(s)$为 j 个原子的原子散射因子. 由式 1.7.14 可知,散射波的振幅

$$U_e \propto \sum_{j=0}^{n} e^{i(\boldsymbol{k}_0-\boldsymbol{k})\cdot\boldsymbol{r}_j} f_j(s)$$

定义几何结构因子

$$F(\boldsymbol{k}) = \sum_{j=0}^{n} e^{i(\boldsymbol{k}_0-\boldsymbol{k})\cdot\boldsymbol{r}_j} f_j(s) \tag{1.7.15}$$

它反映了原胞中原子的分布及原子种类对散射波强度的影响. 考虑到劳厄方程,式(1.7.15)也可写成

$$F(\boldsymbol{G}) = \sum_{j=0}^{n} e^{i\boldsymbol{G}\cdot\boldsymbol{r}_j} f_j(s) \tag{1.7.16}$$

若晶体有 N 个原胞,则晶体沿 $\boldsymbol{k}$ 方向的衍射光应该是 N 个原胞在该方向散射光的叠加,如果 $\boldsymbol{k}$ 满足劳厄方程 $\boldsymbol{k}_0-\boldsymbol{k}=\boldsymbol{G}$,则衍射光强度为

$$I \propto N^2 \mid F(\boldsymbol{G}) \mid^2 \tag{1.7.17}$$

由式(1.7.17)可知,若几何结构因子 $F(\boldsymbol{G})=0$,则由劳厄方程所允许的衍射极大并不出现,这种现象叫**消光现象**. 消光现象可以这样理解:若满足劳厄方程 $\boldsymbol{k}_0-\boldsymbol{k}=\boldsymbol{G}$,则各原胞的散射光在 $\boldsymbol{k}$ 方向是相干加强的,但若同时几何结构因子 $F(\boldsymbol{G})=0$表示各个原胞没该方向散射,光强为零. 这些零光强波的叠加当然仍为零.

从式(1.7.16)和式(1.7.17)可知,如果已知原子散射因子 $f_j(s)$就可能通过对衍射强度分布的分析来确定晶体的结构和组成.

这里强调指出,在实际 X 射线衍射强度的分析中,晶体的特殊对称性起着重要作用,因此在讨论几何结构因子时,就应采用结晶学原胞.

下面计算几种常见晶体的 $F(\boldsymbol{G})$.

1) 体心立方结构

体心立方结构的晶胞中含有两个原子,其坐标为(0,0,0)和$\left(\frac{a}{2},\frac{a}{2},\frac{a}{2}\right)$,相应正格子基矢 $\boldsymbol{a}=a\boldsymbol{i}$,$\boldsymbol{b}=a\boldsymbol{j}$,$\boldsymbol{c}=a\boldsymbol{k}$ 的倒格子基矢为 $\boldsymbol{b}_1=(2\pi/a)\boldsymbol{i}$,$\boldsymbol{b}_2=(2\pi/a)\boldsymbol{j}$,$\boldsymbol{b}_3=(2\pi/a)\boldsymbol{k}$,倒格矢为

$$\boldsymbol{G} = h\boldsymbol{b}_1 + k\boldsymbol{b}_2 + l\boldsymbol{b}_3 = h\frac{2\pi}{a}\boldsymbol{i} + k\frac{2\pi}{a}\boldsymbol{j} + l\frac{2\pi}{a}\boldsymbol{k} \tag{1.7.18}$$

若原子为同种原子，有

$$F(\boldsymbol{G})=f_j\left[1+\mathrm{e}^{\mathrm{i}\left(h\frac{2\pi}{a}\boldsymbol{i}+k\frac{2\pi}{a}\boldsymbol{j}+l\frac{2\pi}{a}\boldsymbol{k}\right)\cdot\left(\frac{a}{2}\boldsymbol{i}+\frac{a}{2}\boldsymbol{j}+\frac{a}{2}\boldsymbol{k}\right)}\right]=f_j\left[1+\mathrm{e}^{\mathrm{i}\pi(h+k+l)}\right]$$

$$=\begin{cases}0, & \text{当 } h+k+l=\text{奇数时}\\ 2f_j, & \text{当 } h+k+l=\text{偶数时}\end{cases}$$

例如，$F_{100}=F_{111}=0$，$F_{110}=F_{200}=2f_j$.

2）面心立方结构

在面心立方晶胞中，4 个同种原子的坐标分别为

$$(0,0,0)\quad\left(\frac{1}{2}a,\frac{1}{2}a,0\right)\quad\left(0,\frac{1}{2}a,\frac{1}{2}a\right)\quad\left(\frac{1}{2}a,0,\frac{1}{2}a\right)$$

倒格矢仍为式(1.7.18)，于是几何结构因子为

$$F(\boldsymbol{G})=f_j\left[1+\mathrm{e}^{\mathrm{i}\pi(h+k)}+\mathrm{e}^{\mathrm{i}\pi(k+l)}+\mathrm{e}^{\mathrm{i}\pi(l+h)}\right]$$

$$=\begin{cases}0, & \text{当 } h、k、l \text{ 部分为奇数，部分为偶数时}\\ 4f_j, & \text{当 } h、k、l \text{ 全奇或全偶时}\end{cases}$$

例如，$F_{100}=F_{110}=F_{112}=0$，$F_{111}=F_{113}=F_{222}=4f_j$.

3）金刚石结构

金刚石晶胞共包含有 8 个碳原子，它们的坐标分别为

$$(0,0,0)\quad\left(\frac{a}{4},\frac{a}{4},\frac{a}{4}\right)\quad\left(\frac{a}{2},\frac{a}{2},0\right)\quad\left(\frac{a}{2},0,\frac{a}{2}\right)$$

$$\left(0,\frac{a}{2},\frac{a}{2}\right)\quad\left(\frac{a}{4},\frac{3a}{4},\frac{3a}{4}\right)\quad\left(\frac{3a}{4},\frac{3a}{4},\frac{a}{4}\right)\quad\left(\frac{3a}{4},\frac{a}{4},\frac{3a}{4}\right)$$

其倒格矢仍为式(1.7.18)，于是有

$$F(\boldsymbol{G})=f_j\left[1+\mathrm{e}^{\mathrm{i}\pi\left(\frac{h}{2}+\frac{k}{2}+\frac{l}{2}\right)}+\mathrm{e}^{\mathrm{i}\pi(h+k)}+\mathrm{e}^{\mathrm{i}\pi(h+l)}+\mathrm{e}^{\mathrm{i}\pi(k+l)}\right.$$
$$\left.+\mathrm{e}^{\mathrm{i}\pi\left(\frac{h}{2}+\frac{3k}{2}+\frac{3l}{2}\right)}+\mathrm{e}^{\mathrm{i}\pi\left(\frac{3h}{2}+\frac{3k}{2}+\frac{l}{2}\right)}+\mathrm{e}^{\mathrm{i}\pi\left(\frac{3h}{2}+\frac{k}{2}+\frac{3l}{2}\right)}\right]$$

很容易求出当 h、k、l 都为奇数时

$$F(\boldsymbol{G})=4f_j(1\pm\mathrm{i})$$

当 h、k、l 都为偶数时，且当 $\frac{1}{2}(h+k+l)$ 也是偶数时，有

$$F(\boldsymbol{G})=8f_j$$

如果衍射晶面指数不满足以上两个条件，则这些面的衍射消失. 所以对金刚石结构晶体而言，在劳厄衍射照片上不可能找到像(321)、(221)及(442)等面的衍射斑点.

1.7.5　X 射线衍射的主要实验方法

1. 劳厄法(Laue method)

劳厄法是用连续谱的 X 射线投射到固定不动的单晶试样上，其衍射图样呈现在平面底片上的一种实验方法. 其实验示意图如图 1.7.6 所示. 当入射光与晶面之间满足布拉格条件时，将发生衍射极大，在样品周围底片上出现衍射斑点. 例如，入

射 X 光的方向与晶体内的对称轴平行，衍射斑点将具有该轴所具有的对称性. 由于所用的 X 射线的波长是连续变化的，若 X 射线波长介于 λ_{min} 和 λ_{max} 之间（λ_{max} 可由布拉格公式 $2d\sin\theta=\lambda$，得到 $\lambda_{max}=2d$，按照厄瓦尔反射球作图法如图 1.7.4 所示，凡落在最大反射球（对应于 λ_{min}）和最小反射球（对应于 λ_{max}）区域内的倒格点，都满足劳厄方程 $\boldsymbol{k}-\boldsymbol{k}_0=\boldsymbol{G}$. 这就大大提高了衍射斑点的数目. 但也同时带来一些问题，即可能同时有许多波长对同一晶面都满足劳厄方程，在衍射图样上是同一点，造成分析上的困难. 因此劳厄法不宜用来确定晶格常数，常用来确定晶体的对称性.

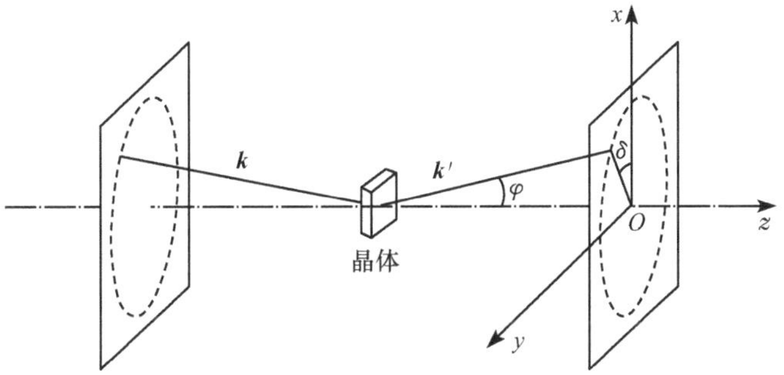

图 1.7.6 劳厄法示意图

2. 转动单晶法(rotating-crystal method)

在此方法中 X 射线是单色的，反射球只有一个. 但样品单晶是在转动的，这样其倒格子将相对反射球转动，于是就有倒格点不断转到反射球上，从而发生布拉格反射. 由于倒格子的周期性，这些倒格点可被认为分布在一系列垂直于转轴的平面上. 同一平面上的倒格点当它们转到反射球上时产生的反射光的方向与转轴的夹角固定不变，这样不同面上倒格点的反射线就构成以转轴为轴的，夹角各不相同的圆锥面. 若照相胶片卷成以转轴的圆筒，这样衍射斑点都在胶片上形成几条平行的横线，如图 1.7.7 所示. 如果转轴是单晶的晶轴，例如立方晶体的 $\boldsymbol{a}$ 轴，此时倒格基矢 $\boldsymbol{b}=(2\pi/a)\boldsymbol{i}$ 也与转轴重合，因此，晶面系 $\boldsymbol{G}=h\boldsymbol{b}$ 中的晶面与转轴垂直. 这样照片上的平行线的间距就与晶面间距（晶格常数）有着简单的比例关系，所以通常用转动单晶法决定基矢和原胞.

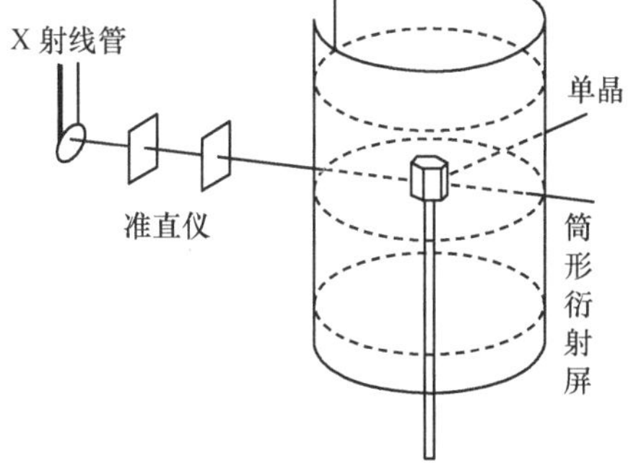

图 1.7.7 旋转单晶法示意图

3. 粉末法(powder method)

此方法的样品是由粉状晶粒压成的

多晶体. 实验中用单色 X 射线，而且样品也是不转动的. 但是由于样品中晶粒的取向是随机分布的，所以同一晶面系的空间取向是多种多样的，因此布拉格反射条件很容易得到满足. 而那些与入射线夹角相同的晶面的反射方向也形成了入射线为轴的锥面，如图 1.7.8 所示. 由此可见，粉末法与转动单晶法非常相似，样品中晶粒的随机取向分布，相当于一个转动，只不过转轴是入射线的方向而已.

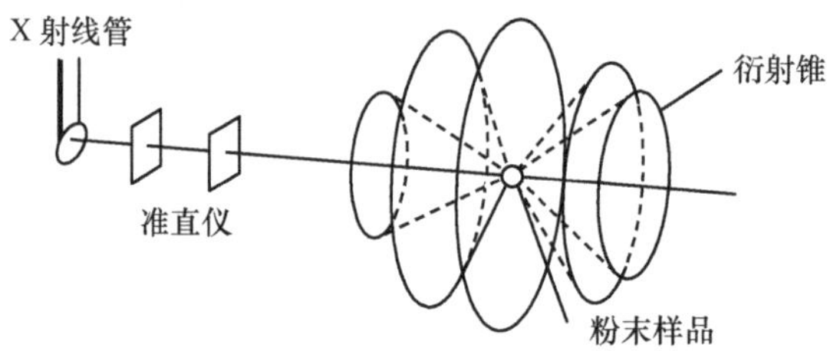

图 1.7.8　粉末法实验装置示意图

最后必须提及的是，由于电子、中子的德布罗意波长 $\lambda=h/p$，p 是它的动量. 特别是高能电子束(50～100keV)缩短电子的德布洛意波长，此时计算电子波长时需考虑相对论修正，有

$$\lambda=\frac{h}{\left[2m_0\varepsilon\,(\mathrm{eV})\left(1+\frac{\varepsilon\,(\mathrm{eV})}{2m_0c^2}\right)\right]^{1/2}} \tag{1.7.19}$$

其中 m_0 为电子的静止质量，c 为光速. 100keV 的高能电子的波长为 0.0037nm，基于此构造了高分辨电子显微镜，其分辨率可达 0.1～0.2nm. 对于很薄的样品，例如 5nm 厚，可直接得到层内原子排列的图像及结构参数. 将高能电子掠入射到样品表面，探测其表面结构的方法称为反射高能电子衍射(reflection high energy electron diffraction，RHEED).

中子德布罗意波长与其能量的关系为

$$\lambda(\mathrm{nm})\approx\frac{0.028}{[\varepsilon(\mathrm{eV})]^{1/2}} \tag{1.7.20}$$

$\lambda=0.1$nm 相应的能量 $\varepsilon\approx150$eV，中子衍射成为确定磁性材料结构的重要技术方法.

本 章 要 点

1. 晶体与非晶体

固体按其分子(原子)排列的有序程度，可分为晶体和非晶体，晶体具有长程序，非晶体仅具有短程序. 长短程序的区分是以微米数量级为界限的.

2. 晶格结构的周期性

实际晶体:把全同的基元放在空间点阵的格点上即构成实际晶体.

晶格平移矢量:格点的位置可由晶格平移矢量 $\boldsymbol{R}_n=n_1\boldsymbol{a}_1+n_2\boldsymbol{a}_2+n_3\boldsymbol{a}_3$ 描述,$\boldsymbol{a}_1$、$\boldsymbol{a}_2$、$\boldsymbol{a}_3$ 称为固体物理学基矢,它们分别表示 3 个不共面方向上的最短周期,它们的选取基具有任意性.

布拉维格子:每个格点周围情况完全相同的格子称为布拉维格子,基元代表点(格点)形成的格子都是布拉维格子.

复式格子:由两个以上布拉维格套合而成的格子称为复式格子,若以原子为组成单位,多原子基元组成的晶体为复式格子结构.

3. 晶格的对称性

对称操作:能使晶体自身重合的操作称为对称操作. 晶体只有 C_1、C_2、C_3、C_4、C_6、σ、i、S_4 这 8 种独立的对称操作,称为基本对称操作.

晶体的宏观对称性:晶体的宏观对称性共有 32 种. 它们是由 8 种基本对称操作组合而成的. 每种组合称为一个点群.

晶体的对称性描述:考虑到晶体微结构的平移对称性(周期性),晶体的对称性类型可由 230 种空间群描述.

晶系:满足 32 种宏观对称类型的晶胞,其基矢 $\boldsymbol{a}$、$\boldsymbol{b}$、$\boldsymbol{c}$ 的组合只有 7 种,每一个组合称为一个晶系.

14 种布拉维晶胞:按照格点在晶系中的分布情况,以上 7 种晶系又可分成 14 种布拉维晶胞.

4. 配位数

晶体原子最近邻的原子数目称为配位数,由于受晶格对称性的限制,晶体的配位数只可能是 12、8、6、4、3、2 这 6 种.

5. 晶面指数、米勒指数

晶体中的不同晶面系可用晶面指数(lmn)来描述,它是晶面系中任一晶面在以原胞基矢 $\boldsymbol{a}_1$、$\boldsymbol{a}_2$、$\boldsymbol{a}_3$ 为单位长度的坐标轴上截距的互质的倒数比. 若选晶胞基矢 $\boldsymbol{a}$、$\boldsymbol{b}$、$\boldsymbol{c}$ 作为坐标轴,晶面指数称为米勒指数,用(hkl)表示.

晶面指数与晶面法线的方向 $\boldsymbol{n}$ 余弦之间的关系为

$$\cos(\boldsymbol{a}_1\cdot\boldsymbol{n}):\cos(\boldsymbol{a}_2\cdot\boldsymbol{n}):\cos(\boldsymbol{a}_3\cdot\boldsymbol{n})=l:m:n$$

对正交晶系,晶面系中两相邻晶面的面间距为

$$d_{hkl}=\frac{1}{\sqrt{\left(\frac{h}{a}\right)^2+\left(\frac{k}{b}\right)^2+\left(\frac{l}{c}\right)^2}}$$

晶面上的格点密度σ与面间距d之间满足

$$\sigma=\rho d$$

式中,ρ为格点体密度.

6. 倒格子

1) 定义

若$\boldsymbol{a}_i$表示正格子,则倒格子$\boldsymbol{b}_i$定义为$\boldsymbol{a}_i\cdot\boldsymbol{b}_j=2\pi\delta_{ij}$,由定义可得

$$\boldsymbol{b}_i=\frac{2\pi}{\Omega_d}(\boldsymbol{a}_j\times\boldsymbol{a}_k)$$

式中,$\Omega_d=\boldsymbol{a}_1\cdot(\boldsymbol{a}_2\times\boldsymbol{a}_3)$为正格子原胞体积.

2) 倒格矢

$$\boldsymbol{G}=h_1\boldsymbol{b}_1+h_2\boldsymbol{b}_2+h_3\boldsymbol{b}_3$$

正、倒格子的关系如下:

(1) $\Omega_r=(2\pi)^3/\Omega_d$,$\Omega_r=\boldsymbol{b}_1\cdot(\boldsymbol{b}_2\times\boldsymbol{b}_3)$为倒格子原胞体积.

(2) $d_{h_1h_2h_3}=2\pi/G_{h_1h_2h_3}$.

(3) 正格子空间的周期函数$V(\boldsymbol{r}+\boldsymbol{R})=V(\boldsymbol{r})$可展开为

$$V(\boldsymbol{r})=\sum_G V_G e^{i\boldsymbol{G}\cdot\boldsymbol{r}}$$

7. 布里渊区

布里渊区的界面方程为

$$\boldsymbol{k}\cdot\boldsymbol{G}=G^2/2$$

布里渊区的特征:各布里渊区体积相等,平移某个倒格矢后都可与第一布里渊区重合.

8. 晶体的X射线衍射

1) 劳厄方程

若分别以$\boldsymbol{k}_0$、$\boldsymbol{k}$表示入射光与散射光的波矢,$\boldsymbol{G}$表示倒格矢,则满足

$$\boldsymbol{k}_0-\boldsymbol{k}=\boldsymbol{G}$$

或

$$\boldsymbol{k}_0\cdot\boldsymbol{G}=\frac{G^2}{2}$$

时,出现晶体对该光的衍射加强——劳厄斑.

由劳厄方程可推导出布拉格定理

$$2d_{hkl}\sin\theta = n\lambda$$

2) 原子散射因子

$$f(s) = \sum_i e^{iG\cdot r_i} = \int e^{iG\cdot r}\rho(r)\mathrm{d}\tau$$

描述原子对 X 射线的散射能力，$\rho(r)$为电子云密度.

3) 几何结构因子

$$F(G) = \sum_{j=1} e^{iG\cdot r_j} f_j(s)$$

描述原胞中原子分布和原子种类对散射强度的影响. $F(G)=0$ 时，出现消光现象，即满足劳厄方程斑，此时并不出现.

思考题

1.1 简述晶态、非晶态、单晶、多晶、准晶的特征和性质.

1.2 晶体结构可分为布拉维格子和复式格子吗？

1.3 引入倒格子有什么实际意义？对于一定的布拉维格子，$\boldsymbol{a}_1$、$\boldsymbol{a}_2$、$\boldsymbol{a}_3$ 的选择不是唯一的，它所对应的 $\boldsymbol{b}_1$、$\boldsymbol{b}_2$、$\boldsymbol{b}_3$ 也不是唯一的，因而有人说一个布拉维格子可以对应几个倒格子，对吗？复式格子的倒格子也是复式格子吗？

1.4 当描述同一晶面时，米勒指数(hkl)与晶面指数(lmn)一定相同吗？

1.5 试画出体心立方和面心立方(100)、(110)和(111)面上格点的分布图.

1.6 怎样判断一个体系对称性的高低？讨论对称性有何物理意义.

1.7 几何结构因子与哪些因素有关？简单立方晶体的几何结构因子为何？

1.8 金刚石和硅晶体具有相同的结构类型，只是晶格常数不同，其几何结构因子是否相同？

习题

1.1 何谓布拉维格子？画出 NaCl 晶格所构成的布拉维格子. 说明基元代表点构成的格子是面心立方晶体，每个原胞包含几个格点.

1.2 在下面的例子中，其结构是不是布拉维格子？如果是，写出它的基矢；如果不是，能否挑选合适的格点组成基元，使基元的重心构成布拉维格子？

(1) 底心立方体；

(2) 边心立方体(前、后、左、右 4 个面心处有一个格点)；

(3) 蜂巢形图案的顶点所构成的二维格子.

1.3 对面心立方晶格，如果取晶胞的三边为基矢，某一族晶面的米勒指数为(hkl)，问如果取原胞的三边为基矢，该族晶面的晶面指数是多少？

1.4 如果基矢 $\boldsymbol{a}$、$\boldsymbol{b}$、$\boldsymbol{c}$ 构成正交晶系，试证明晶面族(hkl)的面间距为

$$d_{hkl}=\frac{1}{\sqrt{\left(\frac{h}{a}\right)^2+\left(\frac{k}{b}\right)^2+\left(\frac{l}{c}\right)^2}}$$

1.5　试求面心立方结构和体心立方结构具有最大面密度的晶面族，并写出计算这个最大面密度的表示式.

1.6　对二维正六角格子，若其对边之间的距离为 a.

(1) 写出正格子基矢 $\boldsymbol{a}_1$、$\boldsymbol{a}_2$ 以及倒格子基矢 $\boldsymbol{b}_1$、$\boldsymbol{b}_2$ 的表示式；

(2) 证明其倒格子也是正六角格子；

(3) 比较正格子与倒格子所具有的对称操作.

1.7　证明体心立方格子和面心立方格子互为倒格子.

1.8　计算或说明下表第二、四竖栏的有关数据.

几何参数 \ 晶体结构	sc	bcc	fcc	金刚石
配位数	6	8	12	4
密堆积时原子半径（a=立方边长）	$\frac{a}{2}$	$\frac{\sqrt{3}}{4}a$	$\frac{\sqrt{2}}{4}a$	$\frac{\sqrt{3}}{8}a$
晶胞中的原子数	1	2	4	8
堆积密度（原子体积/有效空间体积）	$\frac{\pi}{6}$	$\frac{\sqrt{3}\pi}{8}$	$\frac{\sqrt{2}\pi}{6}$	$\frac{\sqrt{3}\pi}{16}$

1.9　当 X 射线沿 x 轴正方向入射到二维正方晶格上（晶格常数为 a），求能产生衍射极大的 X 射线的最大波长.

1.10　试证明，在布拉格反射中，如果晶体发生膨胀，则反射波偏转一角度

$$\delta\theta=-\frac{\gamma}{3}\tan\theta$$

式中，γ 是体膨胀系数，θ 是掠射角.

1.11　对金刚石结构，如果晶胞取晶体学晶胞立方体，基元由 8 个原子组成.

(1) 求这个基元的几何结构因子 $F(G)$.

(2) 求其消光条件，并证明金刚石结构所允许的反射满足 $n(h+k+l)=4s$ 此处所有的衍射面指数 nh、nk、nl 都是偶数，s 是任何整数，否则所有的衍射面指数就是奇数.

第 2 章　晶 体 结 合

本章介绍原子、分子是以怎样的相互作用方式结合成晶体的. 晶体结合的基本形式与固体材料的结构以及物理、化学性质都有密切的关系. 因此确定晶体的结合形式是研究固体材料性质的重要基础.

2.1　晶体结合的普遍描述

物质之所以能以固体状态存在，是由于构成固体的原子、分子之间存在着相当大的相互作用力. 尽管对于不同的物质，这种相互作用的本质可能不同，但组成物质的粒子间相互作用力或相互作用势与它们之间的距离的关系在定性上是普遍存在的. 本节讨论这些普遍适用的关系而不涉及相互作用本质上的区别.

2.1.1　两粒子间的相互作用力和相互作用能

晶体中粒子间的相互作用可分为两大类——吸引作用和排斥作用. 当粒子间距离较大时吸引作用是主要的. 当粒子非常接近时，排斥作用是主要的. 粒子间的距离无穷大时，相互作用为零. 当粒子间距为某一特殊值 r_0 时，两种作用相互抵消，粒子处于平衡状态，此时形成稳定的晶体结构. 无论对任何物质，尽管它们结合为晶体时，成键的本质不同，但粒子间的吸引作用总可以归结为异性电荷间的库仑吸引力. 而排斥作用归结为同性电荷之间的库仑斥力以及由泡利原理引起的排斥作用.

如果用 $f(r)$、$u(r)$ 分别表示两粒子间的相互作用力和相互作用势能，即

$$f(r)=-\frac{\partial u(r)}{\partial r} \tag{2.1.1}$$

图 2.1.1 给出了 $f(r)$、$u(r)$ 随粒子间距 r 变化的一般曲线，两原子间的相互作用势能可用幂函数表示为

$$u(r)=-\frac{A}{r^m}+\frac{B}{r^n} \tag{2.1.2}$$

式中，A、B、m、n 皆为大于零的常数，第一项表示吸引势能，第二项表示排斥势能.

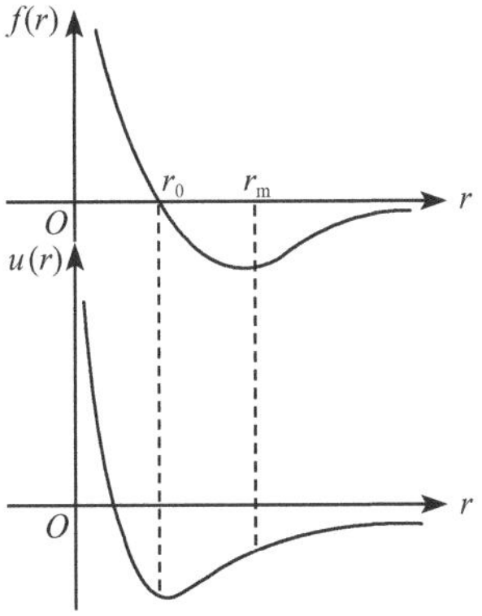

图 2.1.1　$f(r)$、$u(r)$ 与 r 的关系曲线

当两原子间距 r 为某一特殊值 r_0 时，有

$$f(r_0)=-\left.\frac{\partial u(r)}{\partial r}\right|_{r_0}=0$$

对应能量最小值. r_0 称为平衡位置，此时的状态称为稳定状态. 晶体都处于这种稳定状态，即晶体中的原子都处于平衡位置.

2.1.2 晶体的结合能

固体结构的稳定意味着，晶体的能量比构成晶体的粒子处在自由状态时的能量总和低. 如果以 E 表示晶体在绝对零度时的总能量，E_a 表示组成晶体的 N 个自由原子能量的总和，则晶体的**结合能**(binding energy)E_b 定义为

$$E_b=E-E_a$$

因此 E_b 为一负值. E_b 的绝对值就是把晶体分离成自由原子所需要的能量. E_b 也称为晶体的总相互作用能.

计算结合能的关键是计算晶体的总能量. 计算晶体的总能量需要解复杂的多粒子体系的定态薛定谔方程，显然这是非常困难的. 作为一种近似处理方法，通常采用一种简化模型，即把晶体的结合能(总相互作用能)看成是原子对间相互作用能之和. 这是一种经典处理方法.

1. 总相互作用能与结合能

若两原子间的相互作用能为 $u(r_{ij})$，r_{ij} 是第 i 个与第 j 个原子间的距离，则 N 个原子组成的晶体的总相互作用能为原子对间相互作用能之和

$$U=\frac{1}{2}\sum_{i}^{N}\sum_{j(\neq i)}^{N}u(r_{ij}) \tag{2.1.3}$$

式中，因子 1/2 是因为 $u(r_{ij})=u(r_{ji})$，为避免重复计算而引入的. 由于 N 很大，晶体表面原子的数目相对很少，可以忽略表面原子与内部原子的差别，认为每个原子与所有其他原子的相互作用是相同的. 因此式(2.1.3)可以写成

$$U=\frac{1}{2}N\sum_{j(\neq i)}^{N}u(r_{ij})=\frac{1}{2}Nu_i \tag{2.1.4}$$

式中，u_i 是晶体中任一个原子与其余所有原子的相互作用能之和，即

$$u_i=\sum_{j(\neq i)}^{N}u(r_{ij}) \tag{2.1.5}$$

由于式(2.1.5)中的 r_{ij} 与相邻原子间距 r 成比例，有

$$r_{ij}=a_{ij}r$$

式中，a_{ij} 取决于晶体结构. 因此，由式(2.1.4)表示的总相互作用能 U 是原子间相邻距离 r 的函数 $U(r)$，也可表示为晶体体积 V 的函数 $U(V)$.

当原子结合成稳定晶体时,相互作用能小,由

$$\frac{\partial U(r)}{\partial r}=0$$

可求出相邻原子间的平衡距离 r_0,r_0 即晶格常数. 总相互作用能的极小值 $U(r_0)$即晶体的结合能

$$E_b=U(r_0) \tag{2.1.6}$$

2. 晶体的弹性性质

知道了晶体的总相互作用能,我们可求出晶体的某些物理特性.

1) 压缩系数与体积弹性模量

晶体的压缩系数定义为

$$k=-\frac{1}{V}\left(\frac{\partial V}{\partial p}\right)_T \tag{2.1.7}$$

式中,V 是晶体的体积,p 为压强,利用 p 与 V 的关系,有

$$p=-\frac{\partial U}{\partial V} \tag{2.1.8}$$

根据压缩系数与体积弹性模量 K 的关系

$$k=\frac{1}{K}$$

可得到体积弹性模量,简称体弹模量

$$K=\frac{1}{k}=-V\left(\frac{\partial p}{\partial V}\right)_T=+V\left(\frac{\partial^2 U}{\partial V^2}\right)_T \tag{2.1.9}$$

当自然平衡时,晶体只受到大气压强 p_0 的作用,但 10^5 Pa 的大气压强使晶体体积的变化量是非常小的,可以认为

$$-\frac{\partial U}{\partial V}=p_0\approx 0 \tag{2.1.10}$$

此时晶体的体积就是平衡时晶体的体积 V_0,因此,在一般情况下晶体的体弹模量式(2.1.9)可写成

$$K=\left(V\frac{\partial^2 U}{\partial V^2}\right)_{V_0,T} \tag{2.1.11}$$

2) 抗张强度

晶体所能负荷的最大张力,叫做**抗张强度**. 负荷超过抗张强度时,晶体就会断裂. 显然两原子间的最大抗张力就是原子间的最大吸引力,若此时原子间的距离为 r_m,如图 2.1.1 所示,此时有

$$\left.\frac{\partial f(r)}{\partial r}\right|_{r_m}=-\left.\frac{\partial^2 u(r)}{\partial r^2}\right|_{r_m}=0 \tag{2.1.12}$$

由上式可求出 r_m 及原子间的最大抗张力 $f(r_m)$. 设与 r_m 对应的体积为 V_m,由

$$\frac{\partial^2 U}{\partial V^2} = 0 \tag{2.1.13}$$

求出 V_m，代入式(2.1.8)，即可求出抗张强度

$$p_m = -\left(\frac{\partial U}{\partial V}\right)_{V_m}$$

以上介绍的晶体结合能计算的经典处理方法，实际上仅仅适用一些特殊晶体，那就是要求组成晶体的基本单元(离子、原子团)必须具有封闭的电子壳结构. 因为这些基本单元互相接近时，不会引起电子分布的很大变化. 只有这时，晶体的总相互作用能可以看作是原子对间的相互作用能之和. 否则，还必须计及电子云变化所产生的附加能. 另外，封闭壳层结构的电子分布是球对称的，这样原子间的相互作用就与原子间的相对方位无关，只与距离有关. 只有此时，晶体的总相互作用能才能比较容易地通过对原子对间相互作用能的求和得出. 实际上，经典处理方法仅对离子晶体和分子晶体较为精确.

2.2　晶体结合的基本类型及特性

按照晶体原子间相互作用的形成机制，晶体可大致分为 5 种基本类型：离子晶体、共价晶体、金属晶体、分子晶体和氢键晶体. 晶体中原子间的相互作用称作键，5 种基本晶体对应 5 种基本的键，即离子键、共价键、金属键、范德瓦耳斯键和氢键. 实际晶体可以是这 5 种基本类型中的一种，但往往是以上几种结合类型的综合或是介于某两种类型之间的过渡. 本节仅介绍这 5 种基本类型. 实际晶体都可用这 5 种结合类型进行分析.

2.2.1　离子晶体

1. 离子晶体的特征

直接依靠静电相互作用力而结合的晶体称为**离子晶体**(ionic crystal). 经典的离子晶体是碱金属元素与卤族元素所形成的化合物. 由于两种元素对价电子的束缚程度不同，当它们结合成晶体时，碱金属原子的价电子转移到卤族原子上去，形成了正、负离子. 因此离子晶体的结构基本单元是正、负离子，而不是原子.

典型的离子晶体结构有两种：NaCl 结构和 CsCl 结构. NaCl 结构是由正、负离子各自构成的面心立方格子沿晶轴平移 1/2 晶格常数的距离套构而成的. CsCl 型则是沿简单立方体体对角线位移 1/2 长度套构而成的. 晶体中正、负离子相间排列，使每一种离子都以另一种异号离子为邻，因此，静电作用的总效果是吸引的. 但同时每个离子都具有满电子壳层结构. 当两个离子相互接近到它们电子云发生重叠时，由泡利不相容原理，它们之间就会产生强烈的排斥作用. 离子晶体就是依靠

这种排斥作用和静电吸引作用相平衡而形成稳定晶体的.

由于离子晶体的结合力是较强的库仑力,故结构稳定,因而熔点较高,硬度较大.由于电子被离子紧紧束缚,而离子又不易离开格点位置,因而导电性能差.

2. 离子晶体的结合能

现在我们用2.1节所给出的计算结合能的方法,计算离子晶体的结合能.

1) 两离子间的相互作用能

由于正、负离子具有满壳层结构,电子分布是球对称的,当两个离子的间距较大时可以看成是点电荷,因而离子间的吸引能是库仑能$-\frac{z_1 z_2 e^2}{4\pi\varepsilon_0 r}$,式中,$z_1$、$z_2$是两个离子的价电子数.两粒子间的排斥能除了库仑能$+\frac{z_1 z_2 e^2}{4\pi\varepsilon_0 r}$外,还有泡利排斥能,其形式一般为$\frac{b}{r^n}$,式中,$b$、$n$为待定参数,可由晶体的弹性性质确定.因而第$i$个和第$j$个离子之间的相互作用能为

$$u(r_{ij}) = \pm \frac{z_1 z_2 e^2}{4\pi\varepsilon_0 r_{ij}} + \frac{b}{r_{ij}^n} \tag{2.2.1}$$

式中,i、j两离子同性取"+"号,异性取"−"号.

2) 离子晶体的总相互作用能

由式(2.1.3)可知,离子晶体的总相互作用能为

$$U = \frac{1}{2}N\sum_{i(\neq j)}^{N} u(r_{ij}) = \frac{1}{2}N\sum_{i(\neq j)}^{N} \left(\pm \frac{z_1 z_2 e^2}{4\pi\varepsilon_0 r_{ij}} + \frac{b}{r_{ij}^n}\right) \tag{2.2.2}$$

上式中以第j个离子为参考粒子,可任意选择一个离子作为参考粒子,N为正负离子总数.

为了讨论方便,设最近邻两离子间的距离为r,则第i个离子对参考离子j的距离r_{ij}可写成$r_{ij}=a_i r$,其中,a_i是由晶格结构决定的系数,这样式(2.2.2)可写成

$$U = -\frac{1}{2}N\left[\frac{z_1 z_2 e^2}{4\pi\varepsilon_0 r}\sum_{i(\neq j)}^{N}\left(\pm\frac{1}{a_i}\right) - \frac{1}{r^n}\sum_{i(\neq j)}^{N}\frac{b}{a_i^n}\right] \tag{2.2.3}$$

式中,同性离子取负,异性离子取正,与前面正好相反.令

$$\sum_{i(\neq j)}^{N}\frac{b}{a_i^n} = B \tag{2.2.4}$$

$$\sum_{i(\neq j)}^{N}\left(\pm\frac{1}{a_i}\right) = a \tag{2.2.5}$$

则式(2.2.3)写为

$$U = -\frac{1}{2}N\left(\frac{z_1 z_2 e^2}{4\pi\varepsilon_0 r}a - \frac{B}{r^n}\right) \tag{2.2.6}$$

式中，a 称为**马德隆常数**(Madelung constant)，可由晶格结构求得；B 和 n 可由实验测定.

3) 马德隆常数的计算

由 a 的定义式(2.2.5)，将求和逐项写出，并不能得到收敛的结果. 为此，马德隆发展了一种求 a 的有效方法，我们以 NaCl 晶体为例介绍这种方法.

设想把晶体分成许多大的晶胞，使每个晶胞中所包含的正负离子数目相同，因而每个大晶胞是电中性的. 若选取某一大晶胞中心的离子为参考离子，则其他离子对此参考离子的作用可分为大晶胞内的离子和大晶胞外的离子两部分. 由于各大晶胞是电中性的，如果大晶胞足够大，那么其他大晶胞作为整体对参考离子的作用就很微弱，所以只要考虑这个大晶胞内离子对参考离子的作用即可. 例如，取某大晶胞中心的 Cl^- 离子为参考离子 r_j，则它到其他离子的间距为

$$r_{ij} = r(n_1^2 + n_2^2 + n_3^2)^{1/2} = ra_i \tag{2.2.7}$$

式中，n_1、n_2、n_3 为整数，r 是最近邻离子间的距离，a_i 为

$$a_i = (n_1^2 + n_2^2 + n_3^2)^{1/2} \tag{2.2.8}$$

由图 1.2.1 可以看出，离参考离子最近的有 6 个正离子，其位置可表示为(±1,0,0)、(0,±1,0)、(0,0,±1)，因而 $a_i=1$，但每个离子只有 1/2 是属于本晶胞的. 同样，次近邻有 12 个负离子，其位置可用(1,1,0)代表，每个粒子的 $a_i=\sqrt{2}$，但每个离子只有 1/4 是属于本晶胞的. 再次近邻有 8 个正离子，其位置都可用(1,1,1)代表，每个离子的 $a_i=\sqrt{3}$，每个离子只有 1/8 是属于本晶胞的. 于是有

$$a = \frac{1}{2}\times 6 - \frac{1}{4}\times\frac{1}{\sqrt{2}}\times 12 + \frac{1}{8}\times\frac{1}{\sqrt{3}}\times 8 = 1.457 \tag{2.2.9}$$

大晶胞取得越大，结果就会更精确，精确计算的值为 $a=1.747565$.

4) B 和 n 的确定

B 和 n 不是相互独立的，可由平衡条件确定. 晶体稳定平衡时，$r=r_0$，有

$$\left.\frac{\partial U}{\partial r}\right|_{r_0} = -\frac{N}{2}\left(\frac{-ae^2 z_1 z_2}{4\pi\varepsilon_0 r^2} + \frac{nB}{r^{n+1}}\right)_{r_0} = 0$$

得

$$B = \frac{az_1 z_2 e^2}{4\pi\varepsilon_0 n} r_0^{n-1} \tag{2.2.10}$$

式中，r_0 是平衡时最近邻离子间的距离，可用 X 射线衍射方法测定. 由于 n 与离子间的力有关，而弹性应力的大小也与离子间的力有关，因此 n 可用体弹模量 K 来表示. 由于晶体的体积与 r^3 成倍数关系，有

$$V = \beta N r^3 \tag{2.2.11}$$

式中，β 是与晶体结构有关的常数，如对 NaCl 结构，由于每个晶胞包含两个原胞，而 r 是晶胞基矢长度 a 的 1/2，$r=a/2$，因此 NaCl 结构晶体的体积可表示为

$$V = Nr^3 \tag{2.2.12}$$

从式(2.2.11)可得

$$\frac{\partial U}{\partial V} = \frac{\partial U}{\partial r}\frac{\partial r}{\partial V} = \frac{\partial U}{\partial r}\frac{1}{3\beta Nr^2}$$

$$\frac{\partial^2 U}{\partial V^2} = \frac{\partial}{\partial V}\left(\frac{\partial U}{\partial V}\right) = \frac{1}{9\beta^3 N^2 r^4}\frac{\partial^2 U}{\partial r^2} - \frac{2}{9\beta^2 N^2 r^5}\frac{\partial U}{\partial r}$$

把上面两式代入式(2.2.11),并注意到

$$\left.\frac{\partial U}{\partial r}\right|_{r_0} = 0$$

得到体弹模量 K 的表达式可写为

$$K = \frac{1}{9N\beta r_0}\left(\frac{\partial^2 U}{\partial r^2}\right)_{r_0} \tag{2.2.13}$$

把式(2.2.6)代入式(2.2.13),并利用式(2.2.10)即可得到 n 与 K 的关系为

$$n = 1 + \frac{72\pi\varepsilon_0\beta r_0^4}{z_1 z_2 a e^2}K \tag{2.2.14}$$

式中,K 可由实验测得,a、β 可由晶体结构算出,这样可确定 B 和 n.

5) 结合能

晶体稳定平衡时的总相互作用能即晶体的结合能. 把平衡间距 r_0 代入式(2.2.6),并利用式(2.2.10),得离子晶体的结合能

$$E_b = -\frac{N}{2}\left(1 - \frac{1}{n}\right)\frac{z_1 z_2 a e^2}{4\pi\varepsilon_0 r_0} \tag{2.2.15}$$

对离子晶体,结合能 E_b 的绝对值仅表示把晶体分解成自由离子而不是原子所需要的能量. 表 2.2.1 给出几种典型离子晶体的 r_0、K、n 和 u 值,表 2.2.2 给出几种晶体结构的 a 值.

表 2.2.1 几种离子晶体的晶格常数、体弹模量和离子对间相互作用能

晶体	$r_0/\times10^{-10}$m	$K/\times10^{10}$Pa	n	$u/\times10^{-18}$J(每离子对实验值)
NaCl	2.82	2.41	7.71	−1.27
NaBr	2.99	1.99	8.09	−1.21
KCl	3.15	1.75	8.69	−1.15
KBr	3.30	1.48	8.85	−1.10
RbCl	3.29	1.56	9.13	−1.23
RbBr	3.43	1.30	9.00	−1.18

表 2.2.2 几种晶体结构的 a 值

晶体结构	a	晶体结构	a
NaCl 结构	1.747558	纤锌矿(ZnS 六角系)	1.641
CsCl 结构	1.76267	萤石(CaF_2)	5.309
闪锌矿(ZnS 立方系)	1.6381	金红石(TiO_2)	4.816

2.2.2 共价晶体(covalent crystal)

以共价键结合的晶体称为共价晶体. 要严格说明共价键的成因,必须用量子理论. 这里仅以氢分子为例作定性说明. 氢分子是典型的以共价键结合的分子. 两个氢原子各有一个 1s 态的电子. 当两个氢原子接近时,如果两电子自旋平行,泡利不相容原理将使两个原子互相排斥而不能形成分子. 当两个电子自旋反平行时,电子在两核之间的区域有较大的电子云密度,它们与两个核同时有较强的吸引作用,这种吸引作用把两个核结合在一起形成一个氢分子. 此时,两个电子为两个核所共有,在两个原子周围都形成稳定的满壳层结构. 这样一对为两个原子所共有的自旋相反配对的电子结构称为共价键.

共价晶体是以原子作为基本结构单元的. 典型的共价晶体有 C、Si、Ge 等. 当这些元素组成晶体时,相邻两原子各出一个电子组成自旋相反的电子对,这些共有的电子对使每个原子最外壳层形成公用封闭的电子壳层. 例如,第Ⅳ族元素最外层有 4 个电子,因此每个原子能够与周围其他 4 个原子组成共价键而各自形成封闭的壳层结构,如图 2.2.1 所示.

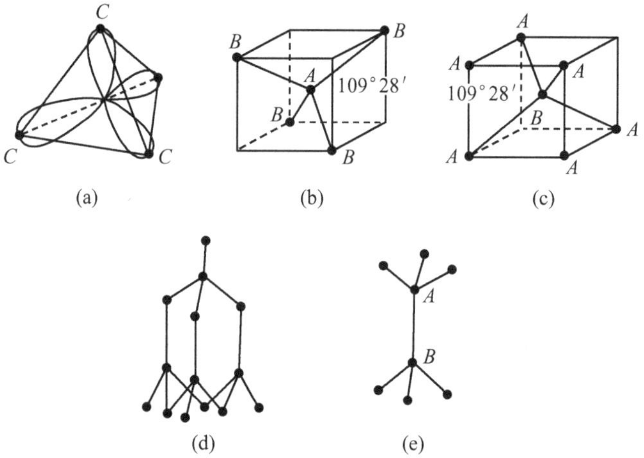

图 2.2.1 金刚石结构

A 原子与 *B* 原子不等价,对 *A* 来讲,它的 3 个"爪子"的方位在其上面,对 *B* 来讲,它的 3 个"爪子"的方位在其下面

共价键有以下两个特性:

一是饱和性,即一个原子只能形成一定数目的共价键,因而依靠共价键它只能和一定数目的其他原子相结合. 共价键只能由未配对的电子形成,即一个电子与另一个电子配对以后就不能再和第三个电子配对;同一原子中两个自旋相反的价电子与不能与其他原子的电子配对. 所以如果价电子壳层不到半满,所有的价电子都

可以是不配对的,因而所有价电子都可以对外形成共价键,因此形成共价键的数目与价电子数目相等. 如果价电子壳层的电子数超过半满,根据泡利原理,则必有部分电子自旋相反而配对,所以这时能形成共价键的数目必少于价电子数目. 例如,对Ⅳ族至Ⅶ族元素,共价键的数目符合所谓 $8-N$ 定则,N 是价电子数目. 这是由于它们壳层是由一个 ns 轨道和 3 个 np 轨道组成,考虑到两种自旋态,共包含 8 个量子态,价电子壳层超过半满时,未配对的电子数实际上决定于未填充的量子态,因此等于 $8-N$.

二是方向性,即指只在某一特定方向上形成共价键. 根据共价键的量子理论,共价键的强弱取决于电子云的交叠程度. 由于非满壳层电子分布的非对称性,因而总是在电子云密度最大的方向成键.

这里指出,原子在形成共价键时可能发生轨道"杂化". 下面以金刚石为例予以说明.

碳原子基态的价电子组态为 $1s^2 2s^2 2p^2$, $1s^2$、$2s^2$ 是满壳层结构,电子自旋相反,不能对外形成共价键. 只有 p 壳层是半满的,按照电子配对理论,碳原子对外只能形成两个共价键. 但实际金刚石有 4 个等强度的共价键,它们分布在正四面体的 4 个顶角方向,如图 2.2.1 所示. 碳是怎样获得 4 个未配对的电子的? 事实上当碳原子结合组成晶体时,由于 2s 态与 2p 态的能量非常接近,碳原子中的一个 2s 电子就会被激发到 2p 态,形成新的电子组态 $1s^2 2s2p^3$. 从而碳原子就有 4 个未配对电子,分别是 $2p_x$、$2p_y$、$2p_z$ 和 2s 电子. 这 4 个价电子态(轨道)"混合"起来,重新组成 4 个等价的态,也称为"杂化轨道(hybrid orbital)". 它们是由原子的 s、p_x、p_y 和 p_z 态的线性叠加而成的,故又称为"sp^3 杂化轨道". 所以,金刚石中的共价键不是以碳原子的基态为基础的,而是由 4 个"杂化轨道"态组成的. 从能量角度看,虽然在成键时有一个 2s 电子激发到 2p 态,需要一定的能量,但杂化后,成键的数目增多了,强度增大了. 成键的吸引作用又使体系能量降低,足以抵偿轨道"杂化"所需要的能量而有余. 因而可形成稳定的结合.

由于共价键的饱和性,结合力很强,所以共价键具有高硬度、高熔点、导电性能差的特点. 又由于共价键的方向性,共价晶体硬而脆,不能明显弯曲.

2.2.3　金属晶体

由第Ⅰ、Ⅱ族元素及过渡元素组成的晶体都是典型的金属晶体. 由于金属元素的价电子的第一电离势较小,价电子脱离原子实的束缚不需要很多能量. 当金属原子聚集起来形成晶体时,价电子脱离原子实的束缚而为所有原子共有,排列在格点上的正离子与其共有电子之间的库仑吸引力是金属晶体的结合力,称为金属键.

与前两种键比较,金属键还有一个重要特点,就是对晶格中正离子的排列无特殊要求,金属键是一种体积效应,原子排列得越紧密,库仑能就越低,结合也就越稳定.

因而大多数金属为密堆积结构，配位数为 12，其次是配位数为 8 的体心立方结构.

由于共有化电子的存在，金属晶体具有良好的导电、导热性能. 由于金属键对正离子的排列没有特殊要求，就容易在晶体内部造成离子排列的不规则性，表现为金属有很大的范性.

2.2.4　分子晶体

由具有封闭满电子壳层结构的原子或分子组成的晶体称为分子晶体. 例如，惰性气体元素、NH_3、SO_2、HCl 分子等在低温下构成的晶体. 若组成分子晶体的原子、分子是无极性的（正负电子中心重合），称为非极性分子晶体，否则称为极性分子晶体.

1）分子晶体的结合力

分子晶体是依靠下列 3 种作用力结合的：极性分子电偶极矩之间的静电作用力（**静电力**），极性分子的电偶极矩与其在非极性分子上诱导产生的偶极矩之间静电作用力（**诱导力**）以及非极性分子之间瞬时偶极矩之间的作用力（**弥散力**）. 这 3 种力统称为**范德瓦耳斯力**. 由于范德瓦尔斯力一般都很微弱，所以分子晶体的熔点都很低，如 Ne、Ar、Kr、Xe 等晶体，熔点分别是 24K、84K、117K 和 161K. 下面仅就非极性分子进行讨论.

弥散力可以这样理解：具有球对称电子分布的闭合壳层的无极分子间，由于电子运动产生电子云分布的涨落，从而产生一种瞬时电偶极矩，这种瞬时电偶极矩间的感应作用导致两原子之间的吸引或排斥作用，如图 2.2.2 所示. 由于吸引态的排列导致能量降低，根据玻尔兹曼统计理论，出现这种排列的概率较大，其效果是在原子间产生总体上的吸引力.

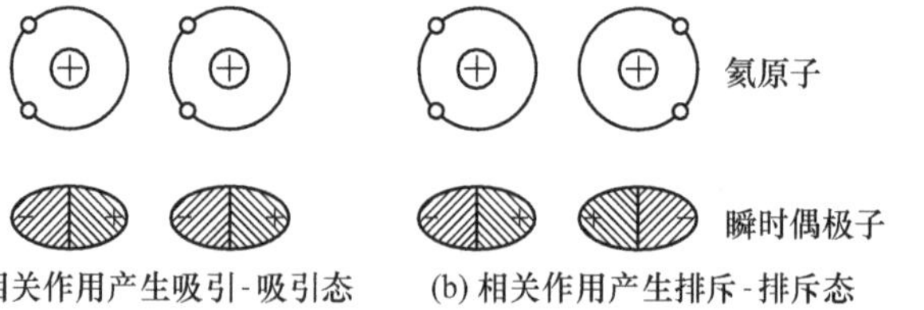

图 2.2.2　两个氦原子之间由于运动产生瞬时偶极子的相互作用

2）分子晶体的结合能

分子晶体原子间的吸引作用是感应电矩之间的相互作用. 由静电学可知，第一个原子的瞬时电偶极矩 P_1 在第二个原子处产生的电场强度正比于 P_1/r^3，第二个原子上由此产生的感应电偶极矩 P_2 显然正比于这个电场

$$P_2 \propto P_1/r^3$$

因而,两原子之间的相互吸引能为

$$u(r) \propto -\frac{P_1P_2}{r^3} \propto -\frac{P_1^2}{r^6}$$

根据对实验数据的分析,对分子晶体,原子间排斥能具有 B/r^{12} 的形式,这样原子间的相互作用能可表示为

$$u(r) = 4\varepsilon\left[\left(\frac{\sigma}{r}\right)^{12} - \left(\frac{\sigma}{r}\right)^{6}\right] \tag{2.2.16}$$

的形式,称为伦纳德-琼斯势.式中,ε、σ 为实验参数,可由惰性气体的实验给出,表 2.2.3给出了几种惰性气体的 ε、σ 值.

表 2.2.3 几种惰性气体的 ε、σ 值

元素	Ne	Ar	Kr	Xe
ε/eV	0.031	0.0104	0.0140	0.0200
$\sigma/\times10^{-10}$m	2.74	3.40	3.65	3.98

若晶体由 N 个原子组成,由式(2.1.4)可知晶体总相互作用能为

$$U = \frac{N}{2}\sum_{i(\neq j)}^{N} 4\varepsilon\left[\left(\frac{\sigma}{r_{ij}}\right)^{12} - \left(\frac{\sigma}{r_{ij}}\right)^{6}\right] \tag{2.2.17}$$

令 r 为最近邻原子间的距离,则 $r_{ij}=a_i r$,式(2.2.17)为

$$U = 4\,\frac{N}{2}\varepsilon\left[A_{12}\left(\frac{\sigma}{r}\right)^{12} - A_6\left(\frac{\sigma}{r}\right)^{6}\right] \tag{2.2.18}$$

式中

$$A_{12} = \sum_{i(\neq j)}^{N}\frac{1}{a_i^{12}},\qquad A_6 = \sum_{i(\neq j)}^{N}\frac{1}{a_i^{6}}$$

A_{12}、A_6 只与晶体结构有关,除^{3}He、^{4}He 外,惰性元素晶体均属面心立方体结构,可算出

$$A_{12} = 12.13188,\qquad A_6 = 14.45392$$

分子晶体的结合能可由总相互作用能式(2.2.18)求得.由平衡条件

$$\left.\frac{\partial U}{\partial r}\right|_{r_0} = 0$$

可求出平衡原子间距

$$r_0 = (2A_{12}/A_6)^{1/6}\sigma = 1.09\sigma$$

把 r_0 代入式(2.2.18),可得结合能

$$E_b = -N\frac{\varepsilon A_6^2}{2A_{12}} = -8.6\varepsilon N$$

与前面一样,可求出平衡时分子晶体的体弹模量

$$K_0 = \frac{4\varepsilon}{\sigma^3}A_{12}\left(\frac{A_6}{A_{12}}\right)^{5/2} = \frac{75\varepsilon}{\sigma^3}$$

与实验相当符合.表 2.2.4 给出几种惰性元素晶体的 r_0、E_b 和 K_0.

表 2.2.4　几种惰性元素晶体的 r_0、E_b 和 K_0

元素	$r_0/\times10^{-10}$m		结合能 E_b/eV		$K_0/\times10^9$N · m^{-2}	
	实验	计算	实验	理论	实验	理论
Ne	2.99	3.13	−0.02	−0.027	1.1	1.81
Ar	3.71	3.75	−0.08	−0.089	2.7	3.18
Kr	3.98	3.99	−0.11	−0.120	3.5	3.46
Xe	4.34	4.33	−0.17	−0.172	3.6	3.81

2.2.5　氢键晶体

通过氢原子结合在一起的晶体称为氢键晶体. 由于氢原子只有一个 1S 电子，其第一电离能(13.59eV)要比它的同族元素 Li(5.39eV)、Na(5.14eV)、K(4.34eV)、Rb(4.18eV)和 Cs(3.89eV)的电离能大得多，很难形成离子键. 同时氢原子核要比其他离子实小得多，因而当氢原子的唯一价电子与另一个原子形成共价键后，氢核便暴露在外了，该氢核又可通过库仑力的作用同另一个负电性原子结合起来. 这就是说，在某些条件下一个氢原子可以同时吸引两个原子，而把这两个原子结合起来，这种结合力称为氢键(hydrogen bond).

冰是一种典型的氢键晶体，如图 2.2.3 所示. 氢原子与一个氧原子形成共价键(用 O—H 表示)后，还和另一个水分子中的氧原子相吸引，但吸引力较弱(用 H…O 表示). 水分子就是靠这种吸引力结合成冰的. 在冰晶体中，氧原子本身由氢键结合组成一个四面体. 铁电晶体磷酸二氢钾(KH_2PO_4)和许多有机物如蛋白质、脂肪、糖等都含有氢键.

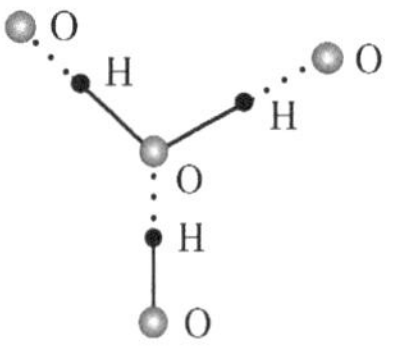

图 2.2.3　冰的氢键示意图

以上根据结合力的性质. 把晶体分成 5 种典型类型. 但实际上晶体中原子间的相互作用比较复杂，往往是多种键同时存在. 如石墨晶体，显然它与金刚石都是由碳原子组成，但石墨的结合力却与金刚石完全不同. 组成石墨的一个碳原子以其 3 个价电子与其最近邻的 3 个原子组成共价键，这 3 个键几乎在同一平面上，另一个价电子则比较自由地在整个平面层上运动，具有金属键的性质. 就是说在这个平面层上，石墨是通过共价键和金属键共同作用结合的，因而具有较好的导电性能. 石墨的层与层之间又是依靠范德瓦尔斯键结合的，这是石墨质地疏松的根源.

2.3　晶体结合类型与原子的负电性

凝聚态物质是由原子、分子通过它们之间的相互作用形成的，这些相互作用的核心是化学键. 化学键的形成机制主要决定于原子的电子位形(价电子数目、电子波子数的对称性)和晶格原子的周围环境(近邻原子类型、数目以及位形等). 如果价电子数目与原子的最近邻数相等，最近邻原子间电子以对的形式成键，称为定域键. 相反，如果原子的价电子数少于最近邻数，则价电子与几个近邻原子的价电子相互作用，称为非定域键.

化学键的形成机制可由多电子体系的量子力学处理揭示. 代表性的工作是海特勒-伦敦近似(又称价键理论)和洪德-米立肯近似(又称分子运轨). 根据费米子体系波函数反对称性的限制，对于氢分子来说，可形成两电子自旋平行($s=1$)和反平行($s=0$)的两类状态. 其中自旋反平行态(单态)所对应的能量较两个氢原子单独存在的能量低，易于形成分子，电子在两原子核之间，我们称之为成键态(bonding state)；而自旋平行(三重态)所对应的能量比原子单独存在的能量高，原子之间呈相互排斥趋势，不利于原子结合，电子在两原子核之外，称之为反键态(antibonding state). 理论表明，氢分子间的键态和原子间相互作用势能与原子间距之间的关系的理论结果大致走向一致.

化学键可按照其相应的分子轨道的对称性进行分类. 若分子轨道具有对以两原子核的连线为轴的轴对称性，相应的成键称为 σ 键或反成键 σ^*. 若分子轨道不具有对原子连线的轴对称性，称为 π 键，如图 2.3.1 显示了几种常见的键态，σ 键和 π 键分别存在着 1 个和 2 个平行通过键轴的节面，节面是分子轨道值为零的平面.

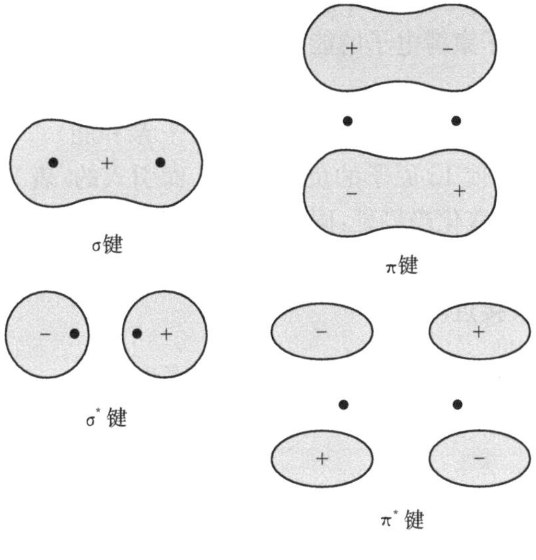

图 2.3.1 双原子分子中 σ 键和 π 键电子云分布示意

从化学键的角度，晶体可以看作是很多原子键合而成的“大分子”，将分子轨道法推广到晶体，就是能带论中的紧束缚近似. 布洛赫波函数是“晶体分子”的分子轨道. 双原子分子中的成键态和反成键态对应用不同的能带，用价键法的语言，价电子将组成电子对以键合最近邻原子. 电子对既可属于两个以上原子共有，也可只属于单个原子(称为离子键). 电子对在键和单个原子上的分派方式称为价结构,这取决于组成大分子各原子的性质,如电负性等.

2.3.1　原子的负电性

晶体以哪种基本形式结合,除了受温度、压力等外界条件的一定影响外,主要取决于原子的结构,即原子束缚价电子能力的强弱.

原子的电离能是原子失去一个电子而变成一个正离子所需要从外界获得的能量,因此可以用来表征原子对价电子束缚的强弱. 在具有 z 个价电子的原子中,一个价电子除受到带正电的原子实的库仑吸引作用外,还受到其他 $z-1$ 个价电子的作用. 这 $z-1$ 个价电子对它的平均作用可以看成是 $z-1$ 个价电子云对原子实的屏蔽作用. 若屏蔽是完全的,价电子将只受到 $+e$ 电荷的吸引力. 但实际上,由于许多价电子属于同一壳层,因而对原子实的屏蔽只是部分的,因此,作用在价电子上的有效电荷在 $+e$ 和 $+ze$ 之间,价电子数目 z 越多,屏蔽越不完全,因此有效电荷随着 z 的增加而增加,可见在同一周期里原子束缚电子的能力,或者电离能,从左到右逐步增长. 在同一族元素中,显然从上到下逐步减少.

另一个可以用来度量原子束缚电子能力的量叫**亲和能**,即表示一个自由原子在基态时俘获一个电子成为负离子时所放出的能量.

为了完整反映原子束缚电子的能力,通常用原子的**负电性**来表示. 负电性的定义是

$$负电性 = 0.18(电离能 + 亲和能)$$

系数 0.18 仅仅是为了使 Li 原子的负电性为 1 而引入的. 表 2.3.1 列出了一些原子的负电性. 负电性的变化趋势是:同一周期元素自左而右负电性增大;同一族元素自上而下负电性减小;周期表愈往下,一周期性内负电性的差别也愈小,过渡元素的负电性彼此比较接近.

表 2.3.1　一些原子的负电性

ⅠA	ⅡA	ⅢB	ⅣB	ⅤB	ⅥB	ⅦB
Li 1.0	Be 1.5	B 2.0	C 2.5	N 3.0	O 3.5	F 4.0
Na 0.9	Mg 1.2	Al 1.5	Si 1.8	P 1.2	S 2.5	Cl 3.0
K 0.8	Ca 1.0	Ga 1.5	Ge 1.8	As 2.0	Se 2.4	Br 2.8

2.3.2　负电性与晶体结合类型

负电性的上述变化趋势,明显地反映在晶体的结合类型中.

碱金属族(ⅠA)的负电性最低,原子束缚价电子的能力最弱,当它们接近结合成晶体时,价电子容易摆脱原子的束缚而成为共有化电子,因此是典型的金属晶体. ⅡA、ⅠB、ⅡB、ⅢA、ⅢB族元素都属于这种情况.

随着负电性的增大,原子束缚电子能力增强,获取电子的能力也较强. 这种情况下,适于形成共价键. 因为形成共价键,原子并没有失去电子,而为两个原子所共有.

Ⅳ族元素处于周期表的中部,负电性不太强也不很弱,因此结合力的性质比较复杂,往往与晶体的外部条件有关. 例如,金刚石、锗、硅等都是典型的共价晶体,但同是碳元素组成的石墨,却是以共价键、金属键、范德瓦尔斯键等的混合类型结合.

Ⅳ到Ⅶ族元素,由于遵从 $8-N$ 定则(对于壳层为 ns 及 Ps 的原子,满壳层电子数为 8,如果原子的外壳层电子数为 N,则最多可以有$(8-N)$个未配对电子,因此可形成$(8-N)$个共价键,称此为 $8-N$ 规则),它们所形成共价键的数目,往往不足以维持三维稳定晶体的需要,故这些元素通常是以共价键形成片、链、分子等次级结构,然后再以范德瓦尔斯键的结合形式形成晶体.

Ⅷ族元素由于具有稳定的满壳层结构,所以完全依靠微弱的范德瓦尔斯作用把原子结合起来,形成典型的范德瓦尔斯晶体.

以上简单讨论了单元素晶体. 不同元素组合形成的化合物晶体的结合类型也与原子的负电性有关.

Ⅰ族元素与Ⅵ族元素负电性差别最为显著,Ⅰ族元素容易失去电子,Ⅶ族元素负电性强,有较强的获得电子的能力,因此形成典型的离子晶体.

随着元素之间负电性差别的减小,离子性结合逐渐过渡到共价结合,从Ⅰ-Ⅶ族的碱金属卤化物到Ⅲ-Ⅴ族化合物,这种变化非常明显. Ⅲ-Ⅳ族化合物具有类似于金刚石结构的闪锌矿结构,是典型的共价晶体.

另外,负电性强的元素形成的晶体或者负电性差别大的化合物晶体一般是绝缘体. 而负电性弱的元素形成晶体或负电性差别小的化合物晶体一般是半导体或导体.

本章要点

1. 晶体结合的基本类型

晶体中原子的相互作用称为键,晶体结合类型按键的性质主要有以下 5 种:离子键、共价键、金属键、范德瓦耳斯键和氢键.

2. 负电性

晶体结合类型主要取决于组成晶体的原子束缚电子的能力,它可由负电性来

描述,其定义为

$$\text{负电性} = 0.18(\text{电离能} + \text{亲和能})$$

亲和能是一个自由原子处于基态时获得一个电子成为负离子所放出的能量.

3. 结合能

1) 结合能的定义

若 E 表示晶体在绝对零度时的总能量,E_a 表示组成晶体的 N 个自由原子的能量总和,则结合能 E_b 定义为

$$E_b = E - E_a$$

2) 对相互作用能

两原子间的相互作用能总可写成

$$u(r_{ij}) = -A/r_{ij}^m + B/r_{ij}^n, \qquad n > m$$

3) 结合能的计算

结合能可认为是平衡时 N 个原子对相互作用能之和,即

$$E_b = U(r_0) = \frac{1}{2}N\sum_{i(\neq j)}^{N} u(r_{ij})\Big|_{r_{ij}=r_{ij0}}$$

4) 离子晶体的结合能

$$E_b = U(r_0) = -\frac{1}{2}N\left(\frac{z_1 z_2 e^2}{4\pi\varepsilon_0 r_0}a - \frac{B}{r_0^n}\right) = -\frac{N}{2}\left(1 - \frac{1}{n}\right)\frac{a z_1 z_2 e^2}{4\pi\varepsilon_0 r_0}$$

式中,$a = \sum\limits_{i(\neq j)}^{N}\left(\pm\frac{1}{a_i}\right)$,为马德隆常数;$B = \sum\limits_{i(\neq j)}^{N}\frac{b}{a_i^n}$,$n$ 可由实验测定.

5) 分子晶体的结合能

$$E_b = U(r_0) = 4\frac{N}{2}\varepsilon\left[A_{12}\left(\frac{\sigma}{r_0}\right)^{12} - A_6\left(\frac{\sigma}{r_0}\right)^6\right]$$

式中,$A_{12} = \sum\limits_{i(\neq j)}^{N}\frac{1}{a_i^{12}}$,$A_6 = \sum\limits_{i(\neq j)}^{N}\frac{1}{a_i^6}$;其中,$\varepsilon$、$\sigma$ 为实验参数.

4. 体弹模量 K 和抗张强度

$K = V\left(\frac{\partial^2 U}{\partial V^2}\right)_T = \left(V\frac{\partial^2 U}{\partial V^2}\right)_{V_0, T}$,由 K 可测得 n、ε、σ.

$p_m = -\left(\frac{\partial U}{\partial V}\right)_{V_m}$,$V_m$ 为晶体体积的最大值.

思　考　题

2.1　原子在结合成晶体时,原子的价电子将重新分布,从而产生不同的结合力. 分析各类

晶体中决定结合类型的主要结合力.

2.2 分析一个中性原子可以束缚一个电子的定性模型.

2.3 分析周期表中元素负电性的变化.如何用负电性概念分析元素和化合物晶体结合力类型的规律?

2.4 分析金属键结合力中,吸引作用和排斥作用产生的因素.

2.5 共价键有哪些特征?为什么会有这些特征?

习 题

2.1 原子间相互作用势能可写成 $u(r)=-A/r^m+B/r^n$,从概念上阐明,m、n 两个系数中哪一个较大?

2.2 对线型离子晶体,在一条直线链上交替地载有电荷 $\pm q$ 的 $2N$ 个离子,最近邻之间的排斥势能为 $\dfrac{b}{r^n}$.

(1) 试证在平衡间距下 $u(r_0)=-\dfrac{2Nq^2\ln 2}{4\pi\varepsilon_0 r_0}\left(1-\dfrac{1}{n}\right)$;

(2) 令晶体被压缩,使 $r_0\to r_0(1-\delta)$求证在晶体被压缩单位长度的过程中,(外力)所做功的主项为 $\dfrac{1}{2}C\delta^2$,其中

$$C=\frac{(n-1)q^2\ln 2}{4\pi\varepsilon_0 r_0}$$

2.3 有一晶体,平衡时体积为 V_0,原子间总的相互作用能为 U_0,如果原子间相互作用能可写成 $u(r)=-\alpha/r^m+\beta/r^n$,证明体弹模量 K 为

$$K=k^{-1}=|U_0|\frac{mn}{9V_0}$$

提示:原子间总结合能为 $U(r)=(N/2)(-\alpha/r^m+\beta/r^n)$,体积 $V=ANr^3$.

2.4 NaCl 晶体的体弹模量为 2.4×10^{10} Pa,在 2×10^9 Pa 的气压作用下,晶体中两相邻离子间的距离将缩小百分之几?

2.5 实验测量如 LiF 晶体的结合能为 $E_b=U(r_0)=1017.7$kJ/mol,最邻近距离 $r_0=2.014\times10^{-10}$ m,试计算 LiF 的体弹模量.

2.6 如果 NaCl 结构中离子的电荷增加一倍,晶体的结合能及离子间的平衡距离将发生多大变化?

第 3 章　晶格振动与晶体的热学性质

在研究晶体的几何结构和晶体结合时，组成晶体的原子被认为是固定在格点位置(平衡位置)静止不动的. 这仅是一种理想化模型. 实际上，在有限温度($T\neq$ 0K)下，组成晶体的原子并不是静止不动的，而是围绕平衡位置作微小振动，由于平衡位置是晶格格点，所以称为晶格振动. 晶格振动作为一种热运动，不仅对晶体的热学性质有着直接的重要影响，而且对晶体的光学性质、电学性质、超导电性、结构相变等起着重要影响，甚至决定性的作用. 因而晶格动力学自然成为固体物理学中最基础、最重要的部分之一.

本章介绍有关晶格动力学的基本概念和方法，以及在研究晶体热学性质中的应用.

3.1　一维晶格振动

由于晶体原子间存在着相互作用力，任何一个原子的振动都必然影响到其他原子，也必然受到其他原子的影响. 这就使得晶格振动成为一个非常复杂的问题. 为了便于迅速理解晶格振动的主要特点，我们以一维原子链作为典型例子进行讨论. 然后把一些主要方法和结论推广到三维情况.

3.1.1　一维单原子链

1. 模型与动力学方程

N 个质量为 m 的原子组成如图 3.1.1 所示的一维布拉维格，晶格常数为 a，每个原胞只含一个原子. 这种最简单的晶格称为一维单原子链. 第 n 个原子的平衡位置用 x_n^0 表示，它偏离平衡位置的位移用 u_n 表示，这样第 n 个原子的瞬时位置可表示为

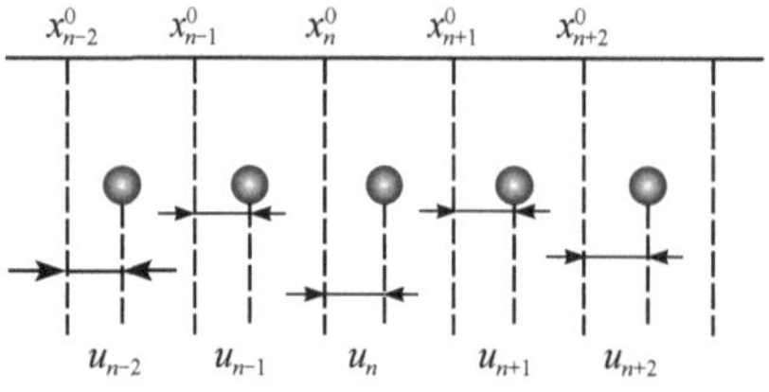

图 3.1.1　一维单原子链

$$x_n = x_n^0 + u_n$$

设两原子间的相互作用势能为 $\varphi(x_m - x_n)$，这样第 n 个原子受到晶格中其他原子作用的势能为

$$U_n = \sum_{m(\neq n)}^{N} \varphi(x_m - x_n)$$

$$= \sum_{m(\neq n)}^{N} \varphi(x_m^0 - x_n^0 + u_m - u_n) = \sum_{m(\neq n)}^{N} \varphi(x_{mn}^0 + u_{mn}) \tag{3.1.1}$$

式中

$$x_{mn}^0 = x_m^0 - x_n^0 = la, \qquad l = \pm 1, \pm 2, \cdots$$

$$u_{mn} = u_m - u_n$$

$$x_{mn} = x_m - x_n = x_{mn}^0 + u_{mn}$$

x_{mn}是第 m 个原子与第 n 个原子间的相对距离，x_{mn}^0是这两个原子平衡位置之间的距离，u_{mn}是这两个原子的相对位移. 一般条件下，原子作微小的振动，所以原子间的相对位移 u_{mn}要比原子间的距离 x_{mn}小得多，因而 $\varphi(x_{mn})$可围绕平衡位置间距 x_{mn}^0展开为

$$\varphi(x_{mn}) = \varphi(x_{mn}^0 + u_{mn}) = \varphi(x_{mn}^0) + \left(\frac{\partial \varphi}{\partial x_{mn}}\right)_0 u_{mn} + \frac{1}{2}\left(\frac{\partial^2 \varphi}{\partial x_{mn}^2}\right)_0 u_{mn}^2 + \cdots \tag{3.1.2}$$

下角标“0”标明是平衡位置时的值. 于是

$$U_n = \sum_{m(\neq n)}^{N} \varphi(x_{mn}^0) + \sum_{m(\neq n)}^{N} \left(\frac{\partial \varphi}{\partial x_{mn}}\right)_0 u_{mn} + \frac{1}{2}\sum_{m(\neq n)}^{N} \left(\frac{\partial^2 \varphi}{\partial x_{mn}^2}\right)_0 u_{mn}^2 + \cdots \tag{3.1.3}$$

上式中的第一项，由于 $x_{mn}^0 = la$，是与原子振动无关的常数项，用 U_n^0 表示，有

$$U_n^0 = \sum_{m(\neq n)}^{N} \varphi(x_{mn}^0)$$

第二项中的因子$\left(\frac{\partial \varphi}{\partial x_{mn}}\right)_0 = 0$，这是因为$\frac{-\partial \varphi}{\partial x_{mn}}$为第 n、第 m 两个原子间的相互作用力，当原子处于平衡位置时，原子间的作用力为 0，而$\left(\frac{\partial \varphi}{\partial x_{mn}}\right)_0$ 的负值正好表示平衡时的第 m、第 n 原子的相互作用力，所以为 0. 这样第二项为 0. 因此式(3.1.3)可写成

$$U_n = U_n^0 + \frac{1}{2}\sum_{m(\neq n)}^{N} \left(\frac{\partial^2 \varphi}{\partial x_{mn}^2}\right)_0 u_{mn}^2 + \cdots \tag{3.1.4}$$

引入恢复力系数 β_{mn}，有

$$\beta_{mn} = \beta_{nm} = \left(\frac{\partial^2 \varphi}{\partial x_{mn}^2}\right)_0 \tag{3.1.5}$$

式(3.1.4)可写为

$$U_n = U_n^0 + \frac{1}{2}\sum_{m(\neq n)}^{N} \beta_{mn} u_{mn}^2 + \cdots \tag{3.1.6}$$

由上式可知第 n 个原子偏离平衡位置时受到其他原子的作用力为

$$f_n = -\frac{\partial U_n}{\partial u_n} = -\frac{1}{2}\frac{\partial}{\partial u_n}\sum_{m(\neq n)}^{N} \beta_{mn} u_{mn}^2 + \cdots = -\frac{1}{2}\frac{\partial}{\partial u_n}\sum_{m(\neq n)}^{N} \beta_{mn}(u_m - u_n)^2 + \cdots$$

$$= \sum_{m(\neq n)}^{N} \beta_{mn}(u_m - u_n) + \cdots \tag{3.1.7}$$

这样，第 n 个原子的动力学方程为

$$m\frac{\mathrm{d}^2 u_n}{\mathrm{d}t^2} = \sum_{m(\neq n)}^{N} \beta_{mn}(u_m - u_n) + \cdots \tag{3.1.8}$$

每个原子的运动学方程都与其他原子的运动有关，所以式(3.1.8)实际上是含有 N 个方程的联立方程组.

2. 简谐近似与最近邻近似

由于我们讨论的是温度较低情况下晶格的微小振动，作为一级近似，可在式(3.1.7)中只保留一次项，或者在式(3.1.6)中只保留二次项，这种近似称为简谐近似. 处理微小振动问题一般都采用简谐近似. 对一个具体的物理问题是否可以采取简谐近似，要看在简谐近似下得到的理论结果是否与实验相一致. 在有些物理问题中就需要考虑高阶项的效应，称非谐效应.

在简谐近似下式(3.1.8)成为

$$m\frac{\mathrm{d}^2 u_n}{\mathrm{d}t^2} = \sum_{m(\neq n)}^{N} \beta_{mn}(u_m - u_n) \tag{3.1.9}$$

由上式可知，第 n 个原子的振动与晶体中所有原子的振动情况相关. 如果只考虑最近邻原子的作用，则式(3.1.9)中保留 $m=n+1$，$m=n-1$ 两项，并且认为 $\beta_{n+1,n}=\beta_{n-1,n}=\beta$. 于是式(3.1.9)成为

$$\begin{aligned} m\frac{\mathrm{d}^2 u_n}{\mathrm{d}t^2} &= \beta[(u_{n+1} - u_n) + (u_{n-1} - u_n)] \\ &= \beta(u_{n+1} + u_{n-1} - 2u_n) \end{aligned} \tag{3.1.10}$$

在最近邻近似下，一维单原子链实际上就简化为质量为 m 的小球被用弹性系数为 β 的弹簧连接起来的弹性链.

3. 周期性边界条件

对于无边界的无限大晶体，每个原子都有形如式(3.1.10)的动力学方程. 但实际上晶体是有限的，处在表面上的原子所受的作用力显然与内部不同，因而应有不同于式(3.1.10)形式的动力学运动方程. 另外，每个原子的方程不是独立的而是相互关联的，因此我们需要求解的是一组方程组. 这样，对有限的晶体，边界原子运动方程的独特性使方程组变得复杂. 为了解决这个困难，必须进一步作近似处理，使方程组简单化. 考虑到晶体中原子的数目 N 很大，除了专门研究表面性质外，一般说来，由于表面原子数目比起整个晶体中的数目要少得多，因此，表面原子的特殊性对晶体的整体性质产生的影响可以忽略. 这就是说表面上(原子链的两端)原子的运动方式可以按数学上的方便任意选择. 表面原子的运动方式称为边界条件. 波

恩-卡门提出的周期性边界条件是最方便的选择:设想在有限晶体之外还有无穷多个完全相同的晶体,互相平行的堆积充满整个空间,在各个相同的晶体块内相应原子的运动情况应当相同. 对一维晶格,这个条件就表示为

$$u_{N+n} = u_n \tag{3.1.11}$$

这样,晶体中所有的原子的运动都可以用方程(3.1.10)来描述. 而且使方程成为封闭的.

4. 格波

为了说明式(3.1.10)的物理意义,我们考虑一种极端情况,把晶体看成是连续介质,即晶格常数 $a\to 0$. 这时,原子的平衡位置 na 可用 x 表示,晶格常数 a 可以表示为 $\mathrm{d}x$,于是

$$\begin{aligned} u_n(t) &= u(na,t) = u(x,t) \\ u_{n+1}(t) &= u[(n+1)a,t] = u(x+\mathrm{d}x,t) \\ &= u(x,t) + \frac{\partial u}{\partial x}\mathrm{d}x + \frac{1}{2!}\frac{\partial^2 u}{\partial x^2}(\mathrm{d}x)^2 + \cdots \\ u_{n-1}(t) &= u(x,t) - \frac{\partial u}{\partial x}\mathrm{d}x + \frac{1}{2!}\frac{\partial^2 u}{\partial x^2}(\mathrm{d}x)^2 + \cdots \end{aligned}$$

把这些表示式代入(3.1.10)中,得

$$m\frac{\partial^2 u(x,t)}{\partial t^2} = \beta\frac{\partial^2 u(x,t)}{\partial x^2}(\mathrm{d}x)^2$$

由于$(\mathrm{d}x)^2=a^2$,所以有

$$\frac{\partial^2 u(x,t)}{\partial t^2} = \frac{\beta a^2}{m}\frac{\partial^2 u(x,t)}{\partial x^2} \tag{3.1.12}$$

这正是熟悉的波动方程,波速 $v=\sqrt{\beta a^2/m}$. 波动方程(3.1.12)有一简谐波特解

$$u(x,t) = A\mathrm{e}^{\mathrm{i}(qx-\omega t)} \tag{3.1.13}$$

式中,$q=2\pi/\lambda$ 为波矢. 从物理上看,说介质是连续的含义是指介质原子的间距比波长小得多. 如果晶格常数与波长相近,则晶体不再能看成连续的,必须解方程(3.1.10). 应有下面形式的解,即

$$u_n(x,t) = A\mathrm{e}^{\mathrm{i}(naq-\omega t)} \tag{3.1.14}$$

式中,A 是振幅,ω 为角频率,波矢 $q=2\pi/\lambda$,naq 是第 n 个原子的振动相位.

对于上述解,我们可以作以下几点说明.

1) 格波(lattice wave)

对每个指定原子,它表示一个振动. 每个原子都围绕自己的平衡位置(格点)作谐振动,振动振幅和振动频率都是相同的. 但从整体上看,每个原子的振动相位各不相同. 相邻两原子振动相位差为 qa. 而且如果第 m 个原子与第 n 个原子平衡位置的距离 $na-ma=l\lambda$,l 为整数时,即两原子的振动相位差为 2π 的整数倍时,第 m

个原子与第 n 个原子的位移相等，$u_m=u_n$. 所以式(3.1.14)所描述的谐振动是以行波的形式在晶体中传播，它是晶体中原子的一种集体振动形式，这种波称为**格波**. 由于式(3.1.14)是一种简谐波，所以也称为简谐格波，这是晶体中最基本、最简单的集体振动形式.

2) 色散关系

把试探解(3.1.14)代入方程(3.1.10)，可得角频率 ω 与波矢 q 的关系，即

$$\omega^2=\frac{2\beta}{m}(1-\cos qa)=\frac{4\beta}{m}\sin^2\frac{qa}{2} \tag{3.1.15}$$

或者

$$\omega=\sqrt{\frac{4\beta}{m}}\left|\sin\frac{qa}{2}\right|=\omega_{\mathrm{m}}\left|\sin\frac{qa}{2}\right| \tag{3.1.16}$$

式中，$\omega_{\mathrm{m}}=\sqrt{\dfrac{4\beta}{m}}$称为截止频率. 式(3.1.16)所表示的 ω 与 q 的关系称为色散关系. 一维单原子链的色散关系显然有以下特点：

由式(3.1.16)可知，ω 是 q 的周期函数，周期为 $2\pi/a$. 由于一维晶格的倒格矢 $G_l=l\times2\pi/a$(l 为整数)，所以有

$$\omega(q+G_l)=\omega(q)$$

即当 q 变成 $q+G_l$ 时，原子的振动频率不变. 而且相邻原子的相位差由 aq 变为 $aq+l\times2\pi$，相位差实际上也未改变. 就是说 q 与 $q+G_l$ 实际上表示的是同一格波的波矢. 因此可以将 q 的取值限制在第一布里渊区内，即

$$-\frac{\pi}{a}\leqslant q<\frac{\pi}{a} \tag{3.1.17}$$

其色散关系曲线如图 3.1.2 所示.

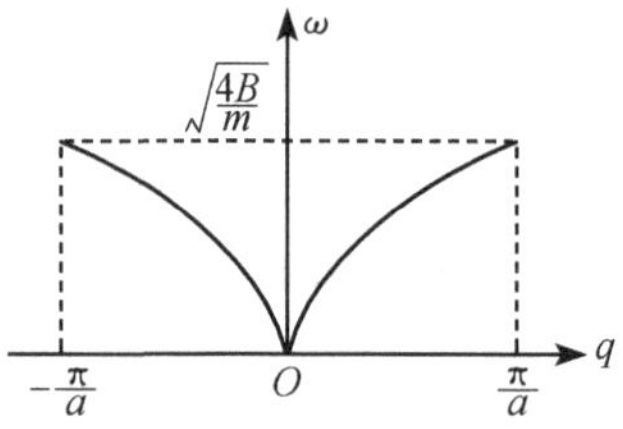

图 3.1.2　一维单原子链的色散关系

由式(3.1.16)及图 3.1.2 都可以看出，$\omega(-q)$ 具有反演对称性，即 ω 是 q 的偶函数，即

$$\omega(-q)=\omega(q) \tag{3.1.18}$$

若 q 为正，表示沿某方向前进的格波；若 q 为负，表示沿相反方向传播的格波. 格波的相速度

$$v_p=\frac{\omega}{q}=-2\sqrt{\frac{\beta}{m}}\frac{\left|\sin\frac{qa}{2}\right|}{q} \tag{3.1.19}$$

及格波的群速度

$$v=\frac{\mathrm{d}\omega}{\mathrm{d}q}=a\sqrt{\frac{\beta}{m}}\cos\frac{qa}{2} \tag{3.1.20}$$

都是波矢 q 的函数. 表明格波具有色散性质，而弹性波的波速只与介质性质有关而与波矢无关. 但是，当 q 很小时，$\sin(qa/2)\approx qa/2$，色散关系式(3.1.16)成为

$$\omega = a\sqrt{\frac{\beta}{m}}q$$

因而，此时

$$v_p = v = a\sqrt{\frac{\beta}{m}}$$

均与波矢无关. 即在长波情况 $\lambda \gg a$ 下，格波可看成是弹性波. 这是容易理解的，因为波长 λ 很大时，相比起来晶格常数 a 很小，所以可以把晶格看成连续介质.

3) 波矢 q 的个数、模式数

由于晶体的体积是很有限的，因而格波波矢 q 的取值不能是任意的，必然受到边界条件的限制，就像弹性波在有限空间内传播，其波矢(波长)必须满足一定的条件一样. 晶格中格波的波矢 q 只能取一些特定的值. 现在我们讨论 q 的可能取值，为此，把式(3.1.14)代入周期性边界条件式(3.1.11)，有

$$u_{N+n} = A\mathrm{e}^{-\mathrm{i}[\omega t-(Naq+naq)]} = A\mathrm{e}^{-\mathrm{i}(\omega t-naq)}$$

得

$$\mathrm{e}^{\mathrm{i}Naq} = 1$$

于是

$$Naq = l\times 2\pi, \qquad l = 0, \pm 1, \pm 2, \cdots$$

由此可知，q 只能取

$$q = \frac{2\pi l}{Na}, \qquad l = 0, \pm 1, \pm 2, \cdots \tag{3.1.21}$$

式中，l 是整数. 因为已经把 q 限制在第一布里渊区，即

$$-\frac{\pi}{a} \leqslant \frac{2\pi l}{Na} < \frac{\pi}{a}$$

于是

$$-\frac{N}{2} \leqslant l < \frac{N}{2} \tag{3.1.22}$$

即 l 只能在 $-N/2$ 到 $N/2$ 范围内取 N 个不同的值. 也就是说对由 N 个原子组成的一维晶格，q 只能有 N 个不同的值. 有色散关系式(3.1.16)，给定一个 q，总有一个 ω 与之对应. 给定一组(ω, q)，式(3.1.14)就表示原子的一种振动形式，我们称之为**振动模式**(vibration mode). 从整体上看就标志晶体中的一种格波. 因此，在一维原子晶格中共有 N 个独立的振动模式，或者说有 N 个独立的格波.

最后指出，由试解式(3.1.14)可知，要保证晶体是稳定的，必须要求 ω 是实数，否则原子的位移将会随时间的增加而无限增大，这样晶体就会解体. 因此必须

有 $\omega^2>0$,即 $\beta>0$,也就是说,晶体的稳定性要求 $\beta>0$.

3.1.2 一维双原子晶格

1. 模型与动力学方程

如图 3.1.3 所示的一维复式晶格,每个原胞有两个质量为 m 的相同原子,分别用实心圆和空心圆表示. 设晶格常数(原胞间距)为 a,同一原胞两原子之间的距离为 d,且 $d<a/2$. 这种简单一维复式晶格中原子的位置分别为 na 和 $na+d$. 晶格中任一原子和它左右邻近的间距不等,因而恢复力系数也不等. 若用 β_1 表示相邻间距为 $a-d$ 的两原子间的恢复力系数,用 β_2 表示相邻间距为 d 的两原子间的恢复力系数,由于 $a-d>d$,所以 $\beta_2>\beta_1$.

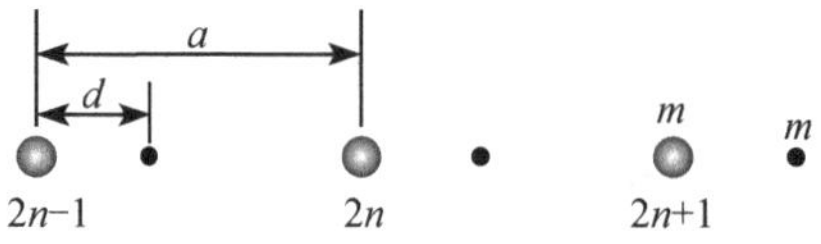

图 3.1.3 一维双原子链

用 $u_1(na)$表示平衡位置为 na 原子的位移,$u_2(na)$表示平衡位置为 $na+d$ 原子的位移,仍采用简谐近似和最近邻近似. 这两种不等价的原子的动力学方程分别为

$$\left.\begin{aligned} m\frac{\mathrm{d}^2u_1(na)}{\mathrm{d}t^2}&=-\beta_2[u_1(na)-u_2(na)]-\beta_1[u_1(na)-u_2(n-1)a] \\ m\frac{\mathrm{d}^2u_2(na)}{\mathrm{d}t^2}&=-\beta_2[u_2(na)-u_1(na)]-\beta_1[u_2(na)-u_1(n+1)a] \end{aligned}\right\} \tag{3.1.23}$$

N 对这种方程描述了晶格中的原子的集体振动形式. 与前面单原子一维晶格类似,上述方程具有以下格波形式解:

$$\left.\begin{aligned} u_1(na)&=A\mathrm{e}^{\mathrm{i}(naq-\omega t)} \\ u_2(na)&=B\mathrm{e}^{\mathrm{i}(naq-\omega t)} \end{aligned}\right\} \tag{3.1.24}$$

式中,A、B 为复振幅,它们的比表示同一原胞中两种不等价原子的相对振幅和相位差.

2. 色散关系

把试解(3.1.24)代入方程(3.1.23),消去公因子 $\mathrm{e}^{\mathrm{i}(naq-\omega t)}$,得到下列相耦合方程,即

$$\left.\begin{aligned} [m\omega^2-(\beta_1+\beta_2)]A+[\beta_1\mathrm{e}^{-\mathrm{i}qa}+\beta_2]B=0 \\ [\beta_1\mathrm{e}^{\mathrm{i}qa}+\beta_2]A+[m\omega^2-(\beta_1+\beta_2)]B=0 \end{aligned}\right\} \tag{3.1.25}$$

这是关于以 A、B 为未知量的齐次方程组,由代数学可知,要使 A、B 有非零解,其系数行列式必须为零,即

$$\begin{vmatrix} m\omega^2-(\beta_1+\beta_2) & \beta_1 e^{-iqa}+\beta_2 \\ \beta_1 e^{iqa}+\beta_2 & m\omega^2-(\beta_1+\beta_2) \end{vmatrix}=0 \tag{3.1.26}$$

由此可解出 ω^2 的两个正值解为

$$\omega^2=\frac{\beta_1+\beta_2}{m}\pm\frac{1}{m}[\beta_1^2+\beta_2^2+2\beta_1\beta_2\cos(qa)]^{1/2} \tag{3.1.27}$$

即存在着两种色散关系.式(3.1.27)中取正号的一种记为 ω_0,称为**光学模**,其相应的格波称为**光学支**(optical branch)**格波**.取负号的一种记为 ω_A,称为**声学模**,其相应的格波称为**声学支**(acoustic branch)**格波**.

两支格波的色散关系如图 3.1.4 所示.ω_0 与 ω_A 都是 q 的周期函数,如前一样,为保证 ω_0 与 ω_A 的单值性,q 仍限制在第一布里渊区,$-\pi/a\leqslant q<\pi/a$.

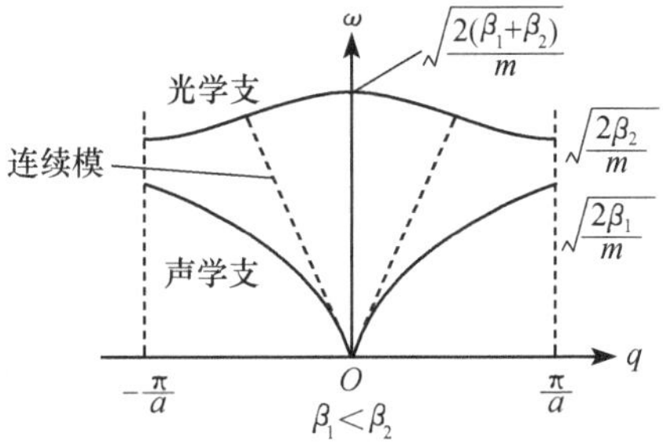

图 3.1.4 双原子一维复式晶格的两支色散分支

在布里渊区边界上,ω_0 取极小值 $\omega_{0\min}=\sqrt{2\beta_2/m}$,$\omega_A$ 取极大值 $\omega_{A\max}=\sqrt{2\beta_1/m}$.在布里渊区中心,$q=0$ 时,ω_0 取最大值 $\omega_{0\max}=\sqrt{2(\beta_1+\beta_2)/m}$,而 $\omega_{A\min}=0$.由于 $\beta_2>\beta_1$,所以 $\omega_{0\min}>\omega_{A\max}$,即这两支格波的频率范围相互没有重叠,出现禁带区,禁带区宽度取决于 β_1、β_2 的差别和原子的质量.

3. 光学波、声学波

为了理解光学模与声学模的物理本质,我们分析两种模波之间的振动相位关系.由试解(3.1.24)可知,给定时刻 t,同一原胞中两个原子的位移之比为

$$\frac{u_2(na)}{u_1(na)}=\frac{B}{A} \tag{3.1.28}$$

另外,把色散关系式(3.1.27)代入式 (3.1.25)可得

$$\frac{B}{A}=\mp\frac{\beta_2+\beta_1 e^{iaq}}{|\beta_2+\beta_1 e^{iaq}|} \tag{3.1.29}$$

式中负号对应光学波 ω_0,正号对应声学波 ω_A.由于 A、B 分别是两个原子的复振幅,故 B/A 是两个原子振动的相位差.下面就两种情况进行讨论.

当 $q\to0$ 时,式(3.1.28)为

$$B=-A \quad (光学支) \tag{3.1.30}$$

$$B=A \quad (声学支) \tag{3.1.31}$$

这说明在长波极限情况下,对光学支格波,原胞中两原子的振动相位相反,即长光学波代表原胞中的原子的相对运动,如图 3.1.5(b)所示,对离子晶体,正负离子交

替排列，每个原胞含有一对正、负离子，如果相邻异性离子振动方向相反，则发生迅速变化的电偶极矩，此迅变电偶极矩可与电磁波相互作用，势必影响晶体的光学性质，这就是光学支格波的命名原因.

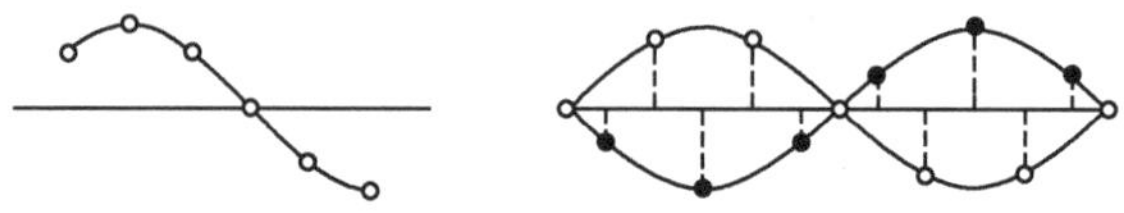

(a) 声学波示意图　　(b) 光学波示意图

图 3.1.5　声学波和光学波示意图

由式 (3.1.31) 可知，在长波近似下，对声学波，原胞中两原子的振动相位相同，长声学波代表原胞的质心振动，如图 3.1.5(a)所示. 另外在长波极限下（$|q| \ll \pi/a$），有 $\cos qa \approx 1-(1/2)(qa)^2$，因而

$$\omega_A = \left(\frac{\beta_1\beta_2}{2m(\beta_1+\beta_2)}\right)^{1/2} qa \tag{3.1.32}$$

ω_A 与 q 成正比，类似于弹性介质中传播的弹性波，这就是声学波的命名原因.

当 $q=\pm\pi/a$ 时，有

$$\begin{aligned} \omega_A &= \left(\frac{2\beta_1}{m}\right)^{1/2}, \qquad A = B \\ \omega_0 &= \left(\frac{2\beta_2}{m}\right)^{1/2}, \qquad A = -B \end{aligned} \tag{3.1.33}$$

容易看出，在同一原胞中，对声学波，两个原子的相位仍然相同. 对光学波，两个原子的相位依然相反. 与长波近似不同的是，由于 $q=\pm\pi/a$，从 $u_1(na)$ 和 $u_2(na)$ 的形式解可知，无论是声学波还光学波，相邻原胞的相位相反.

4. 周期性边界条件与独立振动模式数目

类似于一维单原子晶格，对一维双原子晶格，周期性边界条件为

$$u_1(na) = u_1((n+N)a), \qquad u_2(na) = u_2((n+N)a)$$

把式 (3.1.24) 代入上式，可得

$$e^{iNal} = 1$$

即

$$Naq = l \times 2\pi, \qquad l = 0, \pm 1, \cdots$$

因而 q 的允许值为

$$q = \frac{2\pi}{Na} l, \qquad l = 0, \pm 1, \pm 2, \cdots \tag{3.1.34}$$

同样，由于 q 的取值限制在第一布里渊区

$$-\frac{\pi}{a} \leqslant q < \frac{\pi}{a}$$

同一维单原子晶格一样，在第一布里渊区 q 可以有 N 个不同的取值. 但是，这里每个 q 对应两个不同的 ω_+、ω_-，所以晶体中共有 $2N$ 个独立的振动模式. 而一维双原子晶格中，每个原胞有两个原子，每个原子只有 1 个自由度. 因此晶体的自由度为 $2N$. 因此我们可以总结出这样的结论：晶格振动的波矢 q 的数目等于晶体的原胞数，独立振动模式数目等于晶体的自由度数.

3.2 三维晶格振动

本节以前面处理一维晶格的方法为基础，简略讨论三维晶格振动，以便于得到晶格振动的基本特征和一些普遍的结论.

3.2.1 运动方程

设晶体的基矢为 $a_i(i=1,2,3)$，沿 3 个基矢方向各有 N_1、N_2、N_3 个原胞，即晶体的原胞数 $N=N_1N_2N_3$. 每个原胞内有 P 个质量为 $m_k(k=1,2,\cdots,P)$ 的原子. 若第 n 个原胞(原胞位置矢量 $\boldsymbol{R}_n$)中的第 k 个原子的平衡位置用矢量 $\boldsymbol{R}_{nk}$ 表示，且它偏离平衡位置 $\boldsymbol{R}_{nk}$ 沿 $i(i=1,2,3)$ 方向的位移用 u_{nki} 表示. 类似于一维晶格的(式(3.1.4))此原子受到晶体中其他原子作用的简谐势能可表示为

$$U(R_{nki}+u_{nki})=U(\boldsymbol{R}_{nk})+\frac{1}{2}\sum_{n'k'i'}\left(\frac{\partial^2\varphi}{\partial R_{n'k'i'}\partial R_{nki}}\right)u_{n'k'i'}u_{nki} \tag{3.2.1}$$

式中，$n,n'=1,2,\cdots,N;k,k'=1,2,\cdots,P;i,i'=1,2,3$，类似式 (3.1.5)，令

$$\frac{\partial^2\varphi}{\partial R_{n'k'i'}\partial R_{nki}}=W_{ii'}\begin{pmatrix}nn'\\kk'\end{pmatrix} \tag{3.2.2}$$

式中，$W_{ii'}\begin{pmatrix}nn'\\kk'\end{pmatrix}$称为原子力常数，它代表第 n'个原胞中第 k'个原子在其他原子不动的情况下沿 i'的方向移动一个单位长度时，第 n 个原胞中第 k 个原子在 i 方向上受到的作用力. 显然 $W_{ii'}=W_{i'i}$. 注意到势能仅仅与原子间的相对距离有关，因而有

$$W_{ii'}\begin{pmatrix}nn'\\kk'\end{pmatrix}=W_{i'i}\begin{pmatrix}n'n\\k'k\end{pmatrix}=W_{ii'}\begin{pmatrix}n-n'\\k\quad k'\end{pmatrix} \tag{3.2.3}$$

类似于方程(3.1.9)，平衡位置位于 $\boldsymbol{R}_{nk}$ 的原子的动力学方程为

$$m_k\frac{\mathrm{d}^2u_{nki}}{\mathrm{d}t^2}=-\frac{\partial U_{nk}}{\partial u_{nki}}=-\sum_{n'k'i'}W_{ii'}\begin{pmatrix}nn'\\kk'\end{pmatrix}u_{n'k'i'} \tag{3.2.4}$$

$$n,n'=1,2,3,\cdots,N,\quad k,k'=1,2,\cdots,P,\quad i,i'=1,2,3$$

方程式(3.2.3)实际上是 $3PN$ 个互相关联的微分方程组.

3.2.2　格波解、色散关系、模式数目

把一维晶格动力学方程的试解式(3.1.14)加以推广，设三维晶格行波试解为

$$u_{nki}=\frac{1}{\sqrt{m_k}}A_{ki}(\boldsymbol{q})\mathrm{e}^{\mathrm{i}(\boldsymbol{q}\cdot\boldsymbol{R}_n-\omega t)} \tag{3.2.5}$$

把上式代入方程式(3.2.4)得

$$-\omega^2A_{ki}(\boldsymbol{q})=-\sum_{n'k'i'}\frac{1}{(m_km_{k'})^{1/2}}W_{ii'}\begin{pmatrix}n-n'\\k\quad k'\end{pmatrix}A_{k'i'}(\boldsymbol{q})\mathrm{e}^{\mathrm{i}\boldsymbol{q}\cdot(\boldsymbol{R}_{n'}-\boldsymbol{R}_n)} \tag{3.2.6}$$

或者

$$\omega^2A_{ki}(\boldsymbol{q})=\sum_{k'i'}\left[\frac{1}{(m_km_{k'})^{1/2}}\sum_{n'}W_{ii'}\begin{pmatrix}n-n'\\k\quad k'\end{pmatrix}\mathrm{e}^{\mathrm{i}\boldsymbol{q}\cdot(\boldsymbol{R}_{n'}-\boldsymbol{R}_n)}\right]A_{k'i'} \tag{3.2.7}$$

由于晶格的平移对称性，坐标原点的任何平移都不会影响 $W_{ii'}\begin{pmatrix}nn'\\kk'\end{pmatrix}$，它只依赖于两原胞的相对位置 $R_{n'}-R_n$，正如式(3.2.3)所示，$W_{ii'}\begin{pmatrix}nn'\\kk'\end{pmatrix}=W_{ii'}\begin{pmatrix}n-n'\\k\quad k'\end{pmatrix}$. 因此，$n$ 无论取何值，即对任何一个指定原胞，式(3.2.7)中的求和因子

$$\frac{1}{(m_km_{k'})^{1/2}}\sum_{n'}W_{ii'}\begin{pmatrix}n-n'\\k\quad k'\end{pmatrix}\mathrm{e}^{\mathrm{i}\boldsymbol{q}\cdot(\boldsymbol{R}_{n'}-\boldsymbol{R}_n)}$$

的结果都不会变化，也就是说上述求和的结果与 n 无关，而仅是 k、k'、i、i' 的函数，因此令

$$\frac{1}{(m_km_{k'})^{1/2}}\sum_{n'}W_{ii'}\begin{pmatrix}n-n'\\k\quad k'\end{pmatrix}\mathrm{e}^{\mathrm{i}\boldsymbol{q}\cdot(\boldsymbol{R}_{n'}-\boldsymbol{R}_n)}=C_{ii'}^{kk'}(\boldsymbol{q}) \tag{3.2.8}$$

于是，式(3.2.7)写成

$$\omega^2A_{ki}(\boldsymbol{q})=\sum C_{ii'}^{kk'}(\boldsymbol{q})A_{k'i'}(\boldsymbol{q}) \tag{3.2.9}$$

上式与原胞位置无关，是 $3P$ 个联立方程组. 晶格的周期性使得 $3PN$ 个联立方程组减少到 $3P$ 个.

方程(3.2.9)使 $A_{ki}(\boldsymbol{q})$有非零解的条件是

$$\det[\mid C_{ii'}^{kk'}(\boldsymbol{q})-\omega^2\delta_{kk'}\delta_{ii'}\mid]=0 \tag{3.2.10}$$

它是 ω^2 的 $3P$ 次方程，由此可得到 $3P$ 个色散关系

$$\omega_j=\omega_j(\boldsymbol{q}),\qquad j=1,2,\cdots,3P \tag{3.2.11}$$

每个色散关系表示一支格波，共有 $3P$ 支格波. 进一步分析可以证明，这 $3P$ 支格波中，有 3 支是描述原胞与原胞之间的相对运动，其色散关系在长波近似下与弹性波类似，称为声学支. 另外 $3P-3$ 支是描述原胞内各原子之间的相对运动，称为光学支.

由于格波解(3.2.5)具有下列性质：

$$u_{nki}(\boldsymbol{q}+\boldsymbol{G})=u_{nki}(\boldsymbol{q}) \tag{3.2.12}$$

$$u_{nki}(-\boldsymbol{q}) = u_{nki}(\boldsymbol{q}) \tag{3.2.13}$$

式中，$\boldsymbol{G}$ 为倒格矢，且有 $\boldsymbol{G}\times R=m\times 2\pi$（$m$ 为整数），因此可知色散关系也具有同样的特点

$$\omega_j(\boldsymbol{q}+\boldsymbol{G}) = \omega_j(\boldsymbol{q}) \tag{3.2.14}$$

$$\omega_j(-\boldsymbol{q}) = \omega_j(\boldsymbol{q}) \tag{3.2.15}$$

类似于一维晶格，也把 q 的取值限定在第一布里渊区

$$-\frac{b_i}{2} \leqslant q_i < \frac{b_i}{2} \tag{3.2.16}$$

式中，b_i 为倒格子基矢的 i 分量.

现在讨论波矢 q 的取值个数. 对三维晶格仍然选取周期性边界条件

$$u_{n+N_{i},k,i} = u_{n,k,i}$$

即

$$\frac{1}{\sqrt{m_k}}A_{ki}(\boldsymbol{q})\mathrm{e}^{\mathrm{i}[\boldsymbol{q}\cdot(\boldsymbol{R}_n+N_i\boldsymbol{a}_i)]} = \frac{1}{\sqrt{m_k}}A_{ki}(\boldsymbol{q})\mathrm{e}^{\mathrm{i}\boldsymbol{q}\cdot\boldsymbol{R}_n}$$

上式中已经略去了时间因子，比较等式两边，得

$$\mathrm{e}^{\mathrm{i}q_iN_ia_i} = 1$$

式中，a_i 是原胞基矢的 i 分量. 也就是说

$$q_iN_ia_i = l_i\times 2\pi, \qquad l_i = 0, \pm 1, \pm 2, \cdots$$

因此，q_i 的取值为

$$q_i = l_i\frac{2\pi}{N_ia_i} \tag{3.2.17}$$

把 q_i 限定在第一布里渊区，对简立方晶格有

$$-\frac{\pi}{a_i} \leqslant l_i\frac{2\pi}{N_ia_i} < \frac{\pi}{a_i}$$

即

$$-\frac{N_i}{2} \leqslant l_i < \frac{N_i}{2}, \qquad i=1,2,3 \tag{3.2.18}$$

所以 q_i 只能取 N_i 个不同的值. 由于

$$q = q_1i+q_2j+q_3k$$

所以 q 的取值数目为

$$N = N_1N_2N_3$$

对每一个波矢 q，有 $3P$ 个 $\omega_j(q)$ 与之对应，每一组 (ω,q) 表示晶格振动的一种模式，由此可知三维晶体中振动模式数目为 $3PN$ 个. 对有 N 个原胞的三维晶体，每个原胞有 P 个原子，每个原子有 3 个自由度，所有晶体的总自由度数目也是 $3PN$. 因此，概括起来我们得到以下结论：晶格振动的波矢数目等于晶体的原胞数目 N，独立振动模式数等于晶体的总自由度数 $3PN$. 这些独立的格波又可分成 $3P$

支，每支有 N 个格波或 N 个独立振动模式. 其中 3 支是声学波，另外 $3P-3$ 支是光学波. 3 支声学波中有一支是纵波，其原子振动方向与格波传播方向相同，其余两支是横波，振动方向与传播方向垂直. 光学波中也有纵波与横波，通常用 TA 与 LA 表示横声学波与纵声学波，用 TO 与 LO 表示横光学波与纵光学波. 但对非立方晶体，沿任意方向传播的格波其横波与纵波有时重合.

最后指出，格波式(3.2.5)是线性微分方程(3.2.4)的一个特解，按照微分方程理论，位于 R_{nk} 的原子振动的通解，应该是这 $3PN$ 个独立振动模式的线性叠加，即

$$u_{nk} = \sum_{q\omega}^{3PN} \frac{1}{\sqrt{m_k}} A_{ki}(q) e^{i(q \cdot R_m - \omega t)} \tag{3.2.19}$$

这一点对后面的讨论是非常重要的.

3.3 简正坐标与声子

声子是讨论晶体热力学性质所需要的重要概念. 本节以一维单原子晶格为例引入声子的概念，并把它扩展到一般的三维情况.

3.3.1 简正坐标

对一维单原子晶格，第 n 个原子的第 l 个振动模式引起的位移为

$$u_{nl} = A_l e^{i(naq_l - \omega_l t)} \tag{3.3.1}$$

式中

$$q_l = \frac{2\pi l}{Na}, \qquad -\frac{N}{2} \leqslant l < \frac{N}{2}$$

$$\omega_l^2 = \frac{2\beta}{m}[1 - \cos(q_l a)]$$

第 n 个原子的总位移根据式(3.2.19)应为

$$u_n = \sum_{l=1}^{N} u_{nl} = \sum_{l=1}^{N} A_l e^{i(naq_l - \omega_l t)} \tag{3.3.2}$$

在简谐近似和最近邻近似下，一维单原子晶格的振动总能量为

$$E = \frac{1}{2} m \sum_n \dot{u}_n^2 + \frac{1}{2} \beta \sum_n (u_{n-1} - u_n)^2 \tag{3.3.3}$$

由于势能项

$$U = \frac{1}{2}\beta \sum_n (u_{n-1} - u_n)^2 = \frac{1}{2}\beta \sum_n (u_{n-1}^2 + u_n^2 - 2u_{n-1}u_n)$$

中出现形如 $u_{n-1}u_n$ 的交叉项，使晶格振动总能量的计算非常困难，为了消去势能中的交叉项，引入以下变换，即

$$Q(q_l) = (Nm)^{\frac{1}{2}} A_l e^{-i\omega_l t} \tag{3.3.4}$$

即

$$A_l e^{-i\omega_l t} = Q(q_l)(Nm)^{-\frac{1}{2}}$$

于是式(3.3.2)变为

$$u_n = (Nm)^{-\frac{1}{2}} \sum_{q_l} Q(q_l) e^{inaq_l} \tag{3.3.5}$$

把上式代入振动总能量表示式 (3.3.3)中,经过整理、运算后可知,如果下面两个关系式:

$$Q^*(q_l) = Q(-q_l) \tag{3.3.6}$$

$$\frac{1}{N}\sum_{n=0}^{N-1} e^{ina(q_l - q_{l'})} = \delta_{ll'} \tag{3.3.7}$$

成立,动能和势能项都具有平方和的形式. 现在我们对式(3.3.6) 和式(3.3.7)两个关系式给予证明.

由于原子的位移 u_n 应为实数,即 $u_n^* = u_n$,因为

$$u_n = (Nm)^{-\frac{1}{2}} \sum_{q_l} Q(q_l) e^{inaq_l}$$

也可写成

$$u_n = (Nm)^{-\frac{1}{2}} \sum_{-q_l} Q(-q_l) e^{-inaq_l} \tag{3.3.8}$$

把式(3.3.5)两边取复共轭

$$u_n^* = (Nm)^{-\frac{1}{2}} \sum_{q_l} Q^*(+q_l) e^{-inaq_l} \tag{3.3.9}$$

比较式(3.3.8)及式(3.3.9),可得

$$Q^*(q_l) = Q(-q_l)$$

从而式 (3.3.6)得证.

关系式 (3.3.7) 对 $q_l = q_{l'}$ 显然成立. 当 $q_l \neq q_{l'}$ 时,令 $q_l - q_{l'} = 2\pi s/(Na)$,$s = l - l'$ 为整数,有

$$\frac{1}{N}\sum_{n=0}^{N-1} e^{ina(q_l - q_{l'})} = \frac{1}{N}\sum_{n=0}^{N-1} e^{ins\times 2\pi/N} = \frac{e^{ins\times 2\pi} - 1}{e^{ins\times 2\pi/N} - 1} = 0$$

所以,式(3.3.7)得证.

利用这两个关系式,晶格振动总能量可表示为

$$E = \sum_{l}^{N} \frac{1}{2}\left[\dot{Q}^2(q_l) + \omega_l^2 Q^2(q_l)\right] \tag{3.3.10}$$

由此看出,晶格振动的总能量可表示成 N 项和,每一项都是我们所熟悉的频率为 ω_l 的线性谐振子能量的形式. 这说明引入变换式(3.3.4)后,晶格振动的总能量可以表示为 N 个独立简谐振子的能量之和.

$Q(q_l)$具有坐标的意义. 由式(3.3.5)可以看出,它实际上是原子位移 u_n 在新

坐标系中的坐标，这个新坐标系就是由本征态$(1/\sqrt{Nm})\mathrm{e}^{\mathrm{i}naq_l}$为基矢所构成的态空间. 式(3.3.4)所引入的变换可与量子力学中的表象变换类比考虑. 在实际坐标空间的 N 个相互作用着的原子体系的微振动和在态空间中 N 个独立谐振子是等效的. 通常我们把 $Q(q_l)$称为**简正坐标**(normal coordinate).

3.3.2 声子(phonon)

严格的说晶格振动问题应该用量子力学处理. 一旦找到简正坐标，由经典力学到量子力学的过渡是非常简便的. 式(3.3.10)可以直接作为量子力学分析的出发点，只需把其中的各物理量看成相应的算符，并经过实数化处理，式(3.3.10)中的每一求和项就成为频率为 ω_l 的线性谐振子的哈密顿算符，根据量子力学对谐振子的处理，频率为 ω_l 的谐振子的能量本征值是

$$\varepsilon_l=\left(\frac{1}{2}+n_l\right)\hbar\omega_l,\qquad n_l=0,1,2,\cdots \tag{3.3.11}$$

所以晶格的总能量

$$E=\sum_l^N\varepsilon_l=\sum_l\left(\frac{1}{2}+n_l\right)\hbar\omega_l \tag{3.3.12}$$

上述结论可直接推广到三维情况. 若三维晶体有 N 个原胞，每个原胞有 P 个原子，则晶格中共有 $3PN$ 种不同频率的振动模式，在简正坐标下，晶格振动总能量等于 $3PN$ 个相互独立的谐振子的能量和，所以三维晶格的振动总能量为

$$E=\sum_i^{3PN}\varepsilon_i=\sum_i^{3PN}\left(\frac{1}{2}+n_i\right)\hbar\omega_i \tag{3.3.13}$$

现在引入“声子”的概念. 由式(3.3.11)可知，每个振动模式的能量均是以 $\hbar\omega_l$ 为最小基本单位，能量的增、减只能是 $\hbar\omega_l$ 的整数倍，即能量是量子化的. 我们把这种晶格振动能量的“量子”$\hbar\omega_l$ 称为“**声子**”. 不同频率的谐振模式对应不同种类的声子，如果频率为 ω_l的谐振子处在$\varepsilon_l=\left(\frac{1}{2}+n_l\right)\hbar\omega$ 的激发态时，我们可以说有 n_l 个频率为 ω_l 的声子. 谐振子能量的增加和减少可用声子的产生和消灭来表示.

声子不仅是一个能量子，它还具有“动量”. 这是因为波矢 q 的方向代表格波的传播方向，引入声子的概念后它就是声子的波矢，其方向代表声子的运动方向，类似光子，称 $\hbar q$ 为声子的**准动量**. 之所以称作准动量，首先是因为声子的准动量 $\hbar q$ 并不是晶体的真实动量. 例如，可以设想在一维单原子晶格中只有一种谐振动模式(ω_l,q_l)，即只有一种波矢为 q_l 的声子，如果 $\hbar q$ 是晶体的真实动量，那么晶体应具有动量 $n_l\hbar q_l$. 但是，晶体的真实动量应为

$$P=\sum_n^N m\dot{x}_n=-\mathrm{i}\omega mA\mathrm{e}^{-\mathrm{i}\omega t}\sum_n^N\mathrm{e}^{\mathrm{i}\omega t}$$

由于上式中的

$$\sum_{n}^{N} e^{-inqa} = 0, \qquad q \neq 0$$

所以，此时晶体的真实动量为 0，而不是声子的准动量 $\hbar q$ 之和. 另外，由于 $\omega(q)$是 q 的周期函数，q 和 $q+G$ 描述的完全是相同的振动状态，所以对某一格波，其波矢 q 是不确定的，可以附加一个倒格矢. 这就导致声子的准动量也是不确定的，可以是 $\hbar \boldsymbol{q}$，也可以是 $\hbar(\boldsymbol{q}+\boldsymbol{G})$. 尽管如此，但在研究光子、中子、电子与声子的相互作用时，发现 $\hbar q$ 确实表现出动量的属性.

声子既具有能量又具有动量，即具有粒子的属性，所以我们可以把声子看成一种"准粒子"(quasiparticle). 由于同种声子(ω 和 q 都相同的声子)之间不可区分而且自旋为 0，声子是玻色子. 处于不同激发态的声子，其数目 n_l 不相同，因此声子数目是不守恒的. 在一定温度下，频率为 ω_i 的声子的平均声子数目 $\overline{n}_i$ 可根据统计公式求得，有

$$\overline{n_i} = \frac{\sum\limits_{n_i=0}^{\infty} n_i e^{-n_i \hbar\omega_i/(k_B T)}}{\sum\limits_{n_i=0}^{\infty} e^{-n_i \hbar\omega_i/(k_B T)}}$$

令$\dfrac{\hbar\omega_i}{k_B T}=x>0$，$k_B$ 为玻尔兹曼常量，则

$$\overline{n_i} = \frac{\sum\limits_{n_i=0}^{\infty} n_i e^{-n_i x}}{\sum\limits_{n_i=0}^{\infty} e^{-n_i x}} = -\frac{d}{dx}\ln \sum_{n_i=0}^{\infty} e^{-n_i x} = \frac{d}{dx}\ln\left(1 + e^{-x} + e^{-2x} + \cdots\right)$$

$$= \frac{d}{dx}\ln(1 - e^{-x}) = \frac{1}{e^{x} - 1}$$

所以

$$\overline{n_i} = \frac{1}{e^{\hbar\omega_i/(k_B T)} - 1} \tag{3.3.14}$$

即在一定温度下平均声子数目服从玻色-爱因斯坦统计(由于声子数不守恒，化学式 $\mu=0$).

引入声子概念后，给处理有关晶格振动问题带来极大方便. 简谐近似下晶格振动的热力学问题就可当作由 $3PN$ 种不同声子组成的理想气体系统处理，如果考虑非简谐效应，可看成有相互作用的声子气体. 另外光子、电子、中子等受到晶格振动的作用就可看成是光子、电子、中子等与声子的碰撞作用，这样就使得问题的处理大大地简化了. 我们也把声子称作一种"元激发"，所谓固体中**元激发**(elementary excitation)，就是描述固体中微观粒子在特定相互作用下产生的集体运动状态的量子. 相互作用性质不同，对应不同的元激发.

3.4　晶格振动谱的实验测定

晶格振动谱就是格波的色散关系 $\omega(q)$，也称声子谱. 晶体与晶格振动有关的性质都与 $\omega(q)$ 相关. 因此确定晶格振动谱是非常重要的. 除了少数几个极简单模型，其晶格振动谱可以从理论上导出外，绝大部分实际晶体的晶格振动谱需要实验测定.

粒子与晶格振动的非弹性散射是实验测定 $\omega(q)$ 的基础. 引入声子概念后，上述散射可看作粒子，如中子、电子、光子等与声子的碰撞. 当上述粒子入射到晶体，可以和晶格振动交换能量，使谐振子从一个激发态跃迁到另一个激发态. 用声子概念说，就是产生或者消灭了一个 $\hbar\omega$ 声子. 根据碰撞过程的能量守恒和动量守恒定律，碰撞可表示为

$$\hbar\omega = \hbar\omega' \pm \hbar\omega_q \tag{3.4.1}$$

$$\hbar\boldsymbol{k} = \hbar\boldsymbol{k}' \pm \hbar\boldsymbol{q} + \hbar\boldsymbol{G} \tag{3.4.2}$$

式(3.4.1)表示碰撞过程的能量守恒，其中 ω、ω' 分别表示入射波(德布罗意波或电磁波)、反射波的频率，ω_q 是声子的频率. 式(3.4.2)表示动量守恒，其中 $\boldsymbol{k}$、$\boldsymbol{k}'$ 分别表示入射波和反射波的波矢，$\boldsymbol{q}$ 表示声子的波矢. “+”和“−”号分别表示产生声子和消灭声子的过程. 需要指出，式(3.4.2)多出一项 $\hbar\boldsymbol{G}$，这是因为同种的声子的波矢可相差一倒格矢，即 $\omega(\boldsymbol{q})=\omega(\boldsymbol{q}+\boldsymbol{G})$. 式(3.4.2)所表示的动量守恒关系实际上是晶格周期性的反映. 因为动量守恒是空间均匀性的反映，由于晶格的平移对称性(周期性)与完全平移对称性(均匀空间)相比，对称性降低了，因而变换规则与动量守恒相比，条件变弱了，导致可相差 $\hbar G$.

可见，若能测定散射前后粒子的频率与波长的改变，就可根据式(3.4.1)和式(3.4.2)确定声子的频率和波矢的关系 $\omega(\boldsymbol{q})$. 常用的散射粒子有中子、光子等，它们各有优点和局限性，下面分别作一个简要介绍.

图 3.4.1 是一个典型的中子散射谱仪的示意图，也叫三轴中子谱仪. 中子束是反应堆中产生出来的热中子流，射到一块单晶构成的单色器上，利用布拉格反射产生单色的德布罗意波波矢为 $k=p/\hbar$ 的中子流. p 为中子的动量，其相应的德布罗意波角频率 $\omega=(p^2/2m_n\hbar)$，m_n 为中子质量. 然后经过准直器入射到样品上，再由准直器选取散射中子波矢 $\boldsymbol{k}'(\boldsymbol{p}'/\hbar)$ 的方向，波矢为 k' 的中子束射到分析器上，分析器也是一块单晶，利用布拉格反射来决

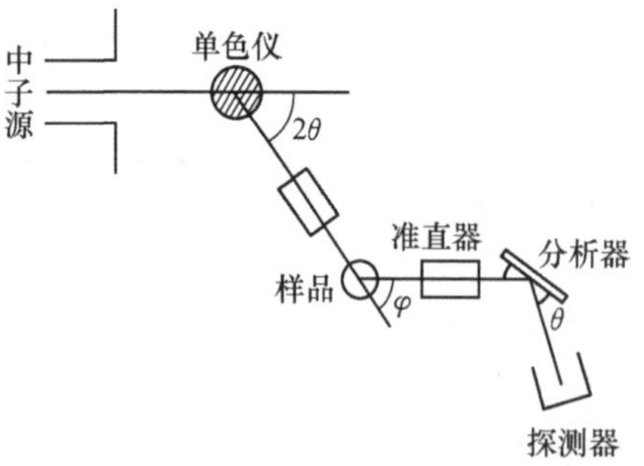

图 3.4.1　三轴中子谱仪结构示意图

定散射中子的波矢 $k'=p'/\hbar$的大小，探测器用以测量中子束的强度. 由于中子的能量一般为 0.02～0.04eV，与声子能量是同数量级：中子的德布罗意波长h/p约 $2\times10^{-10}\sim3\times10^{-10}$m，正好是晶格常数的数量级，因此，提供了测定格波 q、ω 的最有利的条件. 因此中子散射是测定声子谱最为常用的方法. 但是由于中子源反应堆比较复杂，给此种方法的普遍应用带来一定困难.

当光通过固体时，也会与格波相互作用而发生散射. 对于一级谱(单声子过程)仍有式(3.4.1)和式(3.4.2)所表示的能量、动量守恒关系. 所以仍可通过测定反射前后入射光波长、频率的变化，来确定晶格振动谱 $\omega(\boldsymbol{q})$. 但由于一般可见光的波矢 $\boldsymbol{k}$ 的值只有 10^8m^{-1}的数量级，因此与之作用的声子波矢 $\boldsymbol{q}$ 的值$|\boldsymbol{q}|$也应在这一数量级. 它远小于布里渊区的线度，这些声子只是位于布里渊区中心($\boldsymbol{q}\to0$)很小一部分区域内的声子，即长波声子. 因此光散射的方法只能测定布里渊区中心很少一部分长波声子谱，这是光散射方法的根本局限性. 由于声子的$|\boldsymbol{q}|$很小，不会超出第一布里渊区，故式(3.4.2)中的 $\boldsymbol{G}$ 只能为 0.

光被长声学波的散射称为**布里渊散射**(Brillouin scattering). 由于长声学波的能量非常小，散射光的频率和波矢的改变非常小，可以近似认为 $k=k'$，因而类似图 1.7.2 所示($\boldsymbol{k}-\boldsymbol{k}'=\boldsymbol{q}$)，有

$$|\boldsymbol{q}|\approx 2k\sin\theta = 2n\frac{\omega}{c}\sin\theta \tag{3.4.3}$$

式中，n 为介质的折射率，c 为真空光速. 又根据长声学波的色散关系近似为 $\omega_j(q)=u_jq$，u_j 为弹性波速度，下标“j”表示纵波或横波. 因此，布里渊散射引起的频移可以表示为

$$\Delta\omega=\omega'-\omega=\pm 2n\omega\frac{u_j}{c}\sin\theta \tag{3.4.4}$$

式中，取“－”号对应产生声子，对应的谱线称为**斯托克斯线**(Stokes line)；取“＋”号对应消灭声子，称为**反斯托克斯线**(anti-Stokes line)，如图 3.4.2 所示. 利用布里渊散射，可由式(3.4.4)确定声速 $\boldsymbol{u}_j$，由斯托克斯线宽度确定声子寿命(利用能量、寿命测不准关系).

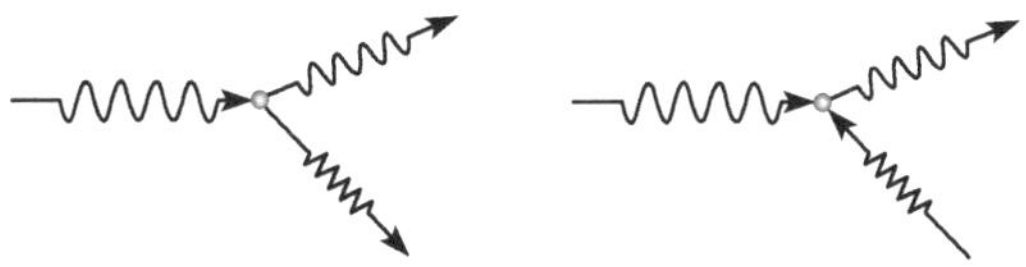

(a) 斯托克斯散射　　(b) 反斯托克斯散射

图 3.4.2　光子的布里渊散射，伴随着一个声子的发射或吸收

光与长光学波的散射关系称为**拉曼散射**. 由于长光学波声子的能量较大，其频

率基本与波矢无关(可由光学波的色散关系曲线非常平缓看出),所以拉曼频移相当大. 与布里渊散射类似,对应消灭声子和产生声子的谱线分别称为斯托克斯线和反斯托克斯线. 拉曼光谱已经成为研究凝聚态物质性质的常用工具.

3.5　离子晶体中的长光学波

本节讨论离子晶体中光学波与电磁波的相互作用. 由于只有当电磁波与光学波的频率、波长相同时才会发生强烈的耦合作用,所以在离子晶体中能与电磁波发生强烈耦合作用的只能是长光学波. 这是因为离子晶体中光学支的频率 ν 大约为 $10^{13}\,s^{-1}$ 的数量级,而在此频段的电磁波处于红外波段,波长大约为 $10^{-6}\,m$ 数量级,因此要求光学支格波也要有同样的波长. 此波长要比离子晶体的晶格常数大得多,是长光学波,下面着重讨论长光学波.

3.5.1　离子晶体长光学波的横波与纵波

离子晶体的光学波描述原胞中正负离子的相对运动. 在波长较长时,半个波长范围内包含很多原胞. 在两个波节之间,同种离子的位移方向相同,异种离子的位移方向相反,而在波节两边,同种离子位移方向相反. 这样波节面将晶体分成许多个薄层,在每个薄层里正负离子位移相反,每个薄层里产生退极化场 e,整个晶体被分层极化,所以离子晶体的光学波又称为极化波. 图 3.5.1(a)、(b)分别给出离子晶体的纵极化波和横极化波的示意图.

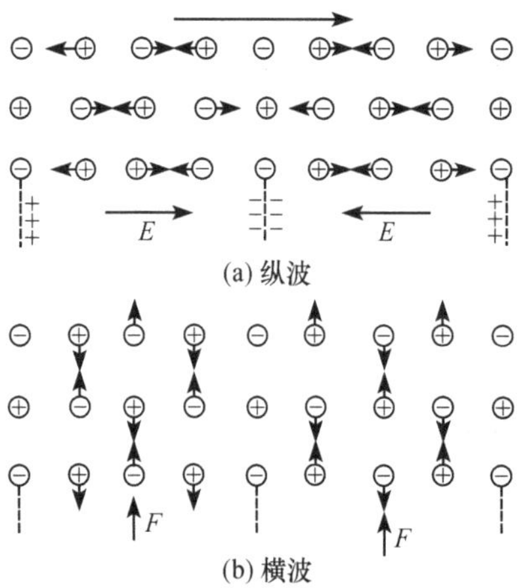

图 3.5.1　长波光学振动的特点
离子上的箭头表示运动方向

纵光学波和横光学波产生的退极化场是不大相同的,因而纵、横光学波也有一些不同的特征.

对于纵光学波,离子位移方向与波的传播方向平行,因此退极化场场强 $\boldsymbol{E}$ 与波节面垂直. 若层间的极化强度用 $\boldsymbol{P}$ 表示,则退极化场场强

$$\boldsymbol{E}=-\frac{\boldsymbol{P}}{\varepsilon_0}$$

式中,ε_0 为真空介电常量. 由于退极化场的存在,使电量为 Q 的正、负离子受到一个指向平衡位置的附加电场力 $\boldsymbol{f}_e=Q\boldsymbol{E}_{eff}$. 此时离子受到的恢复力 $\boldsymbol{f}=\boldsymbol{f}_{弹}+\boldsymbol{f}_e$,即恢复力增大. 由于晶格振动频率直接与恢复力有关,因此纵向极化使光学波的频率

ω_L 增大.

对横波,退极化场平行薄层面,由于薄层的厚度为 $\lambda/2$,它与晶体的线度相比小得多,如图 3.5.1(b)所示,因其退极化场 $\boldsymbol{E}=0$. 与纵光学波相比,横光学波的离子所受的恢复力,由于没有附加的静电场恢复力而较小. 因此,可以断言横光学波的角频率 ω_T 小于纵光学波的角频率 ω_L.

离子晶体原胞中只有两个离子,所以离子晶体的 3 支光学波中有两支是横波,一支是纵波.

3.5.2 长光学波的宏观运动方程

现在建立长波近似下,离子晶体原胞中两离子的相对运动方程. 设 $\boldsymbol{u}_+$ 表示质量为 M 的正离子的位移,$\boldsymbol{u}_-$ 表示质量为 m 的负离子的位移. 与一维双原子晶格类似,可分别写出正、负离子的运动力学方程. 所不同的,一是由于离子键的各向同性,所以 $\beta_1=\beta_2$;二是由于退极化场的存在、离子还受到一个静电恢复力. 因此,有

$$M\ddot{\boldsymbol{u}}_+=-\beta(\boldsymbol{u}_+-\boldsymbol{u}_-)+Q\boldsymbol{E}_{\text{eff}} \tag{3.5.1}$$

$$m\ddot{\boldsymbol{u}}_-=-\beta(\boldsymbol{u}_--\boldsymbol{u}_+)-Q\boldsymbol{E}_{\text{eff}} \tag{3.5.2}$$

式中,Q 为离子的电量,$\boldsymbol{E}_{\text{eff}}$ 是宏观退极化场与离子本身产生的电场之差,称为有效电场. 对立方晶系,在洛仑兹近似下,此有效电场与宏观电场的关系为

$$\boldsymbol{E}_{\text{eff}}=\boldsymbol{E}+\frac{\boldsymbol{P}}{3\varepsilon_0} \tag{3.5.3}$$

由于在长波近似下,各原胞中正负离子的位移几乎相等,可引入单位体积中的相对位移来描述光学振动. 为此作如下变换:

给方程式(3.5.1)和式(3.5.2)两边分别乘以 $m/(M+m)$ 和 $M/(M+m)$,然后相加、相减得

$$M\ddot{\boldsymbol{u}}_++m\ddot{\boldsymbol{u}}_-=0 \tag{3.5.4}$$

$$\frac{Mm}{M+m}(\ddot{\boldsymbol{u}}_+-\ddot{\boldsymbol{u}}_-)=-\beta(\boldsymbol{u}_+-\boldsymbol{u}_-)+Q\boldsymbol{E}_{\text{eff}} \tag{3.5.5}$$

式(3.5.4)实际上是原胞质心的运动方程

$$(M+m)\frac{\mathrm{d}^2}{\mathrm{d}t^2}\frac{M\boldsymbol{u}_++m\boldsymbol{u}_-}{M+m}=(M+m)\frac{\mathrm{d}^2}{\mathrm{d}t^2}\boldsymbol{C}=0$$

式中,C 为质心. 说明在长光学波中,原胞的质心保持不动. 式(3.5.5)是正负离子的相对运动方程. 引入相对位移 $\boldsymbol{u}=\boldsymbol{u}_+-\boldsymbol{u}_-$,折合质量 $\mu=Mm/(M+m)$,则方程(3.5.5)可写成

$$\mu\ddot{\boldsymbol{u}}=-\beta\boldsymbol{u}+Q\boldsymbol{E}_{\text{eff}} \tag{3.5.6}$$

为了表述方便,通常引入一个单位体积中的位移参量

$$\boldsymbol{W}=\rho^{1/2}\boldsymbol{u}=\left(\frac{\mu}{\Omega}\right)^{1/2}\boldsymbol{u}=\left(\frac{N\mu}{V}\right)^{1/2}\boldsymbol{u} \tag{3.5.7}$$

式中，$\rho=\dfrac{\mu}{\Omega}$为质量密度，μ 为原胞的折合质量，Ω 为原胞体积.

离子的相对位移在晶体中引起极化，极化强度

$$\boldsymbol{P}=n_0(Q\boldsymbol{u}+\alpha\boldsymbol{E}_{\text{eff}}) \tag{3.5.8}$$

式中，n_0 是单位体积中所原胞数，$n_0=N/V$，$n_0Q\boldsymbol{u}$ 表示正负离子的相对位移引起的极化，$n_0\alpha\boldsymbol{E}_{\text{eff}}$表示正负离子在外电场作用下电子云发生畸变所引起的极化，$\alpha=\alpha^{+}+\alpha^{-}$代表正负离子极化率之和.

把式(3.5.3)代入方程式(3.5.6)和式(3.5.8)，并用 $\boldsymbol{W}$ 表示相对位移 $\boldsymbol{u}$. 则方程式(3.5.6)和式(3.5.8)成为

$$\ddot{\boldsymbol{W}}=b_{11}\boldsymbol{W}+b_{12}\boldsymbol{E} \tag{3.5.9}$$

$$\boldsymbol{P}=b_{21}\boldsymbol{W}+b_{22}\boldsymbol{E} \tag{3.5.10}$$

式中

$$b_{11}=\frac{1}{\mu}\left(-\beta+\frac{n_0Q^2}{3\varepsilon_0-\alpha n_0}\right)$$

$$b_{12}=b_{21}=\frac{3\varepsilon_0(n_0)^{1/2}Q}{\mu^{1/2}(3\varepsilon_0-\alpha n_0)}$$

$$b_{22}=\frac{3n_0\varepsilon_0\alpha}{3\varepsilon_0-\alpha n_0}$$

方程 (3.5.9)和 (3.5.10)称为**黄昆方程**. 它是离子晶体长光学波的两个基本方程. 其中的电场 E 既包含位移极化的宏观退极化场，又可以包含外加电场.

黄昆方程中的系数 b_{ij} 可用特殊情况下的介电常量表示，因此可通过实验确定. 如在恒定静电场下，正、负离子将发生相对位移 $\boldsymbol{W}$，但 $\ddot{\boldsymbol{W}}=0$，由式(3.5.9)可得

$$\boldsymbol{W}=-\frac{b_{12}}{b_{11}}\boldsymbol{E}$$

再代入式 (3.5.10)，得

$$\boldsymbol{P}=b_{12}\boldsymbol{W}+b_{22}\boldsymbol{E}=\left(b_{22}-\frac{b_{12}^2}{b_{11}}\right)\boldsymbol{E} \tag{3.5.11}$$

由静电学可知

$$\boldsymbol{D}=\varepsilon_0\boldsymbol{E}+\boldsymbol{P}=\varepsilon_{\text{r}}(0)\varepsilon_0\boldsymbol{E}$$

即

$$\boldsymbol{P}=[\varepsilon_{\text{r}}(0)-1]\varepsilon_0\boldsymbol{E} \tag{3.5.12}$$

式中，$\varepsilon_{\text{r}}(0)$为静介电常量，$\varepsilon_0$ 为真空电容率. 比较式 (3.5.11)与式(3.5.12)，可知

$$[\varepsilon_{\text{r}}(0)-1]\varepsilon_0=b_{22}-\frac{b_{12}^2}{b_{11}} \tag{3.5.13}$$

再看在外电场频率极高时的介电电极化. 由于离子的运动跟不上迅速变化的外力，因此有 $\boldsymbol{W}=0$，由式(3.5.10)有

$$\boldsymbol{P} = b_{22}\boldsymbol{E} \tag{3.5.14}$$

若此时晶体的介电常量记为 $\varepsilon_r(\infty)$，称为**高频介电常量**，则有

$$\boldsymbol{P} = [\varepsilon_r(\infty) - 1]\varepsilon_0\boldsymbol{E} \tag{3.5.15}$$

比较式(3.5.14)和式(3.5.15)，得

$$[\varepsilon_r(\infty) - 1]\varepsilon_0 = b_{22} \tag{3.5.16}$$

另外，在宏观电场 $E=0$ 时，由式(3.5.9)有

$$\ddot{\boldsymbol{W}} = b_{11}\boldsymbol{W}$$

令

$$b_{11} = -\omega_0^2 \tag{3.5.17}$$

则

$$\ddot{\boldsymbol{W}} + \omega_0^2\boldsymbol{W} = 0$$

由此可知 ω_0 是没有宏观电场的情况下晶格振动的固有频率. 后面我们将看到，ω_0 可从晶格红外吸收谱中测得.

由式(3.5.13)、式(3.5.16)和式(3.5.17)可得

$$\begin{aligned} &b_{11} = -\omega_0^2 \\ &b_{12} = b_{21} = [\varepsilon_r(0) - \varepsilon_r(\infty)]^{1/2}\varepsilon_0^{1/2}\omega_0 \\ &b_{22} = [\varepsilon_r(\infty) - 1]\varepsilon_0 \end{aligned} \tag{3.5.18}$$

3.5.3 LST 关系

前面我们已经定性说明离子晶体的长光学纵波的频率 ω_L 大于长光学横波的频率 ω_T，现在由黄昆方程建立它们之间的定量关系.

对没有外加电磁场而仅有离子晶体的晶格振动退极化场情况，设方程式(3.5.9)和式(3.5.10)具有平面波形式解

$$\begin{aligned} &\boldsymbol{W} = W_0 e^{i(\boldsymbol{q}\cdot\boldsymbol{r}-\omega t)} \\ &\boldsymbol{P} = P_0 e^{i(\boldsymbol{q}\cdot\boldsymbol{r}-\omega t)} \\ &\boldsymbol{E} = E_0 e^{i(\boldsymbol{q}\cdot\boldsymbol{r}-\omega t)} \end{aligned} \tag{3.5.19}$$

则它们可分解成横向分量 $\boldsymbol{W}_T$、$\boldsymbol{P}_T$、$\boldsymbol{E}_T$ 和纵向分量 $\boldsymbol{W}_L$、$\boldsymbol{P}_L$、$\boldsymbol{E}_L$.

$$\boldsymbol{W} = \boldsymbol{W}_L + \boldsymbol{W}_T, \quad \boldsymbol{P} = \boldsymbol{P}_L + \boldsymbol{P}_T, \quad \boldsymbol{E} = \boldsymbol{E}_L + \boldsymbol{E}_T \tag{3.5.20}$$

且有

$$\left.\begin{aligned} &\nabla\cdot\boldsymbol{W}_T = 0, \quad \nabla\times\boldsymbol{W}_L = 0 \\ &\nabla\cdot\boldsymbol{P}_T = 0, \quad \nabla\times\boldsymbol{P}_L = 0 \\ &\nabla\cdot\boldsymbol{E}_T = 0, \quad \nabla\times\boldsymbol{E}_L = 0 \end{aligned}\right\} \tag{3.5.21}$$

这样，方程式(3.5.9)和式(3.5.10)可写成

$$\ddot{\boldsymbol{W}}_L = b_{11}\boldsymbol{W}_L + b_{12}\boldsymbol{E}_L \tag{3.5.22}$$

$$\ddot{\boldsymbol{W}}_{\mathrm{T}} = b_{11}\boldsymbol{W}_{\mathrm{T}} + b_{12}\boldsymbol{E}_{\mathrm{T}} \tag{3.5.23}$$

$$\boldsymbol{P}_{\mathrm{L}} = b_{21}\boldsymbol{W}_{\mathrm{L}} + b_{22}\boldsymbol{E}_{\mathrm{L}} \tag{3.5.24}$$

$$\boldsymbol{P}_{\mathrm{L}} = b_{21}\boldsymbol{W}_{\mathrm{T}} + b_{22}\boldsymbol{E}_{\mathrm{T}} \tag{3.5.25}$$

对横光学波,若不考虑涡旋电场,即在静电近似下,对横电场也应有$\nabla\times\boldsymbol{E}_{\mathrm{T}}=0$,又因$\nabla\cdot\boldsymbol{E}_{\mathrm{T}}=0$,所以 $\boldsymbol{E}_{\mathrm{T}}=0$,因此得

$$\ddot{\boldsymbol{W}}_{\mathrm{T}} = b_{11}\boldsymbol{W}_{\mathrm{T}}$$

由此可知,横波频率

$$\omega_{\mathrm{T}}^2 = \omega_0^2 = -b_{11} \tag{3.5.26}$$

对于纵光学波,由于离子晶体中没有自由电荷,所以

$$\nabla\cdot\boldsymbol{D} = \nabla\cdot[\varepsilon_0(\boldsymbol{E}_{\mathrm{L}}+\boldsymbol{E}_{\mathrm{T}})+\boldsymbol{P}_{\mathrm{L}}+\boldsymbol{P}_{\mathrm{T}}] = 0$$

注意到式 (3.5.21),上式变为

$$\nabla\cdot(\varepsilon_0\boldsymbol{E}_{\mathrm{L}}+\boldsymbol{P}_{\mathrm{L}}) = 0$$

又由静电场性质$\nabla\times\boldsymbol{D}=0$,有

$$\nabla\times\boldsymbol{D} = \nabla\times(\varepsilon_0\boldsymbol{E}_{\mathrm{L}}+\boldsymbol{P}_{\mathrm{L}}) = 0$$

所以,有 $\varepsilon_0\boldsymbol{E}_{\mathrm{L}}+\boldsymbol{P}_{\mathrm{L}}=0$,把式(3.5.24)代入,得

$$\varepsilon_0\boldsymbol{E}_{\mathrm{L}}+\boldsymbol{P}_{\mathrm{L}} = \varepsilon_0\boldsymbol{E}_{\mathrm{L}}+b_{21}\boldsymbol{W}_{\mathrm{L}}+b_{22}\boldsymbol{E}_{\mathrm{L}} = 0$$

由此解得

$$\boldsymbol{E}_{\mathrm{L}} = \frac{-b_{12}}{\varepsilon_0+b_{22}}\boldsymbol{W}_{\mathrm{L}} \tag{3.5.27}$$

代入式(3.5.22),得

$$\ddot{\boldsymbol{W}}_{\mathrm{L}} = \left(b_{11}-\frac{-b_{12}^2}{\varepsilon_0+b_{22}}\right)\boldsymbol{W}_{\mathrm{L}} = -\left(\omega_{\mathrm{T}}^2-\frac{-b_{12}^2}{\varepsilon_0+b_{22}}\right)\boldsymbol{W}_{\mathrm{L}} = -\omega_{\mathrm{L}}^2\boldsymbol{W}_{\mathrm{L}}$$

式中,ω_{L}^2为纵光学波频率,有

$$\omega_{\mathrm{L}}^2 = \omega_{\mathrm{T}}^2+\frac{b_{12}^2}{\varepsilon_0+b_{22}} \tag{3.5.28}$$

把式(3.5.18)代入式(3.5.28)得

$$\frac{\omega_{\mathrm{L}}^2}{\omega_{\mathrm{T}}^2} = \frac{\varepsilon_{\mathrm{r}}(0)}{\varepsilon_{\mathrm{r}}(\infty)} \tag{3.5.29}$$

此称为 LST(Lyddano-Sachs-Teller)关系,它表示光学波的纵波频率与横波频率之间存在着非常简单的关系.一般说来,静态介电常量包括离子位移极化与电子位移极化两部分的贡献.但在高频的变化电场中,离子的位移跟不上迅速变化的电场,所以总有

$$\varepsilon_{\mathrm{r}}(0) > \varepsilon_{\mathrm{r}}(\infty)$$

因此纵光学波的频率 ω_{L}总是大于横光学波的频率 ω_{T},这与前面的定性分析是一致的.

3.5.4 离子晶体的光学性质

晶体的光学性质取决于折射率 $n=\sqrt{\mu_r\varepsilon_r}$，因此，讨论介电常量 $\varepsilon_r(\omega)$ 是研究光学性质的关键. 现在讨论频率为 ω 的电磁波在离子晶体中的传播情况.

设 $\boldsymbol{W}$、$\boldsymbol{P}$、$\boldsymbol{E}$ 仍有式 (3.5.19) 所表示的平面波解，并代入方程(3.5.9)、方程(3.5.10)中，得

$$-\omega^2\boldsymbol{W}=b_{11}\boldsymbol{W}+b_{12}\boldsymbol{E}$$
$$\boldsymbol{P}=b_{21}\boldsymbol{W}+b_{22}\boldsymbol{E}$$

上两式联立消去 $\boldsymbol{W}$，得

$$\boldsymbol{P}=\left(b_{22}-\frac{b_{12}^2}{b_{11}+\omega^2}\right)\boldsymbol{E} \tag{3.5.30}$$

并同电场中极化强度 $\boldsymbol{P}$ 与场强的关系

$$\boldsymbol{P}=\varepsilon_0(\varepsilon_r-1)\boldsymbol{E}$$

比较可得

$$\varepsilon_r(\omega)=1+\frac{1}{\varepsilon_0}\left(b_{22}^2-\frac{b_{12}^2}{b_{11}+\omega^2}\right) \tag{3.5.31}$$

由此可见，介电常量 ε_r 与电场频率有关. 把 b_{11}、b_{12}、b_{22} 的表达式(3.5.18)代入式(3.5.31)中，得

$$\varepsilon_r(\omega)=\varepsilon_r(\infty)+\left[\frac{\varepsilon_r(0)-\varepsilon_r(\infty)}{\omega_T^2-\omega^2}\right]\omega_T^2 \tag{3.5.32}$$

利用 LST 关系式(3.5.29)，有

$$\varepsilon_r(0)=\frac{\omega_L^2}{\omega_T^2}\varepsilon_r(\infty)$$

代入式 (3.5.32)，介电常量可写成

$$\varepsilon_r(\omega)=\varepsilon_r(\infty)\frac{\omega_L^2-\omega^2}{\omega_T^2-\omega^2} \tag{3.5.33}$$

根据式(3.5.33)画出的 ε_r 与 ω 的曲线如图 3.5.2 所示.

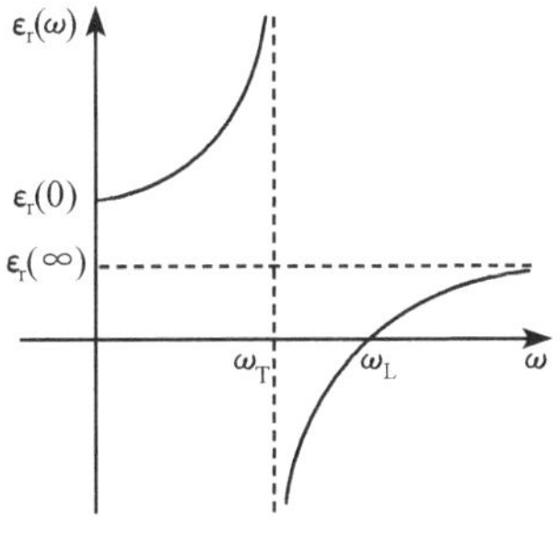

图 3.5.2 $\varepsilon_r(\omega)$ 随 ω 的变化曲线

可以看出，当入射电磁波的频率 ω 小于离子晶体的横光学波振动频率 ω_T 时，ε_r 随 ω 增大. 在 ω 等于 ω_T 时，$\varepsilon_r(\omega_T)\to\infty$，这是因为在讨论时忽略了振动方程中的阻尼项，如果计及阻尼项，则 $\varepsilon_r(\omega_T)$ 是复数，在 $\omega=\omega_T$ 时，其虚部取极大，出现共振吸收. 由此，可测出 ω_T.

当 $\omega_T<\omega<\omega_L$ 时，$\varepsilon_r(\omega_T)<0$，即晶体对此频率范围电磁波的折射率 $n=\sqrt{\mu_r\varepsilon_r}$ 为虚数，此频率范围

的电磁波通过晶体时将按指数规律迅速衰减，不能在晶体内传播，在此频率禁区内入射的电磁波将被晶体表面完全反射. 利用这种效应可以获得带宽比较窄的红外辐射束，ω_L、ω_T 分别为禁区的上下界，很容易由实验测出.

3.6　晶格振动的热力学函数　模式密度

引入声子概念后，研究晶格振动的热力效应时，就可等效为研究由 $3PN$ 种声子组成的多粒子体系. 在简谐近似下，这些声子之间是相互独立的，因而构成近独立子系. 本节我们用统计物理的方法讨论晶格振动的热力学函数.

3.6.1　晶格振动的自由能

在通常情况下，晶体处于稳定的大气压强下，因而选用温度 T 和体积 V 作为参量. 以 T、V 为状态参量时，其特征函数为自由能 $F(T,V)$，知道了 $F(T,V)$就可求得晶体的其他热力学函数，如压强

$$p = -\left(\frac{\partial F}{\partial V}\right)_T \tag{3.6.1}$$

能量

$$E = F - T\left(\frac{\partial F}{\partial T}\right)_V \tag{3.6.2}$$

等. 由热力学知，自由能 F 可由

$$F = -k_B T \ln Q \tag{3.6.3}$$

求得. 式中，Q 为体系总配分函数，它与粒子配分函数 Z_i 的关系是

$$Q = \prod_i Z_i \tag{3.6.4}$$

若用

$$F_i = -k_B T \ln Z_i \tag{3.6.5}$$

表示粒子自由能，则

$$F = -k_B T \sum_i \ln Z_i = \sum_i F_i \tag{3.6.6}$$

现在计算晶格振动自由能 F_V. 在简谐近似下，第 j 支格波上频率为 $\omega_j(q)$的格波的能量是

$$\left(\frac{1}{2} + n_j(q)\right)\hbar\omega_j(q), \qquad n_j(q) = 0,1,2,\cdots \tag{3.6.7}$$

此格波相应的配分函数

$$Z_j(q) = \sum_{n_j(q)=0}^{\infty} e^{-\left(\frac{1}{2}+n_j(q)\right)\hbar\omega_j(q)/(k_B T)} = \frac{e^{-\frac{1}{2}\hbar\omega_j(q)/(k_B T)}}{1 - e^{-\hbar\omega_j(q)/(k_B T)}} \tag{3.6.8}$$

上式计算中已用了等比级数的求和公式. 相应的振动自由能 $F_j(q)$为

$$F_j(q) = -k_B T \ln Z_j(q) = \frac{1}{2}\hbar\omega_j(q) + k_B T \ln\left[1 - e^{-\hbar\omega_j(q)/(k_B T)}\right]$$

因为在简谐近似下，晶体共有 $3PN$ 个格波，而且是相互独立的，所以晶格振动的总自由能是

$$F_V = \sum_j^{3P}\sum_q^{N} F_j(q) = \sum_j^{3P}\sum_q^{N}\left\{\frac{1}{2}\hbar\omega_j(q) + k_B T \ln\left[1 - e^{-\hbar\omega_j(q)/(k_B T)}\right]\right\} \tag{3.6.9}$$

式中，j 的求和是对各种不同的支进行的，共有 $3P$ 支；q 是对每一支格波中的 N 个不同的波矢进行的.

3.6.2 模式密度

由于晶格原胞数 N 是一个非常大的数，求和计算相当困难，对真实晶体($N\sim 10^{23}$)实际上无法进行求和. 但也正是由于 N 很大，使我们有可能把求和设法变为积分. 为此引入模式密度的概念.

定义单位频率间隔内的振动模式数目

$$g(\omega) = \lim_{\Delta\omega\to\infty}\frac{\Delta n}{\Delta\omega} = \frac{dn}{d\omega} \tag{3.6.10}$$

为振动模式密度，也称为振动模式的态密度或频率分布函数. 式中，dn 表示在 $\omega\sim\omega+d\omega$ 频率间隔中晶格振动模式数目. 引入振动模式概念后，式(3.6.9)就可变成积分形式，若第 j 支格的模密度为 $g_j(\omega)$，显然有

$$\sum_{q_j}^{N} = N = \int_{\omega_{\min}}^{\omega_{\max}} g_j(\omega)\,d\omega \tag{3.6.11}$$

这样，晶格振动自由能表达式(3.6.9)可表示为

$$F_V = \sum_j^{3P}\int g_j(\omega)\,d\omega_j(q)\left\{\frac{1}{2}\hbar\omega_j(q) + k_B T\ln\left[1 - e^{-\hbar\omega_j(q)/(k_B T)}\right]\right\} \tag{3.6.12}$$

因此，知道了模式密度，可大大简化热力学函数的计算. 而且以后还会看到，在讨论晶体的某些电学、光学性质时，也经常要用到模式密度. 由此求得模式密度是相当重要的.

原则上说，知道了晶格振动谱(色散关系)$\omega(q)$，就知道了各振动模式在各频率间隔内的分布，随之模式密度 $g(\omega)$也就确定了. 一般说 ω 与 q 的关系非常复杂. 除非在一些特殊情况下，很难求得 $g(\omega)$的解析表达式，常常需要数值计算. 这里，我们给出由晶格振动谱求模式密度的原理性方法及 $g(\omega)$的一般表达式.

在 $\boldsymbol{q}$ 空间，$\omega(q)$=常数确定了一个等频面，所以在 $\omega\sim\omega+d\omega$ 频率间隔之间的振动模式数目就是 $\boldsymbol{q}$ 空间中 $\omega(q)$及 $\omega\sim\omega+d\omega$ 两个等频面之间的波矢 $\boldsymbol{q}$ 代表的数目. 由式(3.2.17)，有

$$q_i = l_i \frac{2\pi}{N_i a_i}, \quad l_i = 0, \pm 1, \pm 2, \cdots, \quad i = 1,2,3$$

可知,波矢端点 q 在 $\boldsymbol{q}$ 空间是分布均匀的,而且由于 N_i 很大,q_i 值十分密集,可认为是准连续的. 又由于 q 是限定在第一布里渊区内的,而第一布里渊区在波矢(倒格子)空间的体积(倒格子原胞体积)

$$\Omega_r = \frac{(2\pi)^3}{\Omega_d}$$

式中,Ω_d 为正格子原胞体积. 由此 N 个波矢代表点在 q 空间的分布密度是

$$\rho(q) = \frac{N}{\Omega_r} = \frac{N\Omega_d}{(2\pi)^3} = \frac{V}{(2\pi)^3} \tag{3.6.13}$$

式中,V 是晶体体积. 同理可知,对一维、二维情况,$\boldsymbol{q}$ 空间的模式密度分别为 $S/(2\pi)^2$ 和 $L/(2\pi)$,S、L 分别为二维晶体的面积和一维晶体的长度.

这样,在 $\omega(\boldsymbol{q})$ 及 $\omega(\boldsymbol{q})+\mathrm{d}\omega(q)$ 两个等频面之间的振动模式数目为

$$\mathrm{d}n = \frac{V}{(2\pi)^3}\mathrm{d}V_q \tag{3.6.14}$$

式中,$\mathrm{d}V_q$ 为两等频面之间在 $\boldsymbol{q}$ 空间所占体积.

如图 3.6.1 所示. 如果用 $\mathrm{d}S_q$ 表示等频面 $\omega(q)$ 上的面积元,$\mathrm{d}q_n$ 表示沿 $\mathrm{d}S_q$ 面元法线方向的增量,则 $\mathrm{d}V_q$ 可写成

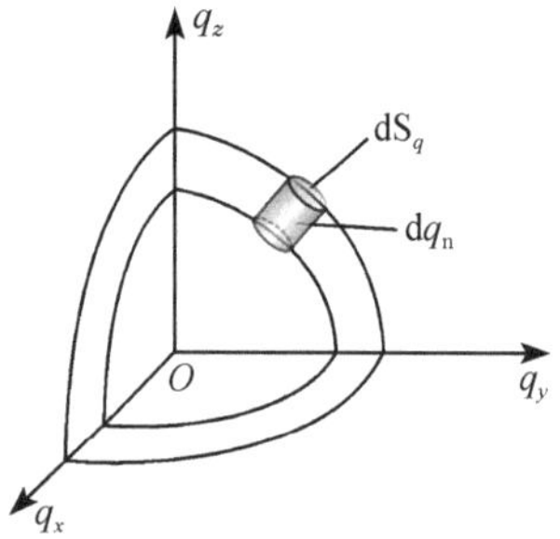

图 3.6.1　等频面示意图

$$\mathrm{d}V_q = \iint_{S_\omega} \mathrm{d}S_q \mathrm{d}q_n \tag{3.6.15}$$

其积分是沿等频面 $\omega(q)$ 进行的. 因为

$$\mathrm{d}\omega = |\nabla_q \omega(q)| \mathrm{d}q_n \tag{3.6.16}$$

所以

$$\mathrm{d}V_q = \iint_{S_\omega} \mathrm{d}S_q \frac{\mathrm{d}\omega}{|\nabla_q \omega(q)|}$$

代入式(3.6.14)得

$$\mathrm{d}n = \frac{V}{(2\pi)^3}\iint_{S_\omega} \mathrm{d}S_q \frac{\mathrm{d}\omega}{|\nabla_q \omega(q)|}$$

由此,得模式密度的一般表达式

$$g(\omega) = \frac{V}{(2\pi)^3}\iint_{S_\omega} \frac{\mathrm{d}S_q}{|\nabla_q \omega(q)|} \tag{3.6.17}$$

原则上知道了色散关系,便可由式(3.6.17)求得模式密度.

下面给出了两个计算模式密度的例子,在这些例子中,模式密度可以表示成解析形式.

对一维单原子晶格,$\boldsymbol{q}$ 空间表示代表点的密度约化为 $L/(2\pi)$,$L=Na$ 是一维晶体的线度,a 是晶格常数,N 为原子数. 在 $\mathrm{d}q$ 间隔中的振动模式数目为 $[L/(2\pi)]\mathrm{d}q$. 若用 $\mathrm{d}\omega$ 表示与 $\mathrm{d}q$ 对应的频率间隔,则有

$$g(\omega)\mathrm{d}\omega(q)=\frac{L}{2\pi}\mathrm{d}q$$

于是

$$g(\omega)=2\times\frac{L}{2\pi}\frac{1}{\mathrm{d}\omega(q)/\mathrm{d}q} \tag{3.6.18}$$

等号右边的因子 2 来源于色散关系 $\omega(q)=\omega(-q)$ 的性质. $q>0$ 与 $q<0$ 的区间是完全等价的. 把一维单原子间隔的色散关系式(3.1.16)

$$\omega(q)=\sqrt{\frac{4\beta}{m}}\left|\sin\left(\frac{1}{2}aq\right)\right|$$

代入式(3.6.18),可得

$$g(\omega)=\frac{2N}{\pi}(\omega_{\max}^2-\omega^2)^{\frac{1}{2}} \tag{3.6.19}$$

式中,$\omega_{\max}=\sqrt{4\beta/m}$为频率最大值.

对长声学波或弹性波,其色散关系为

$$\omega_j(q)=c_jq,\qquad c_j\text{ 为波速}$$

所以有

$$g_j(\omega)\mathrm{d}\omega_j=\frac{V}{(2\pi)^3}\mathrm{d}V_q \tag{3.6.20}$$

由于波的传播速度与波的传播方向 $\boldsymbol{q}$ 无关,在 $\boldsymbol{q}$ 空间等频面是球面,我们选用球坐标系,因而

$$\mathrm{d}V_q=\int_0^{2\pi}\int_0^{\pi}\sin\theta\,\mathrm{d}\theta\,\mathrm{d}\varphi q^2\mathrm{d}q=4\pi q^2\mathrm{d}q$$

代入式(3.6.20),得

$$g_j(\omega)\mathrm{d}\omega_j(q)=\frac{V}{(2\pi)^3}\times 4\pi q^2\mathrm{d}q$$

即

$$g_j(\omega)=\frac{V}{(2\pi)^3}\times 4\pi q^2\frac{1}{\dfrac{\mathrm{d}\omega_j(q)}{\mathrm{d}q}}=\frac{V}{2\pi^2}\frac{4\pi q^2}{c_j}=\frac{V}{2\pi^2}\frac{\omega_j^2}{c_j^3} \tag{3.6.21}$$

另一种常遇到的情况是

$$\omega_j=c_jq^2 \tag{3.6.22}$$

与前面的弹性波情况类似,等频面也是球面,同样有

$$g_j(\omega)=\frac{V}{(2\pi)^3}\times 4\pi q^2\frac{1}{\dfrac{\mathrm{d}\omega_j(q)}{\mathrm{d}q}}=\frac{V}{(2\pi)^3}\times 4\pi q^2\frac{1}{2c_jq}=\frac{V}{(2\pi)^2}\frac{\omega_j^{1/2}}{c_j^{3/2}} \tag{3.6.23}$$

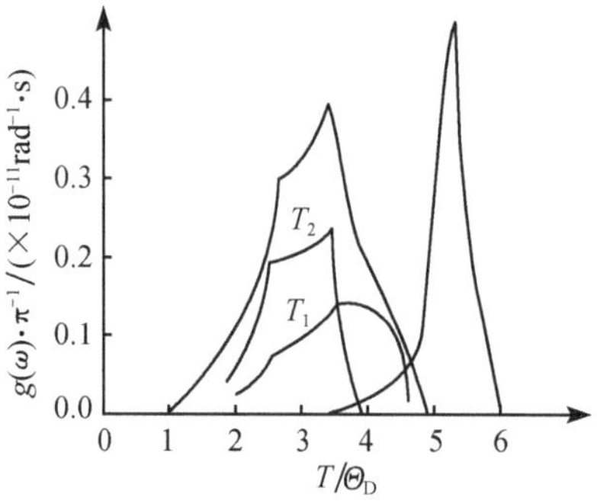

图 3.6.2　铝的晶格振动模式密度

一般情况下,不容易得到 $g_j(\omega)$的解析表达式,往往需要数值计算.

图 3.6.2 给出铝的晶格振动模式密度,它是由中子散射数据推得的.铝为面心立方的单原子晶格,存在 3 支声学波,图中最上面的曲线表示总的模式密度,下面 3 条曲线分别对应两支横的和一支纵的格波,对实际的三维晶体,模式密度曲线中经常显现出尖锐的峰和斜率的突变,它与$\nabla_q\omega(q)=0$ 相对应.我们称这些$\nabla_q\omega(q)=0$ 的点为**范霍夫奇点**,范霍夫奇点是和晶体的对称性联系着的,它常常出现在布里渊区的某些高对称点上.

3.7　晶格热容

固体热容由两部分组成:一部分来自晶格振动的贡献,另一部分来自电子运动的贡献.除非在极低温度下,电子热容是很小的.本节讨论晶格热容,有关电子热容将在 5.1 节中讨论.

求得晶格振动的自由能 F 后,便可求得晶格振动能量

$$E=F-T\left(\frac{\partial F}{\partial T}\right)_V=\sum_j^{3P}\sum_q^N\left[\frac{1}{2}\hbar\omega_j(q)+\frac{\hbar\omega_j(q)}{e^{\hbar\omega_j(q)/(k_BT)}-1}\right]$$
$$=\sum_j^{3P}\int g_j(\omega)\mathrm{d}\omega_j(q)\left[\frac{1}{2}\hbar\omega_j(q)+\frac{\hbar\omega_j(q)}{e^{\hbar\omega_j(q)/(k_BT)}-1}\right]\tag{3.7.1}$$

上式第一项是各种振动模式的零点振动能.第二项中的因子

$$\frac{1}{e^{\hbar\omega_j(q)/(k_BT)}-1}=\bar{n}_j(q)$$

表示温度为 T 时,振动模式为 $\omega_j(q)$的声子的平均数目,所以第二项代表温度为 T 时的晶体中所激发的全部声子的能量和.

固体热容一般是指定容热容,按照定义,有

$$C_V=\left(\frac{\partial E}{\partial T}\right)_V=\frac{\partial}{\partial T}\sum_j\sum_q\frac{\hbar\omega_j(q)}{e^{\hbar\omega_j(q)/(k_BT)}-1}$$
$$=\frac{\partial}{\partial T}\sum_j\int g_j(\omega)\mathrm{d}\omega_j\frac{\hbar\omega_j(q)}{e^{\hbar\omega_j(q)/(k_BT)}-1}$$
$$=k_B\sum_j^{3P}\int g_j(\omega)\mathrm{d}\omega_j(q)\left(\frac{\hbar\omega_j}{k_BT}\right)^2\frac{e^{\hbar\omega_j(q)/(k_BT)}}{\left[e^{\hbar\omega_j(q)/(k_BT)}-1\right]^2}\tag{3.7.2}$$

可求得晶格热容.由上式表示的热容称为晶格热容的量子理论.把根据经典统计的

能量均分定理所得到的关于热容的杜隆-珀蒂定律,即

$$C_V = 3Nk_B$$

称为经典理论. 后面将看到,晶格热容的量子理论更完善、更普遍.

要对实际晶体求得 C_V,必须要知道 $g_j(\omega)$的具体形式. 对于实际晶体,模式密度 $g_j(\omega)$的计算非常复杂,很难精确写出. 这里介绍两种著名的近似模型:爱因斯坦模型和德拜模型.

3.7.1 爱因斯坦模型

爱因斯坦最早把量子理论用于处理晶格热容,开创了晶格热容的量子理论. 他对晶体振动作出了极为简单的假定,晶体中所有格波的频率相同,且不依赖于波矢 $\boldsymbol{q}$,即 $\omega_j(q)=\omega_E$. 于是

$$C_V = \left(\frac{\partial E}{\partial T}\right)_V = \frac{\partial}{\partial T}3PN\left(\frac{\hbar\omega_E}{e^{\hbar\omega_E/(k_BT)}-1}\right) = 3PNk_B\left(\frac{\Theta_E}{T}\right)^2\frac{e^{\Theta_E/T}}{(e^{\Theta_E/T}-1)^2} \tag{3.7.3}$$

式中,$\Theta_E=\hbar\omega_E/k_B$,称为爱因斯坦特征温度;$PN$ 为晶体中原子数目.

高温下,即 $T\gg\Theta_E$ 时,$\frac{e^{\Theta_E/T}}{(e^{\Theta_E/T}-1)^2}\approx\left(\frac{T}{\Theta_E}\right)^2$,所以

$$C_V \approx 3PNk_B \tag{3.7.4}$$

与杜隆-珀蒂定律一致.

低温下,即 $T\ll\Theta_E$,$e^{\Theta_E/T}\gg1$

$$C_V \approx 3PNk_B\left(\frac{\Theta_E}{T}\right)^2 e^{-\Theta_E/T} \tag{3.7.5}$$

这与很多固体在低温下 $C_V\sim T^3$ 的实验规律不符. 这是由于模型过于简单而造成的. 因为在低温下,只有 $\omega<k_BT/\hbar$ 的那些格波才能被激发,因而才对热容有贡献,频率高于 $k_BT/\hbar$ 的格波已经“冻结”,对热容无贡献. 爱因斯坦模型的单一频率格波实际上只适于近似描写格波中的光学支,因为光学支一般频宽很窄,因而可近似地用一个固定频率描述,如图 3.1.4 所示. 这就是说爱因斯坦模型实际忽略了频率较低的声学波对热容的贡献. 而在低温时,声波对热容的贡献恰恰又是主要的,这就是为什么式(3.7.5)所示的热容随温度下降比实验结果更快的原因.

3.7.2 德拜模型

德拜提出了另一个简单的模型,把晶体看成是各向同性的连续介质,把格波看成是连续介质中的弹性波. 在这种假设下,晶体中共有 3 支格波:一支纵波和两支偏振方向不同的横波. 为简单计,我们假定 3 支格波的波速分别为 c_t(纵波)和 c_l(横波). 因而 3 支格波都满足相同的弹性波的色散关系

$$\omega_j(q) = c_jq \tag{3.7.6}$$

因而第 j 支弹性波的模式密度如式(3.6.21)所示

$$g_j(\omega) = \frac{V}{2\pi^2}\frac{\omega^2}{c_j^3} \tag{3.7.7}$$

但是,与真正弹性波的区别在于:晶格振动的模式数目为 $3PN$ 个,是有限的,所以要求这里的弹性波的频率有一个上限 ω_D,且满足

$$\sum_j^3 \int_0^{\omega_D} g_j(\omega)\mathrm{d}\omega = 3N \tag{3.7.8}$$

这里的求和仅对 3 支声学波进行,式(3.7.8)也就是

$$\int_0^{\omega_D} g_j(\omega)\mathrm{d}\omega = N \tag{3.7.9}$$

把式(3.7.7)代入式(3.7.8),可求得

$$\omega_{Dj}^3 = \frac{3N2\pi^2 c_j^3}{V} \tag{3.7.10}$$

于是,$g_j(\omega)$可写成

$$g_j(\omega) = \begin{cases} \dfrac{3N}{\omega_{Dj}^3}\omega^2, & \omega \leqslant \omega_{D_j} \\ 0, & \omega > \omega_{D_j} \end{cases} \tag{3.7.11}$$

把上式代入式(3.7.2),便可得到德拜模型的晶格热容.为简单计,进一步假定 3 个格波的波速相等,即 $c_l = c_t = c$,得

$$\begin{aligned} C_V &= 3k_B\int_0^{\omega_D} \frac{3N}{\omega_D^3}\omega^2 \mathrm{d}\omega\left(\frac{\hbar\omega}{k_B T}\right)^2 \frac{e^{\hbar\omega/(k_B T)}}{(e^{\hbar\omega/(k_B T)}-1)^2} \\ &= 9Nk_B\left(\frac{T}{\Theta_D}\right)^3\int_0^{\Theta_D/T}\frac{x^4 e^x}{(e^x-1)^2}\mathrm{d}x \end{aligned} \tag{3.7.12}$$

式中,$x = \hbar\omega/(k_B T)$,$\Theta_D = \hbar\omega_D/k_B$,称为德拜特征温度.它是一个特定参数,由实验确定,表 3.7.1 给出了一些固体的德拜温度.

表 3.7.1　德拜温度

元素晶体	Θ_D/K	化合物晶体	Θ_D/K
Li	335	NaCl	280
Na	156	KCl	230
K	91.1	CaF_2	470
Cu	343	LiF	680
Ag	226	SiO_2	255
Au	162		
Al	428		
Ga	325		
Pb	102		
Ge	378		
Si	647		
C	1860		

图 3.7.1 给出式(3.7.12)表示的 C_V 与 T/Θ_D 的函数曲线以及与某些晶体实验热容量值(适当选取 Θ_D)的比较.

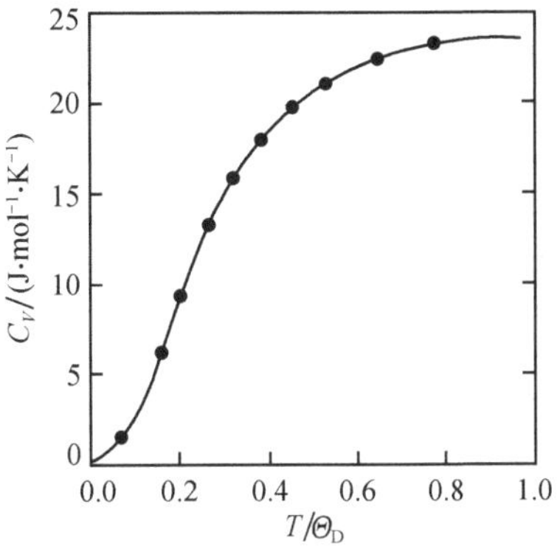

图 3.7.1 德拜理论与实验比较

低温时,即 $T\ll\Theta_D$ 时,式(3.7.12)中的积分上限 Θ_D/T 可近似看成无穷大,且被积函数可展开为

$$\begin{aligned}\frac{x^4 e^x}{(e^x-1)^2}&=\frac{x^4}{e^x(1-e^{-x})^2}=x^4e^{-x}(1-e^{-x})^{-2}\\&=x^4e^{-x}(1+2e^{-x}+3e^{-2x}+\cdots)\\&=x^4\sum_{n=1}^{\infty}ne^{-nx}\end{aligned}$$

因此

$$\int_0^{\infty}\frac{x^4e^x}{(e^x-1)}dx=\sum_{n=1}^{\infty}\int_0^{\infty}x^4ne^{-nx}dx=\sum_{n=1}^{\infty}n\frac{4!}{n^5}=4!\sum_{n=1}^{\infty}\frac{1}{n^4}=4!\frac{\pi^4}{90}=\frac{4}{15}\pi^4$$

所以

$$C_V=\frac{12\pi^4}{5}Nk_B\left(\frac{T}{\Theta_D}\right)^3 \tag{3.7.13}$$

上式称为**德拜定律**,与很多实验事实符合. 而且温度越低,德拜近似越好. 这是因为在低温下最容易被激发的是长声学波振动,由于波长较长,晶体可看成连续介质,因而它的性质很像弹性波,这就是德拜近似取得成功的原因.

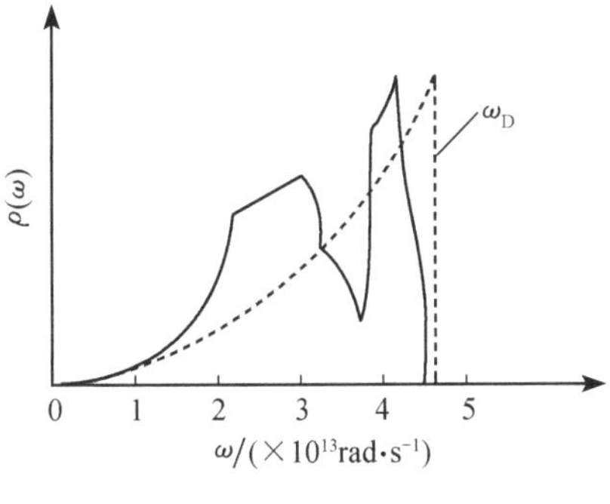

图 3.7.2 从中子衍射数据导出的铜的总频谱面积,虚线代表德拜近似后的结果,两种曲线包围的面积相等

尽管如此,德拜模型与实际之间仍存在着显著的偏离. 如果要求式(3.7.13)在任何温度下都与实验符合,则需要认为 Θ_D 是温度的函数,而且对不同的晶体,Θ_D 与 T 的函数关系也不同,这与 Θ_D 的定义矛盾. 这说明德拜模型还不是严格正确的. 产生差别的原因是德拜模型所确定的模式密度 $g(\omega)$ 与实际晶体的模式密度有明显的差别,图 3.7.2 给出了实际铜晶体以及德拜模型两种模式密度的曲线. 由图 3.7.2 可看出,除长波部分两曲线比较一致外,两曲线有很大差别.

3.8 晶体的状态方程和热膨胀

3.8.1 晶体的自由能和状态方程

按照自由能的热力学定义,有

$$F = E - TS$$

式中,E 是体系的总能,S 是熵. 能量 E 包括两部分,一部分是 $T=0\text{K}$ 时,晶格的结合能 $U_0(V)$,另一部分是晶格振动能 E_V. 由于 $U_0(V)$ 与温度 T 无关,所以晶格自由能 F 可写为

$$F = U_0(V) + E_V - TS = F_0 + F_a$$

式中,$F_0=U_0(V)$,只与晶体体积有关,而与温度无关. F_a 是晶格振动的自由能,我们已经在 3.3 节讨论过,由式(3.6.9)表示. 因而晶体的自由能在简谐近似下为

$$F = U_0(V) + \sum_j \sum_q \left\{ \frac{1}{2}\hbar\omega_j(q) + k_B T \ln\left[1 - \mathrm{e}^{-\hbar\omega_j(q)/(k_B T)}\right] \right\} \tag{3.8.1}$$

上式中只有 $U_0(V)$ 和 $\omega_j(q)$ 可能和晶体体积 V 有关. 于是晶体的状态方程为

$$p = -\left(\frac{\partial F}{\partial V}\right)_T = -\frac{\partial U_0(V)}{\partial V} - \sum_j \sum_q \left(\frac{1}{2}\hbar + \frac{\hbar}{\mathrm{e}^{\hbar\omega_j(q)/(k_B T)} - 1}\right)\frac{\mathrm{d}\omega_j(q)}{\mathrm{d}V} \tag{3.8.2}$$

3.8.2 热膨胀与非谐效应

晶体的热膨胀系数定义为

$$\alpha = \frac{1}{V_0}\left(\frac{\partial V}{\partial T}\right)_p \tag{3.8.3}$$

利用热力学关系

$$\left(\frac{\partial V}{\partial p}\right)_T \left(\frac{\partial p}{\partial T}\right)_V \left(\frac{\partial T}{\partial V}\right)_p = -1$$

式(3.8.3)可写成

$$\alpha = -\frac{1}{V_0}\frac{\left(\frac{\partial p}{\partial T}\right)_V}{\left(\frac{\partial V}{\partial p}\right)_T} = \frac{1}{K}\left(\frac{\partial p}{\partial T}\right)_V \tag{3.8.4}$$

式中,$K=-V_0(\partial V/\partial p)_T$ 是体弹模量. 由式(3.8.4)可知,若压强 p 与温度 T 无关,即 $\partial p/\partial T=0$,则热膨胀系数 $\alpha=0$. 而由式(3.8.2)可以看出,只有当 $\mathrm{d}\omega_j(q)/\mathrm{d}V\neq 0$ 时,p 才与 T 有关,进而才有 $\alpha\neq 0$,下面我们讨论在什么情况下 $\mathrm{d}\omega_j(q)/\mathrm{d}V$ 才不为零.

格波频率 $\omega_j(q)$ 与恢复力系数 β 有直接关系,由一维晶格振动的色散关系式很容易看出这一点,在简谐近似下,相邻两原子之间的相互作用势

$$\phi(x) = \phi(x_0) + \frac{1}{2}a(x - x_0)^2$$

式中,恢复力系数

$$\beta = \frac{\partial^2 \phi}{\partial x^2} = a$$

是一个与体积无关的量，在简谐近似下 $\omega_j(q)$ 也是与晶体体积无关的，即 $\mathrm{d}\omega_j(q)/\mathrm{d}V=0$. 所以简谐近似下的晶格振动是不能解释晶体的热膨胀现象的.

如果考虑非简谐振动(简称非谐振动)，则 $\phi(x)$ 至少应含有 x^3 项，即

$$\phi(x)=\phi(x_0)+\frac{1}{2}a(x-x_0)^2+\frac{1}{3!}b(x-x_0)^3 \tag{3.8.5}$$

若要继续保持简谐近似的形式，则恢复力系数仍为 $\beta=\left[\partial^2\phi(x)/\partial x^2\right]\Big|_{x_0}$，此时恢复力系数

$$\beta=a+b(x-x_0)$$

将是一个与体积有关的量. 因而 $\omega_j(q)$ 也将与晶体体积有关，由此看到只有考虑晶格的非谐振动，才能解释晶体的热膨胀现象. 事实上，晶体的热膨胀确实是由晶格振动的非谐效应引起的.

这可以从图 3.8.1 所示的晶格振动的势能曲线得以说明：在简谐近似下，由于势能曲线对平衡点是对称的，温度升高，原子振动加剧，但其平均位置仍是平衡位置，所以晶体的体积并没有增大. 当考虑非谐振动时，由于势能曲线不再对平衡点对称，随温度升高，原子振动能量增大，原子的平均位置将偏离平衡位置，因而原子间距离增大，宏观上就表现为热膨胀. 从动力学上说，非谐振动时，势能曲线在 $x-x_0<0$ 一边比简谐势能曲线更陡斜，表示排斥作用加强；在 $x-x_0>0$ 一边，比简谐势能曲线更平缓，表示吸引力减弱. 因此，非谐振动，使得原子间产生一定的相互斥力，从而引起热膨胀. 所以说热膨胀是一种晶格振动的非谐效应.

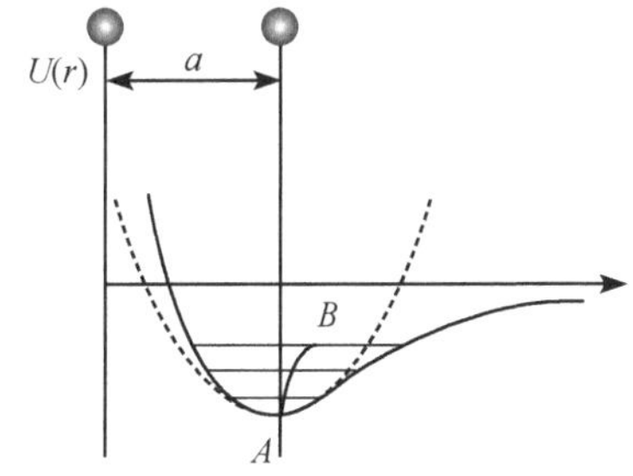

图 3.8.1 非谐效应与热膨胀

3.8.3 格林艾森状态方程

现在我们考虑建立一个非谐振动下晶体的状态方程.

如果考虑倒晶格的非谐振动，格波之间将不再是相互独立的，因而要在自由能中表示出非谐振动的贡献是非常困难的. 作为一种近似处理，我们仍认为晶格的状态方程具有式(3.8.2)的形式. 非谐振动的影响只是使晶格振动频率成为与体积有关的量. 但是，即使如此，式(3.8.2)仍是非常复杂的. 为此，格林艾森提出了一个有用的近似，把式(3.8.2)改写成

$$p=-\frac{\partial U}{\partial V}-\sum_{j,p}\left(\frac{1}{2}\hbar\omega_j(q)+\frac{\hbar\omega_j(q)}{\mathrm{e}^{\hbar\omega_j(q)/(k_\mathrm{B}T)}-1}\right)\frac{1}{V}\frac{\partial\ln\omega_j(q)}{\partial\ln V} \tag{3.8.6}$$

令式中 U 表示与体积相关的结合能.

$$\gamma=-\frac{\partial\ln\omega_j(q)}{\partial\ln V} \tag{3.8.7}$$

表示频率随体积变化的量，它是一个无量纲的量. 格林艾森假设它对所有的振动都相同. 即认为是一个与频率无关的常数，称为格林艾森常数. 这样式(3.8.2)成为下述的**格林艾森状态方程**

$$p=-\frac{\mathrm{d}U}{\mathrm{d}V}+\gamma\frac{\bar{E}}{V} \tag{3.8.8}$$

式中，$\bar{E}=\sum_{j,p}\left(\frac{1}{2}\hbar\omega_j(q)+\frac{\hbar\omega_j(q)}{\mathrm{e}^{\hbar\omega_j(q)/(k_{\mathrm{B}}T)}-1}\right)$ 为晶格平均振动能量. 式(3.8.8)中的第一项与静晶格能量有关，称为冷压. 第二项与晶格振动有关，称为热压.

非谐振动的格林艾森方程可直接用来讨论晶体的热膨胀. 热膨胀是在 $p=0$ 的情况下，V 随 T 的变化关系. 令式(3.8.8)中 $p=0$，有

$$\frac{\mathrm{d}U}{\mathrm{d}V}=\gamma\frac{\bar{E}}{V} \tag{3.8.9}$$

对大多数固体，体积变化不大，因此可将$\frac{\mathrm{d}U}{\mathrm{d}V}$在晶格不振动时的平衡晶体体积 V_0 点展开有

$$\frac{\mathrm{d}U}{\mathrm{d}V}=\left(\frac{\mathrm{d}U}{\mathrm{d}V}\right)_{V_0}+\left(\frac{\mathrm{d}^2U}{\mathrm{d}V^2}\right)_{V_0}(V-V_0)+\cdots$$

上式第一项为零，如果只取到一次项，则上式变成

$$\frac{\mathrm{d}U}{\mathrm{d}V}=\left(\frac{\mathrm{d}^2U}{\mathrm{d}V^2}\right)_{V_0}(V-V_0)=V_0\left(\frac{\mathrm{d}^2U}{\mathrm{d}V^2}\right)_{V_0}\frac{V-V_0}{V_0}=K\frac{V-V_0}{V_0} \tag{3.8.10}$$

式中，$K=-V_0(\partial p/\partial V)_T=V_0(\mathrm{d}^2U/\mathrm{d}V^2)_{V_0}$ 是体积为 V_0 时的体弹模量. 代入式(3.8.9)，得

$$\frac{V-V_0}{V_0}=\frac{\gamma}{K}\frac{\bar{E}}{V} \tag{3.8.11}$$

因为 $V-V_0$ 是小量，令 $\mathrm{d}V=V-V_0$，式(3.8.11)又可写成

$$\frac{\mathrm{d}V}{V_0}=\frac{\gamma}{K}\frac{\bar{E}}{V} \tag{3.8.12}$$

上式两端对温度 T 求微商，可得热膨胀系数

$$\alpha=\frac{1}{V_0}\frac{\mathrm{d}V}{\mathrm{d}T}=\frac{\gamma}{K}\frac{C_V}{V} \tag{3.8.13}$$

此关系式称为**格林艾森定律**，它表明固体的热膨胀系数与热容量成正比. 大量的固体材料的实验测定证实了这一点. 并且，测出 α、K、C_V、V 便可由式(3.8.13)确定 γ 实验表明，γ 随温度变化确实不大，γ 一般为 1～3.

在本节的最后，我们介绍软模的概念. 由于非谐效应使晶格振动频率成为与体积有关的量，而且对不同模式的影响是不同的，当非谐效应在某个特定的温度下引

起某个模式的频率 ω 趋于零，而波矢 $\boldsymbol{q}$ 保持有限，则此模式称为**软模**(soft mode). 当这种情况发生时，和软模模式相联系的原子的位移与时间无关，因而原子产生一个持久不变的位移. 因此软模提供了一个从一种晶体结构到另一种结构的机制. 这种相变称之为位移相变. 例如，一般来说在高温时晶体具有较高的对称性，随着温度降低到临界温度以下时，与软模相联系的位移开始成长. 对离子晶体来说，由于零波数横光学软模产生的正负离子的相对位移，导致其低温相一个永久的电极化，因此离子晶体在低温相是铁电相的.

3.9 晶格热传导

当系统处于非衡状态时，将会有热能在系统中传输，称为热传导. 关于热传导的傅里叶实验定律表明，单位时间通过物体单位面积的热能与温度梯度成正比. 即

$$j_Q = -K\,\nabla T \tag{3.9.1}$$

式中，j_Q 为热能流密度矢量，K 称为热导系数. 显然，热导系数 K 反映了物体的导热性质. 对气体系统，利用气体分子运动理论或者平衡统计理论，可得到气体系统的热导系数

$$K = \frac{1}{3} C_V \bar{v} l \tag{3.9.2}$$

式中，C_V 是定容比热容，$\bar{v}$ 为气体热运动的平均速度，l 是平均自由程. 本节讨论固体的晶格热传导及热导率.

3.9.1 绝缘晶体的热传导与非谐效应

固体的热传导，可以通过电子运动，也可以通过晶格振动的传播或者说通过声子的运动来实现. 前者称为电子热导，后者称为晶格热导. 绝缘晶体的热传导是晶格热传导.

在简谐近似下，晶格振动可以描述成一系列相互独立的谐振子. 这些振动之间不发生相互作用，因而也不能交换能量. 也就是说在晶体中某处激发的晶格振动，将以不变的频率和振幅传播到晶体的其他地方，使那里的晶格振动具有同样的频率和振幅. 这样就把热能从晶体中的一处传到了另一处. 用声子的观点来说，不同的声子是相互独立的，没有相互作用. 一旦某种声子激发出来，它的数目就一直保持不变，且不与其他声子交换能量，这样的声子气体永远不能达到热平衡状态. 它们可以毫无阻碍地在晶体中运动. 也就是说不需存在温度梯度，晶体中就有热流存在，即热导率 K 为无穷大. 这显然是不符合事实的. 因此，要解释热传导现象，必须考虑非谐振动的效应.

考虑到非谐振动，如式(3.8.5)所示，相互作用势 $\phi(x)$ 至少含有 $(x-x_0)^3$ 项.

这时晶格的振动就不能用简谐振动来描述. 由于晶格振动一般都是微小振动,可作某种近似处理. 在微振情况下$(x-x_0)^3$ 比起$(x-x_0)^2$项是一高阶小量,因而可把三次项 $(x-x_0)^3$ 当作微扰处理. 这时晶格振动仍然可以描述成一系列的谐振子,但是由于微扰项的存在,这些线性谐振子不再是相互独立的,而是相互作用的,即声子之间不再是相互独立的.

在研究晶格热传导问题时,可把晶体看成是由众多声子组成的体系——声子气体. 声子之间存在相互碰撞. 因此,可把普通气体的热传导系数的公式(3.9.2)直接用到声子气体上,即晶格振动的热传率 K 为

$$K=\frac{1}{3}C_V\bar{v}l \tag{3.9.3}$$

式中,C_V 为晶格的定容比热容,$\bar{v}$ 为声子的平均速度,可由色散关系及声子的统计分布求得(为简化通常取固体的声速);l 为声子的平均自由程. 声子的平均自由程的大小由两种过程来决定:一是声子之间的碰撞,它是非谐效应的反映;二是晶体中的杂质、缺陷以及晶体边界对声子的散射. 下面我们就这两种过程作简要介绍并讨论热导率对温度的依赖关系.

3.9.2　声子-声子碰撞

非谐作用势对简谐哈密顿的微扰作用,导致振动从一个简谐本征态到另一个简谐本征态的跃迁. 也就是说它导致声子的产生、消灭. 如果只近似到势能的三次项,它对应 3 声子过程;两个声子碰撞产生另一个声子或一个声子劈裂成两个声子. 如同真实粒子一样,声子在碰撞过程中满足能量和准动量守恒定律,如声子 1 和声子 2 碰撞产生声子 3. 则有

$$\begin{aligned}\hbar\omega_1+\hbar\omega_2&=\hbar\omega_3\\ \hbar\boldsymbol{q}_1+\hbar\boldsymbol{q}_2&=\hbar(\boldsymbol{q}_3+\boldsymbol{G})\end{aligned} \tag{3.9.4}$$

式中,$\boldsymbol{G}$ 为倒格波矢. 上述碰撞过程按照 $\boldsymbol{G}$ 是否为零,分成以下两类:

1) 正常过程(N 过程)

若 $\boldsymbol{G}=0$,则有

$$\hbar\boldsymbol{q}_1+\hbar\boldsymbol{q}_2=\hbar\boldsymbol{q}_3 \tag{3.9.5}$$

它表示这样一种情况:$\boldsymbol{q}_1$ 和 $\boldsymbol{q}_2$ 都比较小,或它们的夹角较大,以至合成的 $\boldsymbol{q}_3$ 仍在第一布里渊区内,如图 3.9.1(a)所示,图中的正方形表示第一布里渊区. 这种情况碰撞前后声子的总能量和总动量没有发生改变,只是把两个声子的能量、动量传给了第三个声子,净的热能流并不因碰撞而减少,热能流的方向也不因碰撞而偏转,这种过程称为正常过程(normal process,N 过程). 如果声子的碰撞都是 N 过程,那么晶体的热导律将无穷大. 但正常过程可以使声子之间交换能量和动量,会对建

立声子的热平衡起不可或缺的作用.

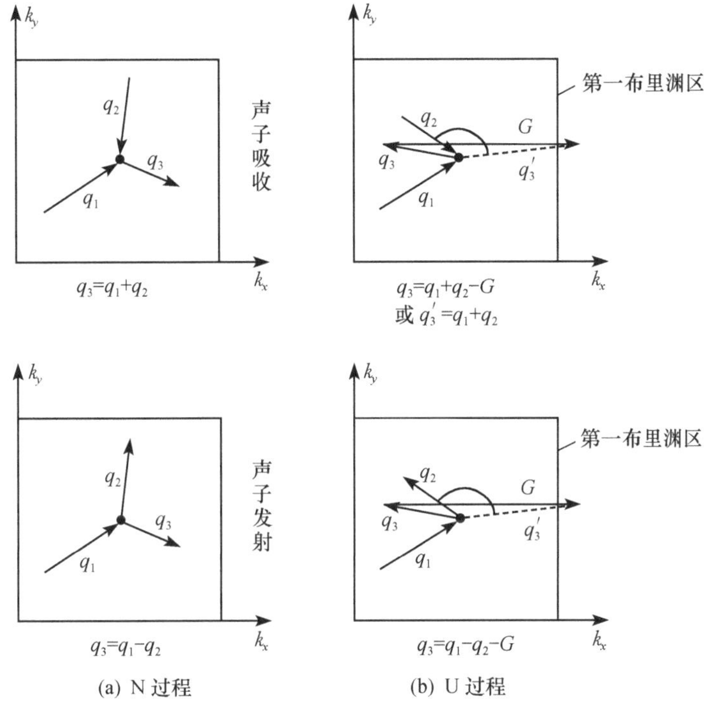

图 3.9.1 N 过程和 U 过程中声子的吸收和发射

2) 倒逆过程(U 过程)

对于 $G\neq 0$ 的情况,式(3.9.5)所表示的碰撞过程称为倒逆过程(umklapp process,U 过程). 它对应的情况是,$\boldsymbol{q}_1+\boldsymbol{q}_2$ 足够大,以至 $\boldsymbol{q}_3$ 落在第一布里渊区之外,如图 3.9.1(b)所示. 由于声子谱的周期性,波矢 $\boldsymbol{q}_3$ 与波矢 $\boldsymbol{q}_3+\boldsymbol{G}$ 是等价的,选择适当的 $\boldsymbol{G}$,可使 $\boldsymbol{q}_3$ 移到第一布里渊区内. 它表示一种大角度散射,此时声子的准动量不守恒,声子的运动方向有了很大的改变,从而改变了热流方向. 所以声子碰撞的 U 过程对热阻有贡献.

U 过程对热阻的贡献是由于 U 过程减少了声子的平均自由程. 而声子的平均自由程(与气体类似,可表示为 $l=1/(\sqrt{2}\pi d^2 n)$,又密切依赖于温度. 下面就两种典型情况讨论 U 过程对热导率的影响.

高温时,$T\gg\Theta_{\mathrm{D}}$,平均声子数目与 T 成正比,有

$$\bar{n}(q)=\frac{1}{\mathrm{e}^{\hbar\omega(q)/(k_{\mathrm{B}}T)}-1}\approx\frac{k_{\mathrm{B}}T}{\hbar\omega(q)} \tag{3.9.6}$$

温度越高,平均声子数目越大,而且较多的声子具有较大的、足以产生倒逆过程的

波矢. 因此声子发生倒逆碰撞的概率增大，且正比于 n. 从而平均自由程减少，且反比于 n，即反比于 T. 考虑到高温情况下晶格热容与温度无关(经典极限情况)，因此由式(3.9.3)可知，热导率

$$K \sim \frac{1}{T} \tag{3.9.7}$$

与温度成反比.

在低温情况下，$T \ll \Theta_D$，从式(3.9.5)看出，能够产生倒逆过程声子的波矢至少应具有倒格子原胞基矢的一半 $\frac{1}{4}\boldsymbol{G}_0$ 的大小. 相应平均能量为

$$\frac{1}{2}\hbar\omega_D = \frac{1}{2}k_B\Theta_D$$

由玻尔兹曼分布可知，激发这种声子的概率正比于 $e^{-k_B\Theta_D/(2k_BT)} = e^{-\Theta_D/(2T)}$，而平均自由程与声子密度数成反比，所以低温下热导系数与温度的关系大体上为

$$K \sim e^{\Theta_D/(2T)} \tag{3.9.8}$$

一般说来，在不同温度范围，倒逆过程引起的热导率有不同的温度关系.

3.9.3　杂质和边界散射　尺寸效应

除了声子的 U 过程外，晶体中的杂质、缺陷也将散射声子产生热阻. 在不太低温度下，杂质和缺陷对热导系数的影响是显著的. 但是，在 $T \to 0$ 时，晶体中主要激发波长很长的声子，这时由于衍射作用，杂质、缺陷不再是有效的散射体.

如果只考虑声子与杂质和缺陷的散射，在 $T \to 0$ 时，应有 $K \to \infty$，但实验表明，即使在很纯的、接近理想的晶体中，热导率仍是有限的. 这是因为边界对声子的散射所致. 随温度降低，声子平均自由程 l 增大. 当 l 增大到与晶体线度 L 可相比时，l 值便受到边界的限制，不再增大. 且在很低温度下，U 过程出现的概率很小，边界散射成为主要因素，因而热导率变成晶体线度 L 的函数：

$$K \sim \frac{1}{3}vC_VL$$

当声子的平均自由程与样品尺寸可比拟时，样品的热导率依赖于样品的尺寸和形状. 我们称此为**尺寸效应**. 一般温度下，平均自由程为纳米量级，这就是纳米材料具备一些奇异性质的原因之一.

由于低温下 C_V 与 T^3 成正比，所以边界散射热导率与温度的关系为

$$K \sim T^3$$

图 3.9.2 给出了 LiF 晶体的热导率 $K(T)$ 与样品尺寸之间的关系. 图 3.9.3 给出了 LiF 晶体中杂质 Li 同位素含量与热导率的关系曲线. 我们可从中看到只有在中间一段温度范围内杂质的散射的效应才是显著的.

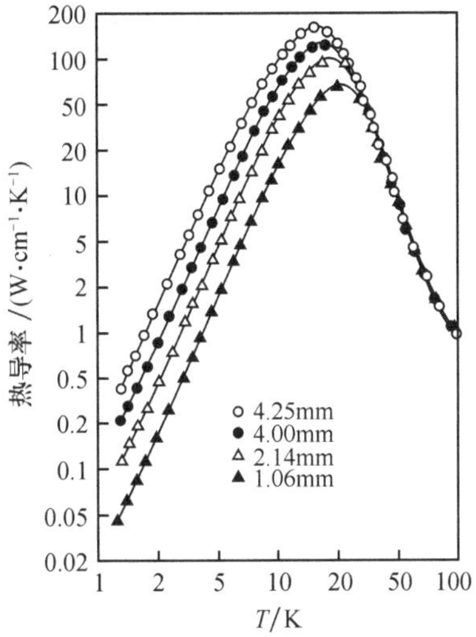

图 3.9.2 热导率与样品尺寸之间的关系

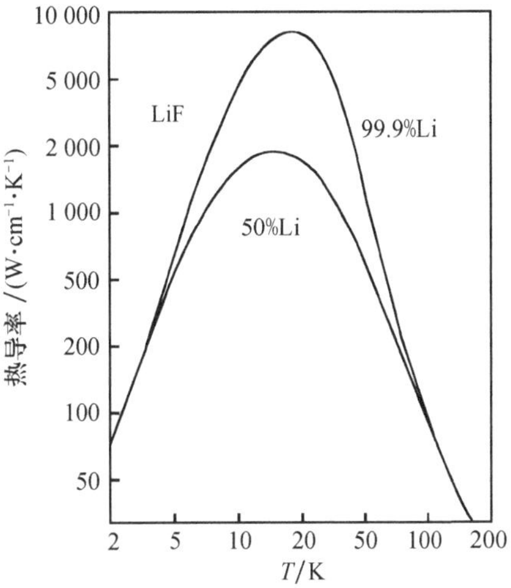

图 3.9.3 热导率与杂质

本 章 要 点

1. 晶格振动

格波：晶格中的原子的集体振动形式. 其特点是每一个原子都有相同的振动频率、振幅，但不同原子间的振动相位有一个与距离有关的差值，即振动以波的形式在晶体中传播.

简谐格波振动模式：在简谐近似和最近邻近下，一维单原子晶格中第 n 个格点的运动方程是

$$m\frac{\mathrm{d}^2u_n}{\mathrm{d}t^2}=\beta(u_{n+1}+u_{n-1}-2u_n)$$

其解是

$$u_n(x,t)=A\mathrm{e}^{\mathrm{i}(naq-\omega t)}$$

称为简谐格波，它是晶体中最基本、最简单的集体振动形式. 由每一组由$(\omega、q)$确定的简谐格波称为一种振动模式.

色散关系：格波频率 ω 与波矢 q 之间所满足的关系

$$\omega=\omega(q)$$

称为色散关系.

声学波、光学波：描述原胞质心运动的格波称为声学波；描述原胞中各原子相对运动的格波称为光学波.

格波模式数：在周期性边界条件假定下，引入布里渊区概念，这样若晶体由 N 个原胞组成，每一个原胞有 P 个原子，则晶体共有 $3PN$ 个振动模式，这 $3PN$ 个振动模式又可分为 $3P$ 支，每一支有 N 个不同的振动模式，其 ω、q 满足同一色散关系. 这 $3P$ 支中有 3 支是声学波，$3P-3$ 支是光学波.

模式密度：第 j 支格波单位频率间隔中的格波数目为

$$g_j(\omega)=\frac{V}{(2\pi)^3}\int\frac{\mathrm{d}s_\omega}{|\nabla_q\omega_j(q)|}$$

2. 声子、声子与粒子的碰撞

声子：格波能量是量子化的，频率为 ω 的格波其能量只能为 $E=(n+1/2)\hbar\omega_0$，称最小能量单位 $\hbar\omega$ 为声子. 每一种振动模式与一种声子相对应. 晶体中共有 $3PN$ 种声子，除其能量为 $\hbar\omega$ 外，声子还具有准动量 $\hbar\boldsymbol{q}$.

声子数目：频率为 ω 的声子数目 $\bar{n}$ 在温度为 T 时，有

$$\bar{n}=\frac{1}{\mathrm{e}^{\hbar\omega/(k_\mathrm{B}T)}-1}$$

声子是玻色子.

光子、中子及其他粒子与声子的散射：晶格对粒子的作用可用声子与粒子的散射描述.

若用 ω、ω'、$\boldsymbol{k}$、$\boldsymbol{k}'$分别表示入射粒子和散射粒子的频率和波矢，以 ω_q、q 表示声子的频率和波矢，则有

$$\hbar\omega=\hbar\omega'\pm\hbar\omega_q$$

$$\hbar\boldsymbol{k}=\hbar\boldsymbol{k}'\pm\hbar\boldsymbol{q}\pm\hbar\boldsymbol{G}$$

式中，$\boldsymbol{G}$ 为倒格矢.

黄昆方程：离子晶体中离子的相对位移 $\boldsymbol{W}$ 和极化强度 $\boldsymbol{P}$ 满足

$$\ddot{\boldsymbol{W}}=b_{11}\boldsymbol{W}+b_{12}\boldsymbol{E}$$

$$\boldsymbol{P}=b_{21}\boldsymbol{W}+b_{22}\boldsymbol{E}$$

式中，b_{11}、$b_{12}=b_{21}$、b_{22}是与介质固有性质有关的常数(见式(3.5.18)).

LST 关系：纵光学波与横光学波频率之间满足

$$\frac{\omega_\mathrm{L}^2}{\omega_\mathrm{T}^2}=\frac{\varepsilon_\mathrm{r}(0)}{\varepsilon_\mathrm{r}(\infty)}$$

3. 晶格振动，比热容

晶格振动的自由能

$$F_V = \sum_j^{3P} \int g_j(\omega) \mathrm{d}\omega_j(q) \left\{ \frac{1}{2}\hbar\omega_j(q) + k_B T \ln[1 - \mathrm{e}^{-\hbar\omega_j(q)/(k_B T)}] \right\}$$

晶格振动比热容

$$C_V = k_B \sum_j^{3P} \int g_j(\omega) \mathrm{d}\omega_j(q) \left(\frac{\hbar\omega_j}{k_B T} \right)^2 \frac{\mathrm{e}^{\hbar\omega_j(q)/(k_B T)}}{[\mathrm{e}^{\hbar\omega_j(q)/(k_B T)} - 1]^2}$$

高温时可用爱因斯坦模型简化计算,低温时可用德拜模型简化计算.

4. 晶格热膨胀

热膨胀是晶格振动的非谐效应.

格林艾森状态方程:考虑到非谐效应,格波的频率应与晶体体积有关,若假设

$$\gamma = -\frac{\partial \ln \omega_j(q)}{\partial \ln V}$$

是一个与频率无关的常数,则间隔的状态方程可写成

$$p = -\frac{\mathrm{d}U}{\mathrm{d}V} + \gamma \frac{\bar{E}}{V}$$

热膨胀系数:$\alpha = \frac{\gamma}{K}\frac{C_V}{V}$,$K$ 为体弹模量.

5. 晶格热传导

热阻是晶格非谐振动的另一效应. 可用声子间的碰撞来描述非简谐项的影响.

N 过程、U 过程:声子碰撞时,若满足

$$\hbar\boldsymbol{q}_1 + \hbar\boldsymbol{q}_2 = \hbar\boldsymbol{q}_3$$

则称为 N 过程. 若

$$\hbar\boldsymbol{q}_1 + \hbar\boldsymbol{q}_2 = \hbar\boldsymbol{q}_3 + \hbar\boldsymbol{G}$$

则称为 U 过程,它相对声子的大角散射,是产生热阻的原因.

热导系数 K:高温时 $K \sim \frac{1}{T}$

低温时 $K \sim \mathrm{e}^{\Theta_D/(2T)}$

思 考 题

3.1 晶格振动对晶体的哪些性质有影响?

3.2 采用周期性边界条件的根据是什么? 它揭示了振动状态的哪些特点?

3.3 讨论晶格振动时,引入布里渊区概念的根据是什么? 利用布里渊区概念可得到哪些主要结论?

3.4 分析简正坐标和简正振动在讨论晶格振动问题中所起的作用.

3.5 声子是否为真实粒子? 在热平衡条件下的晶体中说声子从一处跑到另一处有无意

义？声子可以有多少种？为什么说声子是玻色子？

3.6　分析德拜温度的物理意义；分析低温下晶格定容比热容 $C_V \propto T^3$ 定律的物理模型.

3.7　若晶格作严格的简谐振动，则格林艾森常数等于什么？

3.8　简单说明严格谐振动晶格不会热膨胀的原因.

习　题

3.1　设一维双原子链最近邻原子间的力常数交错地分别为 β 和 10β，两种原子质量相等并且最邻近间距为 $a/2$. 试求在 $q=0$ 和 $q=\pi/a$ 处的 $\omega(a)$，并大致画出色散关系曲线. 本题可模拟双原子分子晶体(如 H_2 晶体等).

3.2　设有一二维简单正方晶格，原子的质量为 M，最近邻原子间的弹性恢复力常数为 β. 若 $u_{1,m}$ 表示第 1 列、第 m 行的原子垂直于点阵面的位移，

(1) 证明运动方程为

$$M\frac{\mathrm{d}^2 u_{l,m}}{\mathrm{d}t^2}=\beta[(u_{l+1,m}+u_{l-1,m}-2u_{l,m})+(u_{l,m+1}+u_{l,m-1}-2u_{l,m})]$$

(2) 假定上述方程的解为

$$u_{l,m}=u(0)\exp[\mathrm{i}(lq_x a+mq_y a-\omega t)]$$

式中，a 是最近邻原子间的间距，试证其色散关系为

$$\omega^2=\frac{2\beta}{M}[2-\cos(q_x a)-\cos(q_y a)]$$

(3) 试证存在独立解得 q 空间的区域可以取作边长为 $2\pi/a$ 的正方形，这就是正方格子的第一布里渊区. 对于 $q=q_x$ 和 $q_y=0$，以及 $q_x=q_y$ 分别画出 ω 对 q 的关系曲线.

(4) 证明 $qa\ll 1$ 时，$\omega=(\beta a^2/M)^{1/2}(q_x^2+q_y^2)^{1/2}=(\beta a^2/M)^{1/2}q$.

3.3　若格波色散关系为 $\omega=cq^2$ 和 $\omega=\omega_0-cq^2$，试分别导出它们模式密度的表示式.

3.4　求出一维单原子链的模式密度，并导出低温下晶格比热容与温度的关系.

3.5　每个振动模式的零点振动能为 $\frac{1}{2}\hbar\omega_0$，试用德拜模型计算二维和三维晶格的总零点振动能. 设原子总数为 N，二维晶格面积为 S，三维晶格体积为 V.

3.6　用德拜近似计算二维晶格的热容表示式，论证低温极限下比热正比于 T^2.

3.7　证明频率为 ω 的声子模式的自由能为

$$k_{\mathrm{B}}T\ln\left[2\sinh\left(\frac{\hbar\omega}{2k_{\mathrm{B}}T}\right)\right]$$

3.8　已知 NaCl 晶体平均对每对离子的相互作用能为

$$u(r)=-\alpha\frac{q^2}{4\pi\varepsilon_0 r}+\frac{B}{r^n}$$

式中，马德隆常数 $\alpha=1.75$，$n=9$，平衡离子间距 $r_0=2.28\times10^{-10}$ m.

(1) 试求离子在平衡位置附近的振动频率.

(2) 计算与该频率相当的电磁波的波长，并与 NaCl 红外吸收频率的测量值 61μm 进行比较.

3.9 一维单原子链的链长 $L=Na$，a 为平衡晶格常数；相距为 r 的两原子间的势能为 $\phi(r)$. 试证明：

(1) 若只考虑最近邻原子间的相互作用，则各振动模式的格林艾森常数与波矢无关，并由下式给出

$$\gamma=-\frac{a\phi'''(a)}{2\phi''(a)}$$

(2) 若考虑到次近邻相互作用，则振动模式的格林艾森常数一般依赖于波矢 $\boldsymbol{q}$.

第 4 章 能带理论

除了第 3 章讨论的晶格振动外，固体中电子的运动状态同样对固体的力学、热学、电磁学、光学等物理性质有着非常重要的影响. 如固体之所以分成导体和绝缘体，就是因为这些固体的电子状态不同. 因此研究固体电子运动规律是固体物理学的一个重要内容，我们称之为固体电子理论. 随着人们对固体电子认识的逐步深入，陆续提出和发展了经典自由电子理论(Drude-Lorents 模型)、量子自由电子理论和能带理论. 能带理论是目前固体电子理论中最重要的理论，量子自由电子理论可以作为一种零级近似而归入能带理论. 本章介绍能带理论基本原理和一些近似方法.

4.1 能带理论的基本假定

能带理论是一个近似理论，本节说明能带理论作了哪些近似和假定.

实际晶体是由大量电子和原子核组成的多粒子体系. 由于电子与电子、电子与原子核、原子核与原子核之间存在着相互作用，一个严格的固体理论，必须求解下述多粒子体系的薛定谔方程：

$$\begin{aligned}&\Big[-\sum_i \frac{\hbar^2}{2m}\nabla_i^2-\sum_a \frac{\hbar^2}{2M_a}\nabla_a^2+\frac{1}{2}\sum\sum_{i\neq j}\frac{e^2}{4\pi\varepsilon_0\varepsilon_r r_{ij}}+V_0(\boldsymbol{R}_1\cdots\boldsymbol{R}_a\cdots)\\&+V(\boldsymbol{r}_1\cdots\boldsymbol{r}_i\cdots,\boldsymbol{R}_1\cdots\boldsymbol{R}_a\cdots)\Big]\phi(\cdots\boldsymbol{r}_i\cdots,\cdots\boldsymbol{R}_a\cdots)\\&=E\phi(\cdots\boldsymbol{r}_i\cdots,\cdots\boldsymbol{R}_a\cdots)\end{aligned}\tag{4.1.1}$$

式中，哈密顿表示中的动能项分别对电子坐标 i 和原子核坐标 a 求和. 第三项是电子之间的库仑作用势能，其中，ε_0、ε_r 分别是真空介电常量和固体相对介电常量. 第四项是原子核间的相互作用势能，最后一项是电子与核间的相互作用势能. 从而可得到多粒子体系的能量本征值及相应的电子本征态. 但是严格求解如此大量粒子组成的、复杂的多粒子体系的薛定谔方程是不可能的. 必须对方程(4.1.1)进行简化. 为此，能带理论作了如下近似和假定.

1. 绝热近似

考虑到电子质量 m 远小于原子核的质量 M，所以电子的速度 v_i 远大于原子核的速度 v_a，即 $v_i-v_a\gg v_a$. 因此，在考虑电子的运动时，可认为核是不动的，而电子是在固定不动的原子核产生的势场中运动. 在大多数情况下，人们最关心的是价电子.因为价电子对晶体性能的影响最大,并且在结合成晶体时,原子的价电子的状态变化最大.而原子的内层电子状态变化较小,因此可以把内层电子和原子核看成一个离子实,这样价电子就是在固定不变的离子场中运动.

按照上述假定,方程(4.1.1)中原子核(离子实)的动能项 $\sum_a\left[\frac{\hbar^2}{2M_a}\right]\nabla_a^2=0$,若适当选择势能零点使 $V_0(R_1\cdots R_a\cdots)=0$,就可得到电子系统的薛定谔方程

$$\left[-\sum_i\frac{\hbar^2}{2m}\nabla_i^2+\frac{1}{2}\sum_i\sum_{j\neq i}\frac{e^2}{4\pi\varepsilon_0\varepsilon_r r_{ij}}+V(\boldsymbol{r}_1\cdots\boldsymbol{r}_i\cdots,\boldsymbol{R}_1\cdots\boldsymbol{R}_a\cdots)\right]\varphi(\boldsymbol{r}_i\boldsymbol{R}_a)=E'\varphi(\boldsymbol{r}_i\boldsymbol{R}_a) \tag{4.1.2}$$

这种把电子系统与原子核(离子实)分开考虑的处理方法称为**绝热近似**.

2. 平均场近似

多电子体系的薛定谔方程(4.1.2)仍不能精确求解.这是因为任何一个电子的运动不仅与它自己的位置有关而且还与所有其他电子的位置有关,并且该电子自己也影响其他电子的运动.即所有电子的运动都是关联的.作为一种近似,我们可用一种平均场(自洽场)来代替价电子之间的相互作用,即假定每个电子所处的势场都相同,使每个电子的电子间相互作用势能仅与该电子的位置有关,而与其他电子的位置无关.引入 $\Omega_i(\boldsymbol{r}_i)$,使之

$$\sum_i\Omega_i(\boldsymbol{r}_i)=\frac{1}{2}\sum_i\sum_{j\neq i}\frac{e^2}{4\pi\varepsilon_0\varepsilon_r r_{ij}} \tag{4.1.3}$$

式中,$\Omega_i(\boldsymbol{r}_i)$代表电子 i 与所有其他电子的相互作用势能,它不仅考虑了其他电子对电子 i 的相互作用,而且也计入了电子 i 对其他电子的影响.除此之外,还可以把电子与核之间相互作用能 $V(\boldsymbol{r}_1\cdots\boldsymbol{r}_i\cdots,\boldsymbol{R}_1\cdots\boldsymbol{R}_a\cdots)$改写成

$$V(\boldsymbol{r}_1\cdots\boldsymbol{r}_i\cdots,\boldsymbol{R}_1\cdots\boldsymbol{R}_a\cdots)=\sum_i\sum_a u_{ia}=\sum_i u_i \tag{4.1.4}$$

式中,$\sum_a u_{ia}=u_i$ 表示所有核对第 i 个电子的作用势能,u_{ia} 是第 i 个电子与第 a 个核之间的相互作用势能.在上述近似下,每个电子都处在同样的势场中运动,若用 $\hat{H}$ 代表第 i 个电子的哈密顿算符,即

$$\hat{H}_i=-\frac{\hbar^2}{2m}\nabla_i^2+\Omega_i(\boldsymbol{r}_i)+u_i(\boldsymbol{r}_i) \tag{4.1.5}$$

则电子体系的哈密顿算符 $\hat{H}$ 为单个电子的 $\hat{H}_i$ 之和,即

$$\hat{H}=\sum_i\hat{H}_i \tag{4.1.6}$$

方程(4.1.2)成为

$$\hat{H}\varphi(\boldsymbol{r}_1\cdots\boldsymbol{r}_i\cdots)=E'\varphi(\boldsymbol{r}_1\cdots\boldsymbol{r}_i\cdots) \tag{4.1.7}$$

由分离变量法,令

$$\varphi(\boldsymbol{r}_1\cdots\boldsymbol{r}_i\cdots)=\prod_i\varphi_i(\boldsymbol{r}_i)$$

$$E'=\sum_i E_i$$

代入方程(4.1.7),得

$$\hat{H}_i\varphi_i(\boldsymbol{r}_i)=E_i\varphi_i(\boldsymbol{r}_i) \tag{4.1.8}$$

即所有的电子都满足同样的薛定谔方程,可略去下标"i",只要解得 E_i 和 $\varphi_i(r_i)$,便可得晶体电子体系的电子状态和能量,使一个多电子体系的问题简化成一个电子问题,所以上述近似也称**单电子近似**.

3. 周期势场假定

式(4.1.5)中的势能项为

$$V(\boldsymbol{r})=\Omega(\boldsymbol{r})+u(\boldsymbol{r}) \tag{4.1.9}$$

由于 $u(r)=\sum_a u_a$ 是原子实对电子的势能,它具有与晶格相同的周期,$\Omega(\boldsymbol{r})$代表一种平均势能,应是恒量.因此 $V(\boldsymbol{r})$具有晶格周期性.如果假定晶格是严格周期性的,那么 $V(\boldsymbol{r})$也是严格周期性的,即

$$V(\boldsymbol{r})=V(\boldsymbol{r}+\boldsymbol{R}_n) \tag{4.1.10}$$

式中,$\boldsymbol{R}_n$ 是晶格平移矢量.

综上所述,在单电子近似和晶格周期场假定下,就把多电子体系问题简化为在晶格周期势场 $V(\boldsymbol{r})$的单电子定态问题,即

$$\left[-\frac{\hbar^2}{2m}\nabla^2+V(\boldsymbol{r})\right]\varphi(\boldsymbol{r})=E\varphi(\boldsymbol{r}) \tag{4.1.11}$$

这种建立在单电子近似基础上的固体电子理论称为**能带理论**.

4.2 周期场中单电子状态的一般属性

本节,我们不考虑势场 $V(\boldsymbol{r})$的具体形式,仅从 $V(\boldsymbol{r})$的周期性出发,一般性地讨论在晶格周期势场中运动的单电子的波函数和能量所具有的属性.

4.2.1 布洛赫定理

布洛赫定理是关于晶格周期场中运动的单电子波函数所具有的形式的定理:在单电子近似下,如果电子的势能 $V(\boldsymbol{r})$是晶格周期的函数 $V(\boldsymbol{r})=V(\boldsymbol{r}+\boldsymbol{R}_n)$,则方程(4.1.11)的本征函数 $\varphi(\boldsymbol{r})$具有下述调幅平面波的形式:

$$\varphi(\boldsymbol{r})=u_k(\boldsymbol{r})\mathrm{e}^{\mathrm{i}\boldsymbol{k}\cdot\boldsymbol{r}} \tag{4.2.1}$$

式中

$$u_k(\boldsymbol{r}+\boldsymbol{R}_n)=u_k(\boldsymbol{r})$$

是一个具有晶格周期性的函数，$\boldsymbol{k}$ 是一个实矢量. 通常把式(4.2.1)所表示的波函数称为**布洛赫函数**或**布洛赫波**.

为了证明布洛赫定理，引入平移算符 $\hat{T}(\boldsymbol{R}_n)$. 定义为：它作用在任意函数 $f(\boldsymbol{r})$ 上，则有

$$\hat{T}(\boldsymbol{R}_n)f(\boldsymbol{r}) = f(\boldsymbol{r}+\boldsymbol{R}_n) \tag{4.2.2}$$

根据上述定义，显然有

$$\hat{T}(\boldsymbol{R}_n)\hat{T}(\boldsymbol{R}_m) = \hat{T}(\boldsymbol{R}_n+\boldsymbol{R}_m) \tag{4.2.3}$$

而且任意两个平移算符 $\hat{T}(\boldsymbol{R}_m)$、$\hat{T}(\boldsymbol{R}_n)$ 相互对易，有

$$\hat{T}(\boldsymbol{R}_m)\hat{T}(\boldsymbol{R}_n)f(\boldsymbol{r}) = \hat{T}(\boldsymbol{R}_m)f(\boldsymbol{r}+\boldsymbol{R}_n) = f(\boldsymbol{r}+\boldsymbol{R}_n+\boldsymbol{R}_m) = \hat{T}(\boldsymbol{R}_n)\hat{T}(\boldsymbol{R}_m)f(\boldsymbol{r})$$

即

$$\hat{T}(\boldsymbol{R}_m)\hat{T}(\boldsymbol{R}_n) - \hat{T}(\boldsymbol{R}_n)\hat{T}(\boldsymbol{R}_m) = [\hat{T}(\boldsymbol{R}_m),\hat{T}(\boldsymbol{R}_n)] = 0 \tag{4.2.4}$$

现在讨论平移算符与晶体单电子哈密顿算符 $\hat{H}=-[\hbar^2/(2m)]\nabla^2+V(\boldsymbol{r})$ 的对易关系. 由于势场的晶格周期性，有

$$\hat{T}(\boldsymbol{R}_n)V(\boldsymbol{r}) = V(\boldsymbol{r}+\boldsymbol{R}_n) = V(\boldsymbol{r})$$

式中，$\boldsymbol{R}_n$ 是晶格平移矢量. 另一方面，由于

$$\hat{T}(\boldsymbol{R}_n)\mathrm{d}x = \mathrm{d}(x+\boldsymbol{R}_n) = \mathrm{d}x$$

同理有

$$\hat{T}(\boldsymbol{R}_n)\ \nabla_{\boldsymbol{r}}^2 = \nabla_{\boldsymbol{r}+\boldsymbol{R}_n}^2 = \nabla_{\boldsymbol{r}}^2$$

所以有

$$\hat{T}(\boldsymbol{R}_n)\hat{H}(\boldsymbol{r}) = \hat{H}(\boldsymbol{r}+\boldsymbol{R}_n) = \hat{H}(\boldsymbol{r}) \tag{4.2.5}$$

由此可知

$$\hat{T}(\boldsymbol{R}_n)\hat{H}(\boldsymbol{r})f(\boldsymbol{r}) = \hat{H}(\boldsymbol{r}+\boldsymbol{R}_n)f(\boldsymbol{r}+\boldsymbol{R}_n) = \hat{H}(\boldsymbol{r})\hat{T}(\boldsymbol{R}_n)f(\boldsymbol{r})$$

由于 $f(\boldsymbol{r})$是任意的，上式表明 $\hat{T}(\boldsymbol{R}_n)$与 $\hat{H}$ 是对易的，即

$$\hat{T}(\boldsymbol{R}_n)\hat{H}(\boldsymbol{r}) - \hat{H}(\boldsymbol{r})\hat{T}(\boldsymbol{R}_n) = [\hat{T}(\boldsymbol{R}_n),\hat{H}(\boldsymbol{r})] = 0$$

考虑到式(4.2.4)，可知 $\hat{H}$ 和所有的晶格平移算符对易.

根据量子力学原理，$\hat{T}(\boldsymbol{R}_n)$和 $\hat{H}(\boldsymbol{r})$有共同的本征函数. 设它们的共同本征函数为 $\varphi(\boldsymbol{r})$，则有

$$\hat{H}\varphi(\boldsymbol{r}) = E\varphi(\boldsymbol{r}) \tag{4.2.6}$$

$$\hat{T}(\boldsymbol{R}_n)\varphi(\boldsymbol{r}) = A(\boldsymbol{R}_n)\varphi(\boldsymbol{r}) = \varphi(\boldsymbol{r}+\boldsymbol{R}_n) \tag{4.2.7}$$

式中，E、$A(\boldsymbol{R}_n)$分别为 $\hat{H}$、$\hat{T}$ 的本征值. 因为 $\varphi(\boldsymbol{r})$和 $\varphi(\boldsymbol{r}+\boldsymbol{R}_n)=A(\boldsymbol{R}_n)\varphi(\boldsymbol{r})$都是 $\hat{H}$ 的本征函数，故要求它们都满足归一化条件. 假定已经归一化，则有

$$\int |\varphi(r+R_n)|^2\mathrm{d}\tau = |A(R_n)|^2\int |\varphi(r)|^2\mathrm{d}\tau = 1$$

即

$$|A(\boldsymbol{R}_n)|^2 = 1 \tag{4.2.8}$$

同时，由于

$$\hat{T}(\boldsymbol{R}_n)\hat{T}(\boldsymbol{R}_m)\varphi(\boldsymbol{r}) = \hat{T}(\boldsymbol{R}_n+\boldsymbol{R}_m)\varphi(\boldsymbol{r}) = A(\boldsymbol{R}_n+\boldsymbol{R}_m)\varphi(\boldsymbol{r})$$

及

$$\hat{T}(\boldsymbol{R}_n)\hat{T}(\boldsymbol{R}_m)\varphi(\boldsymbol{r}) = A(\boldsymbol{R}_m)A(\boldsymbol{R}_n)\varphi(\boldsymbol{r})$$

比较上面两式，得

$$A(\boldsymbol{R}_n+\boldsymbol{R}_m) = A(\boldsymbol{R}_m)A(\boldsymbol{R}_n) \tag{4.2.9}$$

由式(4.2.8)和(4.2.9)可知，$A(\boldsymbol{R}_n)$的一般形式为

$$A(\boldsymbol{R}_n) = \mathrm{e}^{\mathrm{i}\boldsymbol{k}\cdot\boldsymbol{R}_n} \tag{4.2.10}$$

式中，$\boldsymbol{k}$ 为一实矢量. 因此

$$\varphi(\boldsymbol{r}+\boldsymbol{R}_n) = A(\boldsymbol{R}_n)\varphi(\boldsymbol{r}) = \mathrm{e}^{\mathrm{i}\boldsymbol{k}\cdot\boldsymbol{R}_n}\varphi(\boldsymbol{r}) \tag{4.2.11}$$

上式说明晶格周期场中单电子波函数 $\varphi(\boldsymbol{r})$在平移任意晶格矢量 $\boldsymbol{R}_n$ 后，波函数相差一个模量为 1 的相位因子. 由波函数的这个性质，很容易想到可以把波函数$\varphi(\boldsymbol{r})$写成下列形式：

$$\varphi(\boldsymbol{r}) = \mathrm{e}^{\mathrm{i}\boldsymbol{k}\cdot\boldsymbol{r}}u(\boldsymbol{r})$$

$$u(\boldsymbol{r}+\boldsymbol{R}_n) = u(\boldsymbol{r})$$

这正是式(4.2.1)所示的布洛赫函数. 我们也可以直接把式(4.2.11)称为布洛赫定理. 由布洛赫定理可知

$$|\varphi(\boldsymbol{r}+\boldsymbol{R})|^2 = |\varphi(\boldsymbol{r})|^2 = |u(\boldsymbol{r})|^2$$

即晶格周期场中电子在各原胞对应点上出现的概率相同.

4.2.2　波矢 $\boldsymbol{k}$ 的意义及取值

在布洛赫函数中的实矢量 $\boldsymbol{k}$ 起着标志电子状态的量子数作用，我们称之为**波矢**. 波函数和能量本征值都与 $\boldsymbol{k}$ 有关，不同的 $\boldsymbol{k}$ 表示电子的不同状态. 这里指出，在自由电子波函数中，波矢 $\boldsymbol{k}$ 有明确的物理意义：$\hbar\boldsymbol{k}$ 是自由电子的动量本征值. 但布洛赫函数不是动量本征函数，而是晶格周期场中电子能量的本征函数，所以 $\hbar\boldsymbol{k}$ 不是晶格电子的真实动量. 但它是一个具有动量量纲的量，而且在研究电子在外场下的运动，以及研究电子与声子、光子的相互作用时，我们将发现 $\hbar\boldsymbol{k}$ 起着动量的作用. 通常称 $\hbar\boldsymbol{k}$ 为电子的“**准动量**”或“晶体动量”.

在晶格周期场中电子究竟有多少可能的本征态，即 $\boldsymbol{k}$ 可取哪些值，是我们最为关心的问题. 和一切束缚态一样，$\boldsymbol{k}$ 的取值由边界条件确定. 和第 3 章中讨论类似，我们仍然选择周期性边界条件：设想在有限晶体之外还有无穷多个完全相同的晶体，它们相互平行地堆积充满整个空间，在各块晶体内相应位置上的电子的状态相同. 假定有限晶体在基矢 $\boldsymbol{a}_1$、$\boldsymbol{a}_2$、$\boldsymbol{a}_3$ 方向上的原胞数目分别是 N_1、N_2、N_3，这个条件就表示为

$$\varphi(\boldsymbol{r}+N_i\boldsymbol{a}_i) = \varphi(\boldsymbol{r}), \qquad i=1,2,3 \tag{4.2.12}$$

把布洛赫函数式(4.2.1)代入式(4.2.12),得

$$e^{i(k_1 N_1 a_1 + k_2 N_2 a_2 + k_3 N_3 a_3)} = 1$$

即

$$k_1 = \frac{l_1 \times 2\pi}{N_1 a_1}, \quad k_2 = \frac{l_2 \times 2\pi}{N_2 a_2}, \quad k_3 = \frac{l_3 \times 2\pi}{N_3 a_3}$$

式中,l_1、l_2、l_3 均为整数.

由倒格矢定义式(1.6.1)可知,$\boldsymbol{k}$ 一定是倒格矢.上式表示可写成

$$k_1 = \frac{l_1}{N_1} b_1, \quad k_2 = \frac{l_2}{N_2} b_2, \quad k_3 = \frac{l_3}{N_3} b_3 \tag{4.2.13}$$

或者

$$\boldsymbol{k} = \frac{l_1}{N_1}\boldsymbol{b}_1 + \frac{l_2}{N_2}\boldsymbol{b}_2 + \frac{l_3}{N_3}\boldsymbol{b}_3, \qquad l_1, l_2, l_3 = 0, \pm 1, \pm 2, \pm 3, \cdots \tag{4.2.14}$$

式中,$\boldsymbol{b}_1$、$\boldsymbol{b}_2$、$\boldsymbol{b}_3$ 为倒格子基矢.由此可知,波矢 $\boldsymbol{k}$ 在倒易空间中是均匀分布的,每个点都落在以$\frac{\boldsymbol{b}_1}{N_1}$、$\frac{\boldsymbol{b}_2}{N_2}$、$\frac{\boldsymbol{b}_3}{N_3}$为棱边的平行六面体的顶角上,每个状态代表点在倒易空间中所占的体积为

$$\frac{\boldsymbol{b}_1}{N_1} \cdot \left(\frac{\boldsymbol{b}_2}{N_2} \times \frac{\boldsymbol{b}_3}{N_3}\right) = \frac{1}{N_1 N_2 N_3} \frac{(2\pi)^3}{\Omega_d} = \frac{1}{N} \frac{(2\pi)^3}{\Omega_d} = \frac{(2\pi)^3}{V}$$

式中,V 为晶体体积.因此,在倒易空间波矢(状态)代表点的密度

$$\rho_k = \frac{V}{(2\pi)^3} \tag{4.2.15}$$

这在以后的讨论中将会用到.

为了明确起见,我们在布洛赫函数 $\varphi(\boldsymbol{r})$ 中都标明 $\boldsymbol{k}$,写成

$$\varphi_k(\boldsymbol{r}) = e^{i\boldsymbol{k}\cdot\boldsymbol{r}} u_k(\boldsymbol{r}) \tag{4.2.16}$$

以表示不同的电子状态.

4.2.3 能带

现在我们讨论在晶格周期场中电子能量的一般性质.由于电子势能 $V(\boldsymbol{r})$满足

$$V(\boldsymbol{r} + \boldsymbol{R}) = V(\boldsymbol{r}) \tag{4.2.17}$$

式中,$\boldsymbol{R} = n_1\boldsymbol{a}_1 + n_2\boldsymbol{a}_2 + n_3\boldsymbol{a}_3$ 是晶格平移矢量,由式(1.6.13)可知,$V(\boldsymbol{r})$可展成

$$V(\boldsymbol{r}) = \sum_{\boldsymbol{G}_{l'}} V(\boldsymbol{G}_{l'}) e^{i\boldsymbol{G}_{l'}\cdot\boldsymbol{r}}$$

求和是对所有倒格矢进行的.同样,布洛赫函数中的周期性因子也可展成傅里叶级数

$$u_k(\boldsymbol{r}) = \sum_{l} a(\boldsymbol{G}_l) e^{i\boldsymbol{G}_l\cdot\boldsymbol{r}} \tag{4.2.18}$$

于是,布洛赫函数可表示为

$$\varphi_k(\boldsymbol{r})=\frac{1}{\sqrt{V}}\mathrm{e}^{\mathrm{i}\boldsymbol{k}\cdot\boldsymbol{r}}\sum_l a(\boldsymbol{G}_l)\mathrm{e}^{\mathrm{i}\boldsymbol{G}_l\cdot\boldsymbol{r}}=\frac{1}{\sqrt{V}}\sum_l a(\boldsymbol{G}_l)\mathrm{e}^{\mathrm{i}(\boldsymbol{k}+\boldsymbol{G}_l)\cdot\boldsymbol{r}} \tag{4.2.19}$$

式中，$\frac{1}{\sqrt{V}}$归一化系数，V 是晶体体积. 把式(4.2.17)及(4.2.19)代入薛定谔方程 $\left[-\frac{\hbar^2}{2m}\nabla^2+V(\boldsymbol{r})\right]\varphi_k(\boldsymbol{r})=E(\boldsymbol{k})\varphi_k(\boldsymbol{r})$，得

$$\frac{1}{\sqrt{V}}\sum_l\left[\frac{\hbar^2}{2m}(\boldsymbol{k}+\boldsymbol{G}_l)^2-E(\boldsymbol{k})+\sum_{l'}V(\boldsymbol{G}_{l'})\mathrm{e}^{\mathrm{i}\boldsymbol{G}_{l'}\cdot\boldsymbol{r}}\right]a(\boldsymbol{G}_l)\mathrm{e}^{\mathrm{i}(\boldsymbol{k}+\boldsymbol{G}_l)\cdot\boldsymbol{r}}=0$$

上式乘以$(1/\sqrt{V})\mathrm{e}^{-\mathrm{i}(\boldsymbol{k}+\boldsymbol{G}_m)\cdot\boldsymbol{r}}$，再对整个晶体体积积分，并利用

$$\frac{1}{V}\int_v \mathrm{e}^{\mathrm{i}(\boldsymbol{G}_m-\boldsymbol{G}_l)\cdot\boldsymbol{r}}\mathrm{d}v=\delta_{\boldsymbol{G}_m\boldsymbol{G}_l} \tag{4.2.20}$$

得到展开系数 $a(\boldsymbol{G})$所满足的方程

$$\left[\frac{\hbar^2}{2m}(\boldsymbol{k}+\boldsymbol{G}_m)^2-E(\boldsymbol{k})\right]a(\boldsymbol{G}_m)+\sum_{l\neq m}V(\boldsymbol{G}_m-\boldsymbol{G}_l)a(\boldsymbol{G}_l)=0 \tag{4.2.21}$$

如果 $\boldsymbol{G}_m$ 取不同的倒格矢，可得到与格点数目相同的类似式(4.2.21)的方程组. 由这个方程组解出展开系数 $a(\boldsymbol{G}_l)$，代入式(4.2.19)就得到晶体电子的态函数.

根据线性代数理论，要使线性齐次方程(4.2.21)有一组非零解，要求 $a(\boldsymbol{G}_l)$的系数行列式为零，即

$$\det\left[\left(\frac{\hbar^2}{2m}(\boldsymbol{k}+\boldsymbol{G}_l)-E(\boldsymbol{k})\right)\delta_{lm}+\sum_{l\neq m}V(\boldsymbol{G}_l-\boldsymbol{G}_m)\right]=0 \tag{4.2.22}$$

这是一个以 m 为行指标，l 为列指标的无穷多阶行列式. 解这个行列式，可得到能量本征值

$$E_n(\boldsymbol{k}),\qquad n=1,2,3,\cdots$$

而每个 $E_n(\boldsymbol{k})$又都是 $\boldsymbol{k}$ 的函数. 对每一个 $E_n(\boldsymbol{k})$，通过式(4.2.21)又可解出一组 $a_{nk}(\boldsymbol{G})$系数. 原则上我们可以得出 $E_n(\boldsymbol{k})$和相应的 $\psi_{nk}(\boldsymbol{r})$.

能量本征值 $E_n(\boldsymbol{k})$既与 n 有关也与 $\boldsymbol{k}$ 有关. 对每一个给定的 n，$E_n(\boldsymbol{k})$包含由于 $\boldsymbol{k}$ 的不同取值所对应的许多能级，称为一个能带，指标 n 用以标志不同的能带. 同一能带中相邻 $\boldsymbol{k}$ 值的能量差别很小，$E_n(\boldsymbol{k})$可近似看成是 $\boldsymbol{k}$ 的连续函数. 相邻两能带之间可能出现电子不允许有的能量间隙，称为**禁带**. $E_n(\boldsymbol{k})$的总体称为晶体的**能带结构**.

4.2.4 能带和布洛赫函数的一些性质

对第 n 个能量，其能量 $E_n(\boldsymbol{k})$与波函数 $\varphi_{nk}(\boldsymbol{r})$在 $\boldsymbol{k}$ 空间具有如下的对称性：

1.
$$E_n(\boldsymbol{k})=E_n(-\boldsymbol{k})$$
$$\varphi^*_{n,\boldsymbol{k}}(\boldsymbol{r})=\varphi_{n,-\boldsymbol{k}}(\boldsymbol{r}) \tag{4.2.23}$$

证明 把布洛赫函数代入薛定谔方程，得到 $u_k(\boldsymbol{r})$所满足的方程，即

$$\left[-\frac{\hbar^2}{2m}(\nabla^2+2\mathrm{i}\boldsymbol{k}\cdot\nabla)+V(\boldsymbol{r})\right]u_k(\boldsymbol{r})=[E(\boldsymbol{k})-E^0(\boldsymbol{k})]u_k(\boldsymbol{r}) \tag{4.2.24}$$

式中,$E^0(\boldsymbol{k})=\hbar^2k^2/(2m)$. 式(4.2.24)两边取复共轭,得

$$\left[-\frac{\hbar^2}{2m}(\nabla^2-2\mathrm{i}\boldsymbol{k}\cdot\nabla)+V(\boldsymbol{r})\right]u_k^*(\boldsymbol{r})=[E(\boldsymbol{k})-E^0(\boldsymbol{k})]u_k^*(\boldsymbol{r}) \tag{4.2.25}$$

再把式(4.2.24)中的 $\boldsymbol{k}$ 代之$-\boldsymbol{k}$,得

$$\left[-\frac{\hbar^2}{2m}(\nabla^2-2\mathrm{i}\boldsymbol{k}\cdot\nabla)+V(\boldsymbol{r})\right]u_{-k}(\boldsymbol{r})=[E(-\boldsymbol{k})-E^0(-\boldsymbol{k})]u_{-k}(\boldsymbol{r}) \tag{4.2.26}$$

比较式(4.2.25)与式(4.2.26)可知,$u_k^*(\boldsymbol{r})$与 $u_{-k}(\boldsymbol{r})$满足同样的本征方程,其本征值应相等,即

$$E(\boldsymbol{k})-E^0(\boldsymbol{k})=E(-\boldsymbol{k})-E^0(-\boldsymbol{k})$$

所以

$$E(\boldsymbol{k})=E(-\boldsymbol{k})$$

其本征函数 $u_k^*(\boldsymbol{r})$与 $u_{-k}(\boldsymbol{r})$完全相同,所以(4.2.23)得证.

2.
$$E_n(\boldsymbol{k}+\boldsymbol{G})=E_n(\boldsymbol{k})$$
$$\varphi_{n,\boldsymbol{k}+\boldsymbol{G}}(\boldsymbol{r})=\varphi_{n\boldsymbol{k}}(\boldsymbol{r}) \tag{4.2.27}$$

即能量与波函数都是 $\boldsymbol{k}$ 的周期函数,在倒易空间具有倒格子的周期性,即相差一个倒格矢的两个状态是等价的状态.

证明 因为布洛赫函数

$$\varphi_{n,\boldsymbol{k}}(\boldsymbol{r})=\mathrm{e}^{\mathrm{i}\boldsymbol{k}\cdot\boldsymbol{r}}u_{n\boldsymbol{k}}(\boldsymbol{r})=\frac{1}{\sqrt{V}}\sum_l a(\boldsymbol{k}+\boldsymbol{G}_l)\mathrm{e}^{\mathrm{i}(\boldsymbol{k}+\boldsymbol{G}_l)\cdot\boldsymbol{r}}$$

所以

$$\varphi_{n,\boldsymbol{k}+\boldsymbol{G}}(\boldsymbol{r})=\frac{1}{\sqrt{V}}\sum_l a(\boldsymbol{k}+\boldsymbol{G}+\boldsymbol{G}_l)\mathrm{e}^{\mathrm{i}(\boldsymbol{k}+\boldsymbol{G}+\boldsymbol{G}_l)\cdot\boldsymbol{r}}$$

令 $\boldsymbol{G}_l'=\boldsymbol{G}+\boldsymbol{G}_l$,则

$$\varphi_{n,\boldsymbol{k}+\boldsymbol{G}}(\boldsymbol{r})=\frac{1}{\sqrt{V}}\sum_{l'} a(\boldsymbol{k}+\boldsymbol{G}_l')\mathrm{e}^{\mathrm{i}(\boldsymbol{k}+\boldsymbol{G}_l')\cdot\boldsymbol{r}}$$

由于对 $\boldsymbol{G}_l'$求和与对 $\boldsymbol{G}_l$ 求和的结果是相同的,只是顺序不同而已,所以

$$\varphi_{n,\boldsymbol{k}+\boldsymbol{G}}(\boldsymbol{r})=\varphi_{n,\boldsymbol{k}}(\boldsymbol{r})$$

注意到 $\varphi_{n,\boldsymbol{k}+\boldsymbol{G}}(\boldsymbol{r})$与 $\varphi_{n,\boldsymbol{k}}(\boldsymbol{r})$满足同样的薛定谔方程,且 $\varphi_{n,\boldsymbol{k}+\boldsymbol{G}}(\boldsymbol{r})=\varphi_{n,\boldsymbol{k}}(\boldsymbol{r})$,所以有 $E_n(\boldsymbol{k}+\boldsymbol{G})=E_n(\boldsymbol{k})$.

4.2.5 波矢 k 的数目

由于布洛赫函数在倒易空间具有与倒格子相同的周期性,即第 n 个能带上波矢为 $\boldsymbol{k}+\boldsymbol{G}$ 的电子态与波矢为 $\boldsymbol{k}$ 的态相同. 为了建立 $\boldsymbol{k}$ 与电子状态的一一对应关

系，可将 $\boldsymbol{k}$ 的取值范围限制在 $\boldsymbol{k}$ 空间的一个区域内，它应是 $\boldsymbol{k}$ 空间的一个最小的重复单元，区域内的全部波矢 $\boldsymbol{k}$ 代表了晶体中单电子第 n 个能带上所有的波矢量为实数的电子态. 这个区域外的波矢都可通过平移一个倒格矢而在该区域内找到一个等价的状态点，通常把这个区域限制在倒格子的维格纳-塞茨原胞内，即简约布里渊区内.

现在我们来计算代表晶体第 n 个能带的电子态数目或者波矢 $\boldsymbol{k}$ 的数目. 设倒格矢的基矢为 $\boldsymbol{b}_1$、$\boldsymbol{b}_2$、$\boldsymbol{b}_3$，第一布里渊区的体积为 $\boldsymbol{b}_1 \cdot (\boldsymbol{b}_2 \times \boldsymbol{b}_3)$，把 $\boldsymbol{k}$ 限制在第一布里渊区内，即

$$-\frac{b_1}{2} \leqslant k_1 < \frac{b_1}{2}, \quad -\frac{b_2}{2} \leqslant k_2 < \frac{b_2}{2}, \quad -\frac{b_3}{2} \leqslant k_3 < \frac{b_3}{2}$$

把 k_i 的表示式(4.2.13)代入上式，得

$$-\frac{N_i}{2} \leqslant l_i < \frac{N_i}{2}, \qquad i = 1,2,3 \tag{4.2.28}$$

式中，N_i 为 a_i 方向晶格的原胞数，即 l_i 取 $-N_i/2$ 到 $N_i/2$ 中的整数，l_i 共有 N_i 个不同的取值. 由此可知，波矢代表点的数目共有 $N=N_1N_2N_3$ 个，N 为晶体所含的原胞数.

由此，我们得到一个重要的结论：在每个能带中共有 N 个不同的电子态，考虑到电子自旋后，每个能带共有 $2N$ 个电子态.

4.2.6　能带的表示图式

根据能带 $E_n(\boldsymbol{k})$ 是 $\boldsymbol{k}$ 的周期函数这一特点，表示 $E_n(\boldsymbol{k})$ 与 $\boldsymbol{k}$ 的关系的图示有以下 3 种图示：

(1) 简约区图示，把 $\boldsymbol{k}$ 限制在第一布里渊区中，对于每一个 $\boldsymbol{k}$ 值，各能带都有一个相应的能量 $E_1(\boldsymbol{k})$，$E_2(\boldsymbol{k})$，…，每个能带都在第一布里渊区中表示出来.

(2) 扩展区图示，按照能量的高低，把各能带分别限制在第一、第二、第三……布里渊区，这样能量便是 $\boldsymbol{k}$ 的单值函数，一个布里渊区表示一个能带.

(3) 重复图示，取每个能带在第一布里渊区的图形作周期性重复.

图 4.2.1 (a)、(b)、(c)分别为 3 种图示的一维示意图.

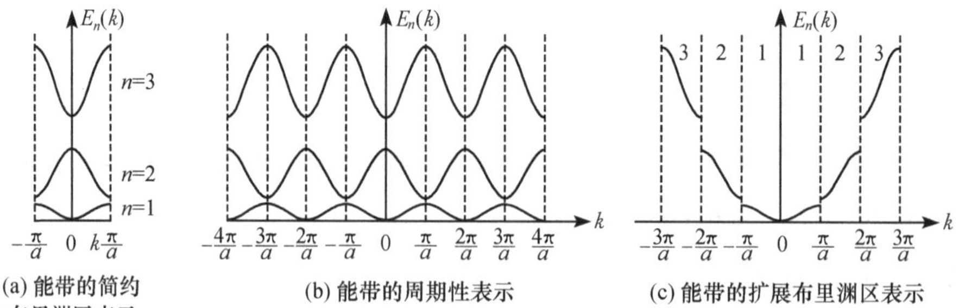

(a) 能带的简约布里渊区表示　(b) 能带的周期性表示　(c) 能带的扩展布里渊区表示

图 4.2.1　一维能带结构的 3 种不同表示

4.3 近自由电子近似

尽管作了4.1节所述的近似和假定，但由于晶格周期势场 $V(\boldsymbol{r})$ 的形式一般都比较复杂，严格求解单电子薛定谔方程(4.1.11)仍是不可能的. 因此在处理实际问题时需要根据具体的情况采取不同的近似方法. 为了计算晶体能带，曾发展了许多近似方法，如原胞法、赝势法、紧束缚近似和近自由电子近似法等. 本节介绍近自由电子近似法.

4.3.1 近自由电子模型

近自由电子模型是当晶格周期势场起伏很小，从而使电子的行为很接近自由电子时采用的处理方法. 作为零级近似，可用势场的平均值 V_0 代替晶格势 $V(\boldsymbol{r})$，若要进一步讨论可把周期势的起伏 $V(\boldsymbol{r})-V_0$ 作为微扰处理. 这样就可用微扰论来求解薛定谔方程. 这种模型可作为一些简单金属，如 Na、K、Al 等价电子的粗略近似. 为了简单，我们以一维情形来说明这种方法，然后给出三维情形的结论.

设由 N 个原子组成的一个晶格，基矢为 $a\boldsymbol{i}$；则倒格子基矢为 $b=(2\pi/a)\boldsymbol{i}$. 晶格周期势 $V(x)$ 可展开为

$$V(x)=V_0+\sum_{n\neq 0}V_n e^{i\frac{2\pi}{a}nx} \tag{4.3.1}$$

式中

$$V_n=\frac{1}{L}\int_0^L V(x)e^{-i\frac{2\pi}{a}nx}dx \tag{4.3.2}$$

为展开系数；V_0 是展开系数中 $n=0$ 项的系数，它等于势场的平均值 $\bar{V}$，即

$$V_0=\frac{1}{L}\int_0^L V(x)dx=\bar{V}$$

式中，$L=Na$，是一维晶体的线度. 由于 $V(x)$ 是实数，因而级数的系数满足

$$V_n^*=V_{-n} \tag{4.3.3}$$

于是，单电子哈密顿算符为

$$\hat{H}=-\frac{\hbar^2}{2m}\frac{d^2}{dx^2}+V(x)=-\frac{\hbar^2}{2m}\frac{d^2}{dx^2}+V_0+\sum_{n\neq 0}V_n e^{i\frac{2\pi}{a}nx}=\hat{H}_0+\hat{H}' \tag{4.3.4}$$

式中

$$\hat{H}_0=-\frac{\hbar^2}{2m}\frac{d^2}{dx^2}+V_0$$

$$\hat{H}'=\sum_{n\neq 0}V_n e^{i\frac{2\pi}{a}nx}$$

式中，$\hat{H}'$ 代表周期势场的起伏，我们把它看作微扰项. 适当选择势能零点使 $V_0=0$

可得零级近似

$$\hat{H}_0\varphi_k^0 = E_k^0\varphi_k^0 \tag{4.3.5}$$

或

$$-\frac{\hbar^2}{2m}\frac{\mathrm{d}^2}{\mathrm{d}x^2}\varphi_k^0(x) = E_k^0\varphi_k^0(x) \tag{4.3.5$'$}$$

其本征量为

$$E_k^0 = \frac{\hbar^2 k^2}{2m} \tag{4.3.6}$$

相应的箱归一化波函数为

$$\varphi_k^0 = \frac{1}{\sqrt{L}}\mathrm{e}^{\mathrm{i}kx} \tag{4.3.7}$$

式中，k 在周期性边界条件下只能取

$$k = \frac{l\times 2\pi}{Na},\qquad l = 0, \pm 1, \pm 2, \cdots \tag{4.3.8}$$

即零级近似是自由电子，故称为自由电子近似. 对于更高级次的解，可用微扰理论求得.

4.3.2　微扰计算

由于在零级近似解中，能量 E 是 k 的二次函数，$E=\hbar^2k^2/(2m)$，即 $+k$ 与 $-k$ 所标志的电子态有相同的能量，因此是二度简并的. 必须采用简并态微扰理论来讨论微扰哈密顿算符 $\hat{H}$ 对波函数和能量的影响. 按照简并微扰理论，零级近似的波函数是相互简并的零级波函数的线性组合. 在此可选用能量几乎相等的一对波矢为 k 和 $k'(k'=-k)$ 的波函数 φ_k^0、$\varphi_{k'}^0$ 的线性组合作为零级近似波函数

$$\varphi^0 = A\varphi_k^0 + B\varphi_{k'}^0 = A\frac{1}{\sqrt{L}}\mathrm{e}^{\mathrm{i}kx} + B\frac{1}{\sqrt{L}}\mathrm{e}^{-\mathrm{i}kx} \tag{4.3.9}$$

有

$$(\hat{H}^0 + \hat{H}')\left(A\frac{1}{\sqrt{L}}\mathrm{e}^{\mathrm{i}kx} + B\frac{1}{\sqrt{L}}\mathrm{e}^{\mathrm{i}k'x}\right) = E\left(A\frac{1}{\sqrt{L}}\mathrm{e}^{\mathrm{i}kx} + B\frac{1}{\sqrt{L}}\mathrm{e}^{\mathrm{i}k'x}\right) \tag{4.3.10}$$

考虑到式(4.3.5)，得

$$(E_k^0 - E + \hat{H}')A\varphi_k^0 + (E_{k'}^0 - E + \hat{H}')B\varphi_{k'}^0 = 0 \tag{4.3.11}$$

上式先后左乘 φ_k^{0*} 和 $\varphi_{k'}^{0*}$，并对 x 积分，由于

$$\begin{aligned} H'_{k,k} = H'_{k',k'} &= \int_0^L \varphi_k^{0*}(x)\hat{H}'\varphi_k^0(x)\mathrm{d}x = \int_0^L \varphi_{k'}^{0*}\hat{H}'\varphi_{k'}^0\mathrm{d}x \\ &= \int_0^L \varphi_k^{0*}(x)\Big(\sum_{n\neq 0}V_n\mathrm{e}^{\mathrm{i}\frac{2\pi}{a}nx}\Big)\varphi_k^0(x)\mathrm{d}x \\ &= \int_0^L \varphi_k^{0*}(x)[V(x) - \overline{V}]\varphi_k^0(x)\mathrm{d}x = \overline{V} - \overline{V} = 0 \end{aligned} \tag{4.3.12}$$

以及

$$H'_{kk'}=H'_{k'k}=\int_0^L \varphi_k^{0*}\hat{H}'\varphi_{k'}^0\mathrm{d}x=\frac{1}{L}\int_0^L\sum_{n\neq 0}V_n\mathrm{e}^{\mathrm{i}\left(k'-k+\frac{2\pi}{a}n\right)x}\mathrm{d}x$$

$$=\begin{cases}V_n, & 当\ k-k'=\dfrac{2\pi}{a}n=G\\ 0, & 当\ k-k'\neq G\end{cases} \tag{4.3.13}$$

式中，$G=2\pi n/a$为一维晶格的倒格矢. 式(4.3.13)的运算中用到了

$$\frac{1}{L}\int_0^L \mathrm{e}^{\mathrm{i}(k-k')x}\mathrm{d}x=\delta_{kk'}$$

于是，由式(4.3.11)得到两个线性代数方程式

$$\left.\begin{aligned}(E-E_k^0)A-H'_{k,k'}B=0\\ -H_{k'k}A+(E-E_{k'}^0)B=0\end{aligned}\right\} \tag{4.3.14}$$

此方程组有非零解的条件是$\begin{vmatrix}E-E_k^0 & -V_n\\ -V_n^* & E-E_{k'}^0\end{vmatrix}=0$. 由此解得能量本征值为

$$E_\pm=\frac{1}{2}\{(E_k^0+E_{k'}^0)\pm[(E_k^0-E_{k'}^0)^2+4H'_{kk'}H'_{k'k}]^{1/2}\} \tag{4.3.15}$$

把上式所示的能量本征值 E_+ 和 E_- 分别代入式(4.3.14)，可求得两组系数 A、B，即可对应 E_+、E_- 分别所对应的本征函数. 下面我们分两种情况分别讨论.

1. 远离布里渊区界面情况

当 $k'=-k$，且 $k-k'\neq G=2\pi n/a$ 时，即 $k\neq G/2$. 由式(4.3.15)及(4.3.13)得

$$E_\pm=E_k^0=\frac{\hbar^2k^2}{2m}$$

表明此时晶格微扰势 $\hat{H}'$ 对电子能量的一次修正项为零. 要使得简并解除必须考虑能量的二次修正. 按照微扰理论的一般方法，能量的二次修正

$$E''_k=\sum_{k''}\frac{|H'_{kk''}|^2}{E_k^0-E_{k''}^0} \tag{4.3.16}$$

对 k''求和不包括 $k''=k$ 的项，由式(4.3.13)可知，只有 $k''=k-2\pi n/a$ 时，$H'_{kk'}$ 才不为零. 因此，二级近似能量

$$E_k=\frac{\hbar^2k^2}{2m}+\sum_{n\neq 0}\frac{2m(V_n)^2}{\hbar^2k^2-\hbar^2\left(k-\dfrac{2\pi n}{a}\right)^2} \tag{4.3.17}$$

由于 $k\neq n\pi/a$，式(4.3.17)第二项的分母远大于分子，满足微扰理论的基本条件. 这里用非简并微扰方法来处理是合理的. 其相应的一级近似波函数为

$$\varphi_k(x)=\varphi_k^0(x)+\sum_{k''}\frac{H_{k''k}}{E_k^0-E_{k''}^0}\varphi_{k''}^0(x)$$

$$= \frac{1}{\sqrt{L}} e^{ikx} \left[1 + \sum_{n \neq 0} \frac{2mV_{-n} e^{-i\frac{2\pi}{a}nx}}{\hbar^2 k^2 - \hbar^2 \left(k - \frac{2\pi}{a} n \right)^2} \right] = \frac{1}{\sqrt{L}} e^{ikx} u(x)$$

式中

$$u(x) = \left[1 + \sum_{n \neq 0} \frac{2mV_{-n} e^{-i\frac{2\pi}{a}nx}}{\hbar^2 k^2 - \hbar^2 \left(k - \frac{2\pi}{a} n \right)^2} \right]$$

容易证明 $u(x)$是晶格周期函数. 由此看出，把势能随坐标变化的部分当作微扰而求得的近似波函数也满足布洛赫定理. 这种波函数由两部分叠加而成，第一部分是波矢为 $\boldsymbol{k}$ 的前进平面波，第二部分是该平面波受到周期场作用所产生的散射波. 一般情况，各原子所产生的散射波的相位之间无固定的关系，彼此互相抵消，因而对前进的平面波影响不大. 即波矢 $\boldsymbol{k}$ 远离布里渊区界面时电子仍以近自由电子的状态存在.

2. 布里渊区界面附近的情况

当 k 与 k' 都非常靠近布里渊区界面时，考虑到式(4.3.13)，可分别表示为

$$k = \frac{G}{2}(1+\Delta) = \frac{n\pi}{a}(1+\Delta)$$

$$k' = -\frac{G}{2}(1-\Delta) = -\frac{n\pi}{a}(1-\Delta)$$

下面分三种情况来讨论：

(1) 当 $\Delta = 0$ 时，即 $k' = -k = -G/2 = -n\pi/a$，在布里渊区界面上. 由式(4.3.15)及式(4.3.13)得

$$E_{\pm} = E_k^0 \pm |V_n| = \frac{\hbar^2}{2m}\left(\frac{n\pi}{a}\right)^2 \pm |V_n| \tag{4.3.18}$$

上式表明，$k = n\pi/a$ 时，简并的状态受到周期场的微扰作用后，能级发生劈裂，产生能隙

$$E_g = \Delta E = E_+ - E_- = 2|V_n|$$

把 E_+、E_- 分别代入式(4.3.14)，可求得组系数 A、B，即可得到两个能量所对应的波函数.

当 $E = E_+$ 时，有

$$\frac{A}{B} = \frac{V_n}{|V_n|} \tag{4.3.19}$$

若 $V_n = |V_n| e^{i2\theta}$，则 $A = Be^{i2\theta}$，因此由(4.3.9)式，用尤拉公式得

$$\varphi_+^0 = \frac{2Ae^{-i\theta}}{\sqrt{L}} \cos\left(\frac{n\pi}{a}x + \theta\right) \tag{4.3.20}$$

当 $E=E_-$ 时，有 $A/B=-\frac{V_n}{|V_n|}$，同理有

$$\varphi_-^0=\frac{\mathrm{i}\times 2A\mathrm{e}^{-\mathrm{i}\theta}}{\sqrt{L}}\sin\left(\frac{n\pi}{a}x+\theta\right) \tag{4.3.21}$$

(2) 当 $\Delta\ll 1$ 时，即 k 极接近布里渊区界面，由式(4.3.15)得

$$E_\pm=T_n(1+\Delta^2)\pm\sqrt{|V_n|^2+4T_n^2\Delta^2} \tag{4.3.22}$$

式中

$$T_n=\frac{\hbar^2}{2m}\left(\frac{n\pi}{a}\right)^2$$

由于 $\Delta\to 0$，使 $4T_n^2\Delta^2\ll|V_n|^2$，利用二项式定理，得

$$E_\pm=T_n(1+\Delta^2)\pm|V_n|\left(1+\frac{4T_n^2\Delta^2}{|V_n|^2}\right)^{1/2}=T_n(1+\Delta^2)\pm|V_n|\left(1+\frac{2T_n^2\Delta^2}{|V_n|^2}\right)$$

即

$$\begin{aligned}E_+&=T_n+|V_n|+\left(\frac{2T_n}{|V_n|}+1\right)T_n\Delta^2\\E_-&=T_n-|V_n|-\left(\frac{2T_n}{|V_n|}-1\right)T_n\Delta^2\end{aligned} \tag{4.3.23}$$

(3) 当 $\Delta<1$，但并非无穷小时，即当 k 离布里渊区界面较远时，由于 $E_k^0-E_{k'}^0$ 较大，因而有 $|V_n|/(E_k^0-E_{k'}^0)\ll 1$，此时式(4.3.15)在一级近似下可写成

$$E_+=T_n(1+\Delta)^2+\frac{|V_N|^2}{E_k^0-E_{k'}^0}$$

$$E_-=T_n(1-\Delta)^2-\frac{|V_N|^2}{E_k^0-E_{k'}^0}$$

表明微扰的结果使能量高的$\frac{\hbar^2}{2m}\left(\frac{n\pi}{a}+\Delta\right)^2$更高，使能量低的$\frac{\hbar^2}{2m}\left(\frac{n\pi}{a}-\Delta\right)^2$更低，并随 $E_k^0-E_{k'}^0$ 的增加，等式右边的第二项愈来愈小，与自由电子逐渐相当.

4.3.3 能隙

综上所述，当电子的波矢 k 从零逐渐靠近 $n\pi/a$ 时，起初电子的能量与 k 的关系可近似用自由电子的能谱 $E_k^0=\hbar^2k^2/(2m)$ 表示，随着 k 逼近 $n\pi/a$，电子能谱 $E(k)$ 与 E_k^0 的差别增大. 由于微扰的结果使能量高的(k 较大)E_k^0 变得更高，使能量低的 E_k^0(k 较小)变得更低，所以当 k 逐渐增大逼近 $n\pi/a$ 时，能量为

$$E_-=\frac{\hbar^2}{2m}\left(\frac{n\pi}{a}\right)^2-|V_n|$$

当 k 逐渐减小逼近 $n\pi/a$ 时，能量为

$$E_+=\frac{\hbar^2}{2m}\left(\frac{n\pi}{a}\right)^2+|V_n|$$

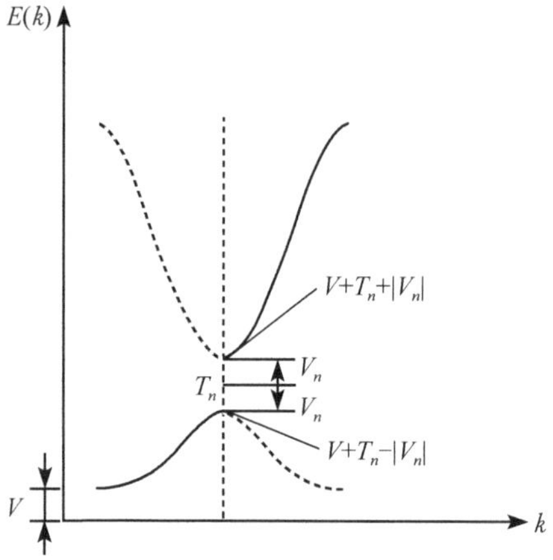

图 4.3.1　在布里渊区边界，能量曲线分为二条

就是说当 $k=n\pi/a$ 时，出现了大小为

$$E_g=\Delta E=E_+-E_-=2\mid V_n\mid$$

的能隙，如图 4.3.1 所示. 原来自由电子的连续能谱在弱周期场作用下劈裂成为被能隙分开的许多能带，能隙的大小等于周期的势场傅里叶分量$|V_n|$的 2 倍.

能隙的起因可以这样理解：由于我们把电子看作是近自由的，它的零级近似波函数就是平面波，它在晶体中的传播就像 X 射线通过晶体一样. 当波矢 $\boldsymbol{k}$ 不满足布拉格条件时，晶格的影响很弱，电子几乎不受阻碍地通过晶体. 但当 $k=n\pi/a$ 时，波长 $\lambda=2\pi/k=2a/n$ 正好满足布拉格反射条件，受到晶格的全反射. 反射波与入射波的干涉形成驻波，如式(4.3.20)、式(4.3.21)所示的 φ_+ 和 φ_-. 若选某原子为坐标系原点，并使其满足 $V(x)=V(-x)$，由式(4.3.1)可知 $V(x)$的展开系数 V_n 为实数，即 $V_n^*=V_n$. 又因为 $V(x)<0$，由式(4.3.2)可知 $V_n<0$. 此时式(4.3.19)为

$$\frac{A}{B}=\frac{V_n}{\mid V_n\mid}=-1$$

即式(4.3.20)(4.3.21)中的 $\theta=\frac{\pi}{2}$. 这两种状态所对应的电子分布密度分别为

$$\rho_+(x)\propto\mid\varphi_+\mid^2\propto\cos^2\left(\frac{n\pi}{a}x+\frac{\pi}{2}\right)$$

$$\rho_-(x)\propto\mid\varphi_-\mid^2\propto\sin^2\left(\frac{n\pi}{a}x+\frac{\pi}{2}\right)\tag{4.3.24}$$

图 4.3.2 给出两种概率分布图示. 由图可看出：当电子处于 φ_+ 态时，电子的电子云主要分布在离子之间的区域；而处于 φ_- 态的电子主要分布在离子周围. 因离子实周围的电子电荷受到较强的吸引力，势能是较大的负值；而离子间的电荷受到离子的吸引较弱，势能较高，故与电子的平面波状态比较，状态 φ_+ 的能量升高，状态 φ_- 的能量降低，因而出现能隙.

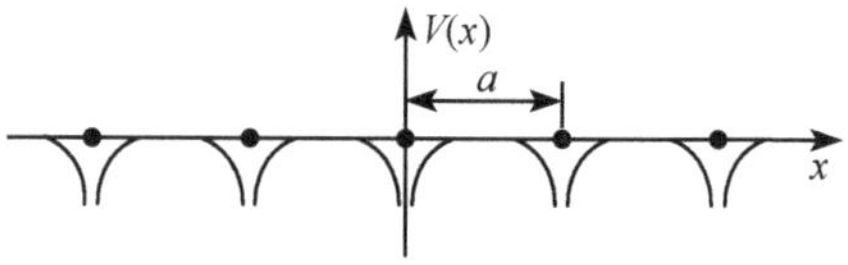

(a) 一维原子链的周期势能

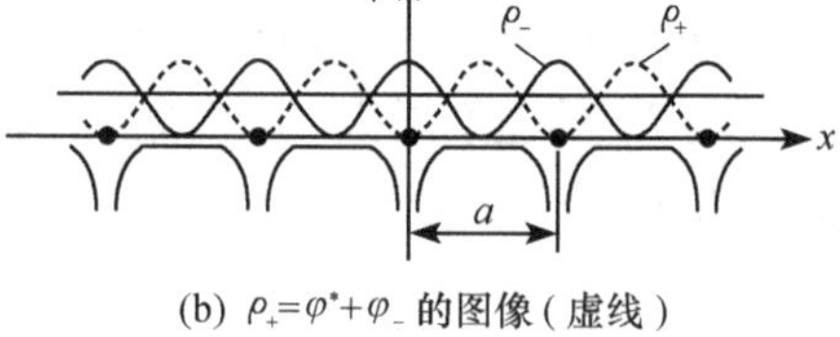

(b) $\rho_+=\varphi^*+\varphi_-$ 的图像（虚线）
$\rho_-=\varphi^*-\varphi_-$ 的图像（实线）

图 4.3.2　一维晶格周期势场和电子分布概率

4.3.4　三维情形

现在我们用和前面完全类似的方法来讨论三维情况. 设 $\boldsymbol{a}_1$、$\boldsymbol{a}_2$、$\boldsymbol{a}_3$ 为原胞基矢，$\boldsymbol{b}_1$、$\boldsymbol{b}_2$、$\boldsymbol{b}_3$ 为相应的倒格基矢，倒格点的位置矢量为

$$\boldsymbol{G} = n_1\boldsymbol{b}_1 + n_2\boldsymbol{b}_2 + n_3\boldsymbol{b}_3, \qquad n_i \text{ 为整数}$$

则周期势场可展开为

$$V(\boldsymbol{r}) = \sum_{\boldsymbol{G}} V(\boldsymbol{G})\mathrm{e}^{\mathrm{i}\boldsymbol{G}\cdot\boldsymbol{r}} = V(0) + \sum_{\boldsymbol{G}\neq 0} V(\boldsymbol{G})\mathrm{e}^{\mathrm{i}\boldsymbol{G}\cdot\boldsymbol{r}} \tag{4.3.25}$$

此式与式(4.3.1)对应，接下去按类似的步骤，可得出波矢 $\boldsymbol{k}$ 满足

$$\boldsymbol{k} - \boldsymbol{k}' = \boldsymbol{G} \tag{4.3.26}$$

或

$$\boldsymbol{k}\cdot\boldsymbol{G} = \frac{1}{2}|\boldsymbol{G}|^2 \tag{4.3.27}$$

时，出现能级劈裂. 也就是说，如果把电子波矢 $\boldsymbol{k}$ 看成倒格空间的矢量，当 k 的端点落在布里渊区的界面上时，如图 4.3.3 所示，或者说波矢为 $\boldsymbol{k}$ 的布洛赫波满足劳厄方程(布拉格条件)时，与一维情况完全类似的原因，能级将发生劈裂，$E \rightarrow E_\pm$ 时

$$E_\pm = E_k^0 \pm |V(\boldsymbol{G})|$$

即在倒格矢 $\boldsymbol{G}$ 相应的布里渊区界面上，能隙 E_g 为

$$\Delta E = 2|V(\boldsymbol{G})|$$

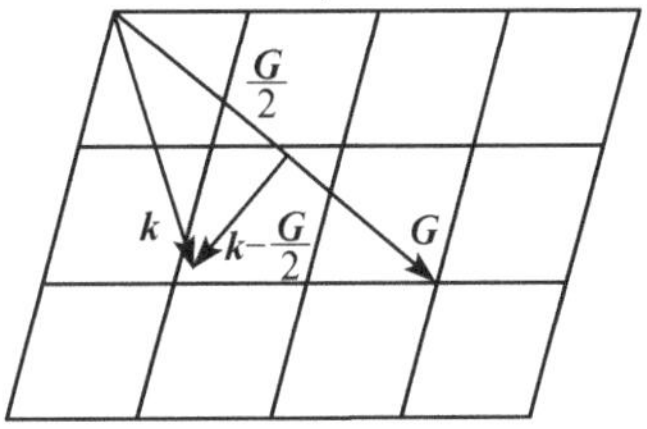

图 4.3.3　矢量 $\boldsymbol{k}$ 端点落在布里渊区界面上

$V(\boldsymbol{G})$ 为 $V(\boldsymbol{r})$ 的傅里叶展开系数为

$$V(\boldsymbol{G}) = \frac{1}{V}\int_V V(\boldsymbol{r})\mathrm{e}^{-\mathrm{i}\boldsymbol{G}\cdot\boldsymbol{r}}\mathrm{d}\boldsymbol{r}$$

这些能隙把能谱分成一个个能带.

但是三维情况与一维情况有一个重要区别：不同能带的能隙不一定存在，可能发生能带的交叠，如图 4.3.4(d)所示. 由于属于同一布里渊区的 $\boldsymbol{k}$ 所对应的能级构成一个能带，不同布里渊区 $\boldsymbol{k}$ 构成不同的能带，因而图 4.3.4(a)中的 B 点表示第二布里渊区能量的最低点，即第二能带的带底. A 是与 B 相邻而在第一布里渊区的点，A 电的能量与 B 点的能量是不连续的，图 4.3.4(b)表示出从 O 到 A、B 点的连线上各点的能量. A、B 间的能量是断开的. C 点是第一布里渊区能量的最高点，即第一能带的带顶，图 4.3.4(c)表示沿 OC 各点的能量. 若 C 点的能量高于 B 点的能量，如图 4.3.4(d)所示，显然两个能带将发生交叠. 也就是说，沿各个方向(如 OA、OC 等)，在布里渊区界面上 $E(\boldsymbol{k})$ 函数是间断的，但在不同方向上断开时的能量取值不同，断开的能量宽度也不同，因而能带有可能发生交叠.

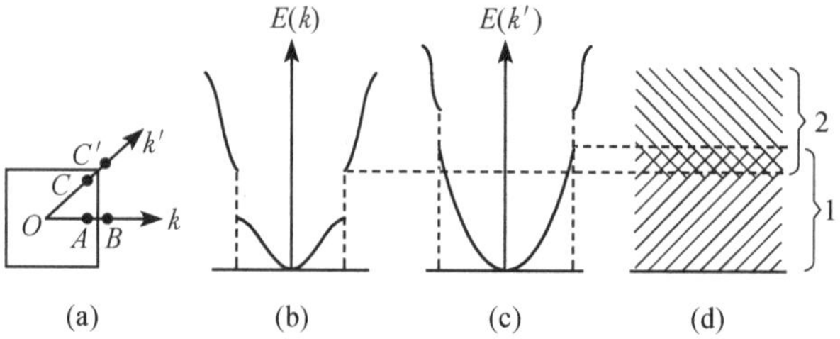

图 4.3.4　能带全叠的示意图

除上述原因外，在布里渊区是否出现能隙还与以下因素有关：①与周期势场的具体形式有关. 若在某布里渊区界面上，$V(\boldsymbol{r})$的展开系数 $V(\boldsymbol{G})=0$ 时，则在此布里渊区界面上将不出现能隙，两个能带连成一体. ②由于能隙的出现是入射的布洛赫波与反射布洛赫波干涉的结果，对多原子原胞（复式格子）晶体，类似于电子衍射，其结构因子（与几何结构因子仅差原子散射因子）为

$$S(\boldsymbol{G})=\sum_{\mu=1}^{f}\mathrm{e}^{\mathrm{i}\boldsymbol{G}\cdot\boldsymbol{d}_\mu}=0$$

时，在相应布里渊区界面上的布拉格全反射将不出现，因而在此界面上的能隙为零.

4.4　紧束缚近似

在近自由电子近似中，周期场随空间的起伏较弱，电子的状态很接近自由电子，这是一种极端情况. 现在我们讨论另一种极限情况：设想晶体是由相互作用较弱的原子组成，此时周期场随空间的起伏显著. 电子在某一个原子附近时，将主要受到原子场的作用，其他原子场的作用可以看作一个微扰作用，基于这种设想所建立的近似方法称为**紧束缚近似**.

4.4.1　模型

如果完全不考虑质子间的相互影响，那么在某格点 $\boldsymbol{R}_n=n_1\boldsymbol{a}_1+n_2\boldsymbol{a}_2+n_3\boldsymbol{a}_3$ 附近 $\boldsymbol{r}$ 处电子的状态将是孤立原子的电子本征态 $\varphi_i(\boldsymbol{r}-\boldsymbol{R}_n)$. 这里假设每个原胞只有一个原子，显然 $\varphi_i(\boldsymbol{r}-\boldsymbol{R}_n)$满足孤立原子的定态薛定谔方程

$$\left[-\frac{\hbar^2}{2m}\nabla^2+U(\boldsymbol{r}-\boldsymbol{R}_n)\right]\varphi_i(\boldsymbol{r}-\boldsymbol{R}_n)=\varepsilon_i\varphi_i(\boldsymbol{r}-\boldsymbol{R}_n) \tag{4.4.1}$$

式中，$U(\boldsymbol{r}-\boldsymbol{R}_n)$为位于 $\boldsymbol{R}_n$ 格点原子的势场，ε_i 为孤立原子中电子的能级.

考虑到原子间的相互作用，晶体中单电子的薛定谔方程为

$$\left[-\frac{\hbar^2}{2m}\nabla^2+V(\boldsymbol{r})\right]\varphi(\boldsymbol{r})=E\varphi(\boldsymbol{r}) \tag{4.4.2}$$

式中，$V(\boldsymbol{r})$为晶格周期势场，它是各格点原子势场之和

$$V(\boldsymbol{r}) = \sum_{m=1}^{N} U(\boldsymbol{r}-\boldsymbol{R}_m)$$

紧束缚近似把

$$\Delta V(\boldsymbol{r}-\boldsymbol{R}_n) = V(\boldsymbol{r}) - U(\boldsymbol{r}-\boldsymbol{R}_n) \tag{4.4.3}$$

看作微扰项 $\hat{H}'$，这样式(4.4.2)可写为

$$\left[-\frac{\hbar^2}{2m}\nabla^2 + U(\boldsymbol{r}-\boldsymbol{R}_n) + V(\boldsymbol{r}) - U(\boldsymbol{r}-\boldsymbol{R}_n)\right]\varphi(\boldsymbol{r}) = E\varphi(\boldsymbol{r}) \tag{4.4.4}$$

很容易看出方程(4.4.1)就是方程(4.4.4)的零级近似. ε_i、$\varphi_i(\boldsymbol{r}-\boldsymbol{R}_n)$分别是 E、$\varphi(\boldsymbol{r})$的零级近似. 若晶体共有 N 个原子(格点)，则共有 N 个这样的方程，也就是说共有 N 个波函数 $\varphi_i(\boldsymbol{r}-\boldsymbol{R}_m)(m=1,2,\cdots,N)$具有相同的能量 ε_i，因而这 N 个波函数是简并的. 按照简并态微扰方法，晶体中的单电子的波函数的零级近似是这个 N 个 $\varphi_i(\boldsymbol{r}-\boldsymbol{R}_m)$的线性组合

$$\varphi^0 = \sum_{m=1}^{N} C_m \varphi_i(\boldsymbol{r}-\boldsymbol{R}_m) \tag{4.4.5}$$

这种描述电子在晶体场中共有化运动的方法，也称为原子轨道线性组合法(LCAO). 显然 $\varphi_i(\boldsymbol{r}-\boldsymbol{R}_m)$是晶格周期函数. 另外，根据布洛赫定理，在晶格周期势场中电子波函数具有布洛赫波的形式，即式(4.4.5)中的 φ^0 应具有

$$\varphi^0 = \mathrm{e}^{\mathrm{i}\boldsymbol{k}\cdot\boldsymbol{r}} u_k(\boldsymbol{r}) \tag{4.4.6}$$

的形式. 比较式(4.4.5)与(4.4.6)，可知 C_m 必须具有

$$C_m = \frac{1}{\sqrt{N}}\mathrm{e}^{\mathrm{i}\boldsymbol{k}\cdot\boldsymbol{R}_m} \tag{4.4.7}$$

的形式，这可由下面的推导证实. 把 C_m 的表达式代入式(4.4.5)得

$$\varphi^0 = \frac{1}{\sqrt{N}}\sum_m \mathrm{e}^{\mathrm{i}\boldsymbol{k}\cdot\boldsymbol{R}_m}\varphi_i(\boldsymbol{r}-\boldsymbol{R}_m) = \frac{1}{\sqrt{N}}\mathrm{e}^{\mathrm{i}\boldsymbol{k}\cdot\boldsymbol{r}}\sum_m \mathrm{e}^{\mathrm{i}\boldsymbol{k}\cdot(\boldsymbol{R}_m-\boldsymbol{r})}\varphi_i(\boldsymbol{r}-\boldsymbol{R}_m) = \mathrm{e}^{\mathrm{i}\boldsymbol{k}\cdot\boldsymbol{r}}u_k(\boldsymbol{r})$$

式中

$$u_k(\boldsymbol{r}) = \frac{1}{\sqrt{N}}\sum_m \mathrm{e}^{-\mathrm{i}\boldsymbol{k}\cdot(\boldsymbol{r}-\boldsymbol{R}_m)}\varphi_i(\boldsymbol{r}-\boldsymbol{R}_m)$$

显然是晶格周期函数，即

$$u_k(\boldsymbol{r}+\boldsymbol{R}_l) = \frac{1}{\sqrt{N}}\sum_m \mathrm{e}^{-\mathrm{i}\boldsymbol{k}\cdot(\boldsymbol{r}+\boldsymbol{R}_l-\boldsymbol{R}_m)}\varphi_i(\boldsymbol{r}+\boldsymbol{R}_l-\boldsymbol{R}_m)$$

令 $\boldsymbol{R}_l-\boldsymbol{R}_m=-\boldsymbol{R}_{m'}$，上式可写成

$$u_k(\boldsymbol{r}+\boldsymbol{R}_l) = \frac{1}{\sqrt{N}}\sum_{m'} \mathrm{e}^{-\mathrm{i}\boldsymbol{k}\cdot(\boldsymbol{r}-\boldsymbol{R}_{m'})}\varphi_i(\boldsymbol{r}-\boldsymbol{R}_{m'})$$

所以，由式(4.4.5)和(4.4.7)，φ^0 可写成

$$\varphi^0 = \frac{1}{\sqrt{N}}\sum_m \mathrm{e}^{\mathrm{i}\boldsymbol{k}\cdot\boldsymbol{R}_m}\varphi_i(\boldsymbol{r}-\boldsymbol{R}_m) \tag{4.4.8}$$

且满足归一化条件

$$\int \varphi^{0*}(\boldsymbol{r})\varphi^{0}(\boldsymbol{r})\mathrm{d}\tau = 1$$

4.4.2　能带

现在来求紧束缚下电子的能量. 为此把式(4.4.8)代入式(4.4.4),并利用式(4.4.1),得到

$$\frac{1}{\sqrt{N}}\sum_{m}[\varepsilon_i + \Delta V(\boldsymbol{r}-\boldsymbol{R}_n)]\varphi_i(\boldsymbol{r}-\boldsymbol{R}_m)\mathrm{e}^{\mathrm{i}\boldsymbol{k}\cdot\boldsymbol{R}_m} = E\frac{1}{\sqrt{N}}\sum_{m}\varphi_i(\boldsymbol{r}-\boldsymbol{R}_m)\mathrm{e}^{\mathrm{i}\boldsymbol{k}\cdot\boldsymbol{R}_m} \tag{4.4.9}$$

给上式两边左乘

$$\varphi^{0*} = \frac{1}{\sqrt{N}}\sum_{l}\varphi_i^*(\boldsymbol{r}-\boldsymbol{R}_l)\mathrm{e}^{-\mathrm{i}\boldsymbol{k}\cdot\boldsymbol{R}_l}$$

并对 $\boldsymbol{r}$ 积分. 由于认为原子间的相互影响很小,各原子波函数重叠很小,可近似认为

$$\int \varphi_i^*(\boldsymbol{r}-\boldsymbol{R}_m)\varphi_i(\boldsymbol{r}-\boldsymbol{R}_l)\mathrm{d}\tau = \delta_{ml} \tag{4.4.10}$$

于是,得到

$$\frac{1}{N}\sum_{m}\sum_{l}[\varepsilon_i\delta_{lm} + \mathrm{e}^{\mathrm{i}\boldsymbol{k}\cdot(\boldsymbol{R}_m-\boldsymbol{R}_l)}\int \varphi_i^*(\boldsymbol{r}-\boldsymbol{R}_l)\Delta V(\boldsymbol{r}-\boldsymbol{R}_n)\cdot\varphi_i(\boldsymbol{r}-\boldsymbol{R}_m)\mathrm{d}\tau] = E \tag{4.4.11}$$

即

$$E = \varepsilon_i + \frac{1}{N}\sum_{m}\sum_{l}\mathrm{e}^{\mathrm{i}\boldsymbol{k}\cdot(\boldsymbol{R}_m-\boldsymbol{R}_l)}\int \varphi_i^*(\boldsymbol{r}-\boldsymbol{R}_l)\Delta V(\boldsymbol{r}-\boldsymbol{R}_n)\cdot\varphi_i(\boldsymbol{r}-\boldsymbol{R}_m)\mathrm{d}\tau \tag{4.4.12}$$

上式推导中已用到

$$\sum_{l}^{N}\sum_{m}^{N}\varepsilon_i\delta_{ml} = N\varepsilon_i$$

由于求和项中只与原子的相对位置有关,即对每一个 l,对 m 求和的结果是相同的,所以有

$$\sum_{l}^{N}\sum_{m}^{N} = N\sum_{m}$$

为了方便,我们选 $\boldsymbol{R}_l=0$,则式(4.4.12)可写成

$$E = \varepsilon_i + \sum_{m}\mathrm{e}^{\mathrm{i}\boldsymbol{k}\cdot\boldsymbol{R}_m}\int \varphi_i^*(\boldsymbol{r})\Delta V(\boldsymbol{r}-\boldsymbol{R}_n)\varphi_i(\boldsymbol{r}-\boldsymbol{R}_m)\mathrm{d}\tau \tag{4.4.13}$$

把 $\boldsymbol{R}_m=\boldsymbol{R}_l=0$ 的项分别写出来,上式为

$$E = \varepsilon_i + \int \varphi_i^*(\boldsymbol{r})\Delta V(\boldsymbol{r}-\boldsymbol{R}_n)\varphi(\boldsymbol{r})\mathrm{d}\tau + \sum_{\substack{m \\ \boldsymbol{R}_{m\neq 0}}}\mathrm{e}^{\mathrm{i}\boldsymbol{k}\cdot\boldsymbol{R}_m}\int \varphi_i^*(\boldsymbol{r})\Delta V(\boldsymbol{r}-\boldsymbol{R}_n)\varphi_i(\boldsymbol{r}-\boldsymbol{R}_m)\mathrm{d}\tau \tag{4.4.14}$$

令

$$\left.\begin{aligned}\int\varphi_i^*(\boldsymbol{r})[V(\boldsymbol{r})-U(\boldsymbol{r}-\boldsymbol{R}_n)]\varphi_i(\boldsymbol{r})\mathrm{d}\tau&=-\beta\\\int\varphi_i^*(\boldsymbol{r})[V(\boldsymbol{r})-U(\boldsymbol{r}-\boldsymbol{R}_n)]\varphi_i(\boldsymbol{r}-\boldsymbol{R}_m)\mathrm{d}\tau&=-\gamma(\boldsymbol{R}_m)\end{aligned}\right\}\tag{4.4.15}$$

式中，β、γ 均为正数；引入负号的原因是，$U(\boldsymbol{r})-V(\boldsymbol{r}-\boldsymbol{R}_n)$是周期势场与位于 $\boldsymbol{R}_n$ 格点的孤立原子势场之差，它的值是负的，且在 $\boldsymbol{R}_n$ 原子附近其绝对值极小，如图 4.4.1所示. 这样，式(4.4.14)可写成

$$E=\varepsilon_i-\beta-\sum_m \mathrm{e}^{\mathrm{i}\boldsymbol{k}\cdot\boldsymbol{R}_m}\gamma(\boldsymbol{R}_m)\tag{4.4.16}$$

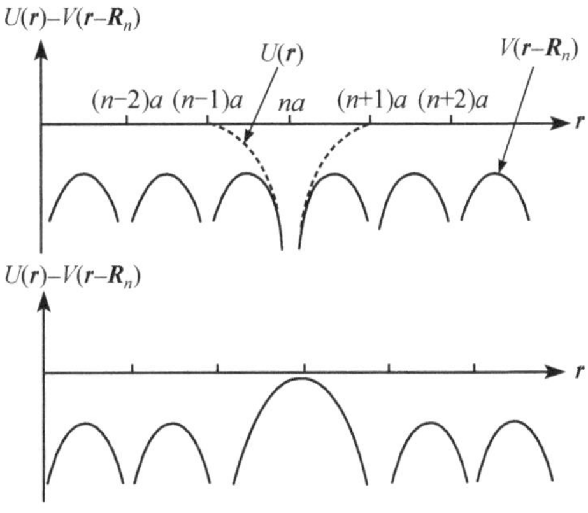

图 4.4.1 一维周期势场与孤立原子的势场

式中，β 称为**晶体场积分**，$\gamma(\boldsymbol{R}_m)$称为**相互作用积分**，它们均依赖于 ΔU 以及原子波函数的交叠程度. 在我们所假定的情况下，原子波函数相互交叠较少，因而式(4.4.16)中求和可只限于对 $\boldsymbol{R}_n$ 的最近邻原子进行. 这样式(4.4.16)可写成

$$E=\varepsilon_i-\beta-\sum_{(n,n)} \mathrm{e}^{\mathrm{i}\boldsymbol{k}\cdot\boldsymbol{R}_m}\gamma(\boldsymbol{R}_m)\tag{4.4.17}$$

式中，符号(n,n)表示对格点 $\boldsymbol{R}_n$ 的最近邻原子求和，$\boldsymbol{R}_n$ 可选晶体格点的任一个，以方便为原则. 式(4.4.17)就是紧束缚近似下晶体中单电子 $\boldsymbol{k}$ 态时能量本征值的一级近似 $E(\boldsymbol{k})$.

由 $E(\boldsymbol{k})$的表达式(4.4.17)知，每一个 $\boldsymbol{k}$ 相应一个能量本征值，即一个能级. 由于 $\boldsymbol{k}$ 可准连续取 N 个不同的值，这 N 个非常接近的能级形成一准连续的能带. 下面我们利用式(4.4.17)来计算 3 种晶体中 s 态原子 $\varphi_s(\boldsymbol{r})$形成的能带.

对简单立方晶格，任选一个原子作为 $\boldsymbol{R}_n$，并把坐标原点选在 $\boldsymbol{R}_n$ 上，即 $\boldsymbol{R}_n=0$. 这样最近邻的 6 个原子的位置矢量 $\boldsymbol{R}_m$ 的坐标分别是$(\pm a,0,0)$、$(0,\pm a,0)$、$(0,0,\pm a)$. 注意到 s 态波函数的球对称性 $\varphi_i(-\boldsymbol{r})=\varphi_i(\boldsymbol{r})$，故 6 个最近邻原子相应的 $\gamma(\boldsymbol{R}_m)$都相等，把 6 个原子的 $\boldsymbol{R}_m$ 代入式(4.4.17)得

$$E(\boldsymbol{k})=\varepsilon_i-\beta-2\gamma[\cos(k_xa)+\cos(k_ya)+\cos(k_za)]\tag{4.4.18}$$

上式表示出简单立方晶格 s 带能量与波矢的关系. 能带的极小值出现在布里渊区中心 $\boldsymbol{k}=0$ 处，有

$$E_{\min}=\varepsilon_i-\beta-6\gamma\tag{4.4.19}$$

能带的最大值出现在 $\boldsymbol{k}$ 为$(\pm\pi/a,\pm\pi/a,\pm\pi/a)$处

$$E_{\max} = \varepsilon_i - \beta + 6\gamma \tag{4.4.20}$$

能带宽度

$$\Delta E = E_{\max} - E_{\min} = 12\gamma \tag{4.4.21}$$

同理，对体心立方和面心立方晶格，最近邻原子数目为 8 和 12，s 带的能谱分别为

$$E_{\mathrm{bcc}}(k) = \varepsilon_i - \beta - 8\gamma\cos\left(\frac{1}{2}k_x a\right)\cos\left(\frac{1}{2}k_y a\right)\cos\left(\frac{1}{2}k_z a\right) \tag{4.4.22}$$

$$E_{\mathrm{fcc}}(k) = \varepsilon_i - \beta - 4\gamma\left[\cos\left(\frac{1}{2}k_x a\right)\cos\left(\frac{1}{2}k_y a\right) + \cos\left(\frac{1}{2}k_x a\right)\cos\left(\frac{1}{2}k_z a\right) + \cos\left(\frac{1}{2}k_y a\right)\cos\left(\frac{1}{2}k_z a\right)\right] \tag{4.4.23}$$

能带宽度分别为

$$\Delta E_{\mathrm{bcc}} = 16\gamma \tag{4.4.24}$$

$$\Delta E_{\mathrm{fcc}} = 16\gamma$$

由此可看出能带宽度由配位数(最近邻原子数)和相互作用积分 γ 两因素共同决定. 为了对晶体的性质作定量的估计，必须要知道 γ 的数值. γ 的数值可用半经验的方法确定. 1973 年哈里森(Harrison)从测量介电常量而获得相互作用积分 γ，后来又通过共价晶体的光反射导出了 γ 与晶体原子间距 d 的关系，有

$$\gamma = \eta\frac{\hbar^2}{md^2}, \qquad \eta = \frac{\pi^2}{8} = 1.23$$

式中，η 是一取决于晶体结构的常量. 对于电子云非球对称分布的情况，η 应与空间方位角有关，即 η 应与相邻两原子的角量子数有关. 因相互作用积分也与角量子数有关. 只有 s 态原子的 γ 是与方位无关的常量.

4.4.3 能带与原子能级

从上面的结果看出：当原子相互接近组成晶体时，原来孤立原子的每一个能级，由于原子间的相互作用就分裂成一个能带；若原子间的距离越小，原子波函数间的交叠就越多，相互作用积分 γ 也就越大，因而能带的宽度就越宽. 图 4.4.2给出了能带的宽度随原子间距变化的示意图.

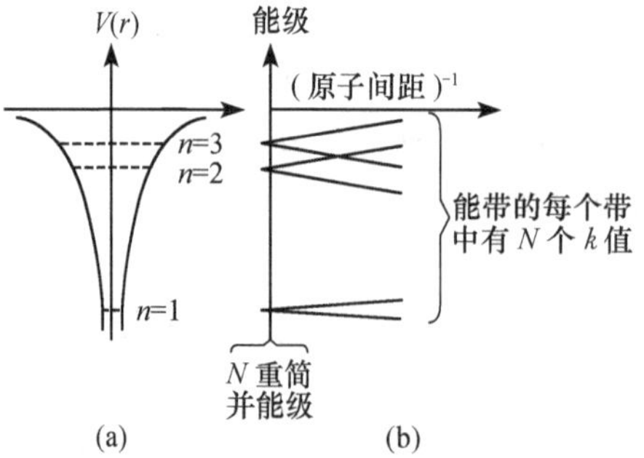

图 4.4.2 紧束缚近似获得的能带示意图

从上面的讨论我们可以看到：一个原子能级 ε_i 形成晶体的一个能带，原子的不同能级，在晶体中将形成一系列相

应的能带，如 s($l=0$)、p($l=1$)、d($l=2$)带等. 由于 p 态是三重简并的，对应的 p 能带也是由 3 个能带交叠而成的. d 带也有类似情况.

实际上，上述能带与能级一一对应的关系只适用于最简单的情况：不同原子态之间相互作用很小，晶格结构非常简单. 例如，简单立方晶体中原子内层电子的能带，这些能带的宽度较窄，能带与能级之间有简单的一一对应关系. 一般情况下，每个原胞不只含一个原子，每个原子还可能有几个能量相等的原子轨道，此时式(4.4.5)中的 $\varphi(\boldsymbol{r}-\boldsymbol{R}_m)$ 就不能是孤立原子的波函数，而要用各个原胞中各种原子波函数的线性组合来代替. 另外，不同原子态之间由于不可忽略的相互作用，导致不同原子态的相互混合，这时能带和原子能级之间就没有简单的对应关系了.

4.4.4 莫特(Mott)转变

由上面的讨论可看出，当晶体中原子间的间距较大时，电子基本被束缚在原子周围，不能形成共有化电子，此时呈绝缘体性质. 当原子间的间距较小时，不同原子的电子波函数相互交叠，将无法分清哪个电子属于哪个原子的，即形成共有化电子. 我们很容易想到可能存在一个临界原子间距，或临界电子数密度，随着电子(原子)数密度的增大，或晶体体积的减小，当晶体中原子间距小于这一临界间距时，晶体将出现金属性质. 我们把这种由于电子数密度变化引起的从绝缘体到金属的转变称为**莫特转变**，它是由莫特首先提出的. 进一步的讨论将在固体中的电子关联一章进行.

4.4.5 万尼尔函数

这里将说明任何布洛赫波函数都可写成万尼尔函数的线性叠加，紧束缚近似仅是其中一个特例.

与近自由电子近似不同，紧束缚近似是以自由原子为基础来研究晶体中电子状态的，所以，能带中电子的波函数可以写成原子波函数的布洛赫波和

$$\psi_k^i=\frac{1}{\sqrt{N}}\sum_m \mathrm{e}^{\mathrm{i}\boldsymbol{k}\cdot\boldsymbol{R}_m}\varphi_i(\boldsymbol{r}-\boldsymbol{R}_m) \tag{4.4.25}$$

这是一种极端情况，一般情况下，晶体中的电子不是完全局域于原子周围，用孤立原子波函数 $\varphi_i(\boldsymbol{r}-\boldsymbol{R}_m)$ 来描述这种局域性就过于简单了，需要寻找能全面反映这种局域性的新函数.

设 $\psi_{nk}(r)$ 是布洛赫函数，如式(4.2.27)所示，它是 k 空间的周期函数. 如同任何一个晶格周期函数都可展开为倒格空间的傅里叶级数一样，k 空间的周期函数可展成晶格空间 $\boldsymbol{R}_l$ 的傅里叶级数

$$\psi_{nk}(\boldsymbol{r})=\frac{1}{\sqrt{N}}\sum_l a_n(\boldsymbol{r}-\boldsymbol{R}_l)\mathrm{e}^{\mathrm{i}\boldsymbol{k}\cdot\boldsymbol{R}_l} \tag{4.4.26}$$

式中，n 为能带指标，$\frac{1}{\sqrt{N}}$ 是归一化常数，N 是晶体的原子数，$\boldsymbol{k}$ 为波矢，系数

$a_n(\boldsymbol{r}-\boldsymbol{R}_l)$称为万尼尔函数,$\boldsymbol{R}_l$ 为第 l 个原子的格点位置矢量. 由式(4.4.26)的反变换中得到

$$a_n(\boldsymbol{r}-\boldsymbol{R}_l)=\frac{1}{\sqrt{N}}\sum_k \mathrm{e}^{-\mathrm{i}\boldsymbol{k}\cdot\boldsymbol{R}_l}\psi_{nk}(\boldsymbol{r}) \tag{4.4.27}$$

即一个能带的万尼尔函数是由同一个能带的布洛赫函数所定义. 万尼尔函数具有以下性质:

1. 局域性

由式(4.4.27)可知

$$\begin{aligned}a_n(\boldsymbol{r}-\boldsymbol{R}_l)&=\frac{1}{\sqrt{N}}\sum_k \mathrm{e}^{-\mathrm{i}\boldsymbol{k}\cdot\boldsymbol{R}_l}\psi_{nk}(\boldsymbol{r})=\frac{1}{\sqrt{N}}\sum_k \mathrm{e}^{\mathrm{i}\boldsymbol{k}\cdot(\boldsymbol{r}-\boldsymbol{R}_l)}u_{nk}(\boldsymbol{r})\\&=\frac{1}{\sqrt{N}}\sum_k \mathrm{e}^{\mathrm{i}\boldsymbol{k}\cdot(\boldsymbol{r}-\boldsymbol{R}_l)}u_{nk}(\boldsymbol{r}-\boldsymbol{R}_l)\end{aligned} \tag{4.4.28}$$

由此看出,万尼尔函数只依赖于 $\boldsymbol{r}-\boldsymbol{R}_l$,它可表示为各种平面波的叠加,所以万尼尔函数是以格点 $\boldsymbol{R}_l$ 为中心的波包,因而具有定域性质.

2. 正交性

$$\begin{aligned}&\int a_n^*(\boldsymbol{r}-\boldsymbol{R}_l)a_m(\boldsymbol{r}-\boldsymbol{R}_{l'})\mathrm{d}\zeta\\&=\frac{1}{N}\sum_k\sum_{k'}\mathrm{e}^{\mathrm{i}(\boldsymbol{k}\cdot\boldsymbol{R}-\boldsymbol{k}'\cdot\boldsymbol{R}_{l'})}\int\psi_{nk}^*(\boldsymbol{r})\psi_{mk}^*(\boldsymbol{r})\mathrm{d}\zeta\\&=\frac{1}{N}\sum_k \mathrm{e}^{\mathrm{i}\boldsymbol{k}\cdot(\boldsymbol{R}_l-\boldsymbol{R}_{l'})\delta_{nm}}=\delta_{ll'}\delta_{nm}\end{aligned} \tag{4.4.29}$$

由式(4.4.29)可看出不同能带和不同格点上的万尼尔函数是正交的.

因此,当某些晶体能带与紧束缚模型相差甚远时,由于万尼尔函数既保留了比较局域化的性质,但又不是孤立原子的波函数,所以在讨论那些电子空间局域性起重要作用的问题时,构造一个合适的万尼尔函数将会是比较好的选择.

4.5　能带理论的其他近似方法

自由电子近似和紧束缚近似是能带理论的两种极限近似. 很难直接应用于真实固体,因此人们发展了许多近似方法,下面仅介绍常见的几种. 这些方法的差别主要在于两个方面,一是选择一组合理的函数来展开电子波函数,二是采用有效势来近似地描述实际晶体中的势场.

4.5.1　正交化平面波法

如 4.2 节所描述,由于晶格势场和布洛赫波函数的周期性,势场和波函数可分

别表示为式(4.2.18)和式(4.2.19)，式(4.2.19)表示电子布洛赫波函数可以用一组正交且完备的平面波$\frac{1}{\sqrt{V}}a(\boldsymbol{G}_l)\mathrm{e}^{\mathrm{i}(\boldsymbol{r}+\boldsymbol{G}_l)\cdot\boldsymbol{r}}$展开. 把式(4.2.18)和式(4.2.19)代入薛定谔方程(4.1.11)，即可得到电子波展开系数$a(\boldsymbol{G}_l)$所满足的方程(4.2.21)，根据其非零解条件满足式(4.2.22)式，即可解得能量本征值E_n，把E_n代入方程(4.2.21)即可解出波展开系数$a(\boldsymbol{G}_l)$，就得到电子的本征态函数. 这实际上是能带理论的一种解法，称之为**平面波法**. 理论上通过解方程式(4.2.21)和式(4.2.22)，可以求出任一周期势$V(\boldsymbol{r})$中运动的电子的波函数和$\varphi_{nk}(\boldsymbol{k})$和能量本征值$E_n(\boldsymbol{k})$. 但实际上只有当大部分系数$a(\boldsymbol{G}_l)$为零时，方程才容易解出. 在近自由电子近似情况下，$V(\boldsymbol{r})$起伏很小，则波函数的展开表示中只有一小部分系数$a(\boldsymbol{G}_l)$不为零. 但一般情况并非如此，$V(\boldsymbol{r})$在核周围随$\boldsymbol{r}$变化很快，导致其展开系数$V(\boldsymbol{G})$的数目很大，不同的$V(\boldsymbol{G})$使式(4.2.22)成为一组数目庞大的耦合方程组，解出的波函数$\varphi_{nk}(\boldsymbol{r})$包含很多傅里叶项，使得真正求解成为不可能.

为了解决这一困难，需要分析一下晶体中电子波函数的基本情况：在远离原子的区域，由于电子所受到的正离子的作用相互抵消，电子处于准自由状态，可用平面波来描述，但是在离子实区电子受到离子实的作用较强，此时的波函数和平面波完全不同，有强烈振荡的特性，需要有很多傅里叶项才能恰当表述.

为了克服平面波展开收敛差的困难，Herring 提出一个修正方案：采用平面波$\mathrm{e}^{\mathrm{i}(\boldsymbol{r}+\boldsymbol{G})\cdot\boldsymbol{r}}$和离子芯区波函数$\psi_{jk}$的线性组合替代平面波展开来描述价电子的布洛赫函数. 即价电子布洛赫函数可写为

$$\varphi_k=\frac{1}{\sqrt{V}}\sum_{\boldsymbol{G}}a_k(\boldsymbol{G})\mathrm{e}^{\mathrm{i}(\boldsymbol{k}+\boldsymbol{G})\cdot\boldsymbol{r}}+\sum_j b_{jk}\psi_{jk}(\boldsymbol{r}) \tag{4.5.1}$$

求和j是对所有被占据的原子壳层，其中芯态波函数ψ_{jk}可用紧束缚近似[参照式(4.4.5)和式(4.4.7)]表示为

$$\psi_{jk}(\boldsymbol{r})=\sum_{m=1}^{N}\frac{1}{\sqrt{N}}\mathrm{e}^{\mathrm{i}\boldsymbol{k}\cdot\boldsymbol{R}_m}\cdot\varphi_j(\boldsymbol{r}-\boldsymbol{R}_m) \tag{4.5.2}$$

式中，$\varphi_j(\boldsymbol{r}-\boldsymbol{R}_m)$为位于$\boldsymbol{R}_m$格点上的原子波函数. 由于价电子波函数与芯态电子波数ψ_j都是同一薛定谔方程不同本征值的解，它们应当正交，即

$$\langle\psi_j\mid\varphi_k\rangle=0$$

这个条件给出式(4.5.1)中第二项的展开系数

$$b_{jk}=\frac{1}{\sqrt{V}}\int\psi_{jk}^*\mathrm{e}^{\mathrm{i}(\boldsymbol{k}+\boldsymbol{G})\cdot\boldsymbol{r}}\mathrm{d}r=-\frac{1}{\sqrt{V}}\sum_{\boldsymbol{G}}a_k(\boldsymbol{G})\int\psi_{jk}^*\mathrm{e}^{\mathrm{i}(\boldsymbol{k}+\boldsymbol{G})\cdot\boldsymbol{r}}\mathrm{d}r \tag{4.5.3}$$

代入式(4.5.1)，即价电子波函数可写成

$$\varphi_k(\boldsymbol{r})=\sum_{\boldsymbol{G}}C_{\boldsymbol{G}}\Phi_{\boldsymbol{k}+\boldsymbol{G}}(\boldsymbol{r})$$

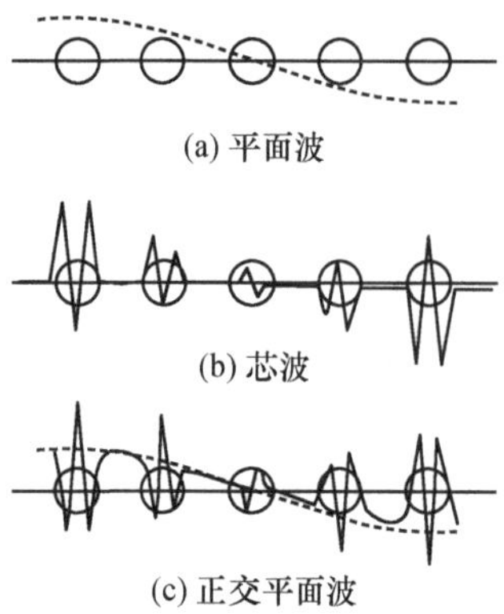

图5.1　平面波、芯波和正交平面波

式中

$$\Phi_k(r)=\frac{1}{\sqrt{V}}e^{i(\boldsymbol{k}+\boldsymbol{G})\cdot r}-b_{jk}\psi_{jk}(r) \tag{4.5.4}$$

称为**正交化平面波**(orthogonalized plane wave, OPW). 但实际应用中,往往只要取几个正交化平面波展开,结果就很好了. 图 4.5.1 为平面波(a)、芯波(b)和正交平面波(c)的示意图.

4.5.2　赝势法

由 OPW 方法自然可导出赝势概念. 正交化平面法使得价电子的傅里叶展开项数变少,波函数变得平滑,这种效果来源于波函数(4.5.1)必须与离子实的芯态波函数正交,即正交性提供的斥力的贡献,其作用使价电子远离离子实. 这种排斥势抵消了离子实的库仑引力势,使价电子感受到的势场不再是原来的势场 $V(\boldsymbol{r})$,而是一个弱的平滑势——赝势(pseudopotential).

赝势法的基本思想是适当的选取一平滑势 $V^{PS}(\boldsymbol{r})$ 来替代实际的晶体势,并选取本征函数为

$$\varphi_k(\boldsymbol{r}) = \varphi_k^{PS}(\boldsymbol{r}) - \sum_j b_{jk}\varphi_j(\boldsymbol{r}) \tag{4.5.5}$$

此处 $\varphi_k^{PS}(\boldsymbol{r})$ 为类似平面波的一个波函数, $\varphi_j(\boldsymbol{r})$ 为原子波函数,对 j 求和包括所有被占的原子壳层. 如前所述,展开系数 b_j 的选择应使价电子的波函数 $\varphi_k(\boldsymbol{r})$ 与芯态波函数正交,这个正交性相当于泡利不相容原理使价电子不会占据其他已被电子占据的原子轨道. 这保证了波函数 $\psi_k(\boldsymbol{r})$ 有我们所需要的性质:远离核时,芯态波可以忽略, $\varphi_k=\varphi_k^{PS}$,类似平面波函数;在芯内,原子波函数就相当可观,导致波函数急剧振荡,如图 4.5.2 所示.

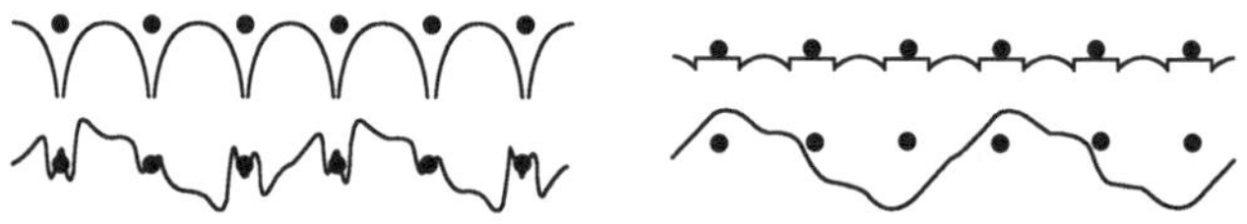

图 4.5.2　赝势的概念

把 $V^{PS}(\boldsymbol{r})$ 和式(4.5.5)所表示的 ψ_k 代入薛定谔方程(4.1.11),并利用 $\hat{H}\varphi_j=E_j\varphi_j$,整理后可得如下形式:

$$\left(-\frac{\hbar^2}{2m}\nabla^2+V^{PS}\right)\varphi_k^{PS} = E(\boldsymbol{k})\varphi_k^{PS} \tag{4.5.6}$$

式中, $E(\boldsymbol{k})$ 是式(4.1.11)中的能量本征值,而

$$V^{\mathrm{PS}}=V+\sum_j[E(\boldsymbol{k})-E_j]b_{jk}\frac{\varphi_{jk}}{\varphi_k^{\mathrm{PS}}} \tag{4.5.7}$$

由式(4.5.6)可看出，如果用赝势 V^{PS} 替代真实周期势 $V(\boldsymbol{r})$，则赝波数 $\varphi_k^{\mathrm{PS}}(\boldsymbol{r})$ 与布洛赫函数 $\varphi_k(\boldsymbol{r})$ 具有完全相同的本征能量 $E(\boldsymbol{k})$，因此可直接通过解式(4.5.6)求解 $E(\boldsymbol{k})$.

由 V^{PS} 的表述式(4.5.7)可以看出，由于 $E(\boldsymbol{k})>E_j$（$E(k)$ 为价电子能量，E_j 为内层电子能量），所以式(4.5.7)中的第二项是正的，而第一项是晶格周期势 $V(\boldsymbol{r})<0$，V^{PS} 中的两项相互抵消，导致 $|V^{\mathrm{PS}}|<|V(\boldsymbol{r})|$，即赝势场比真实势场弱，这给方程(4.5.6)的求解提供了方案：选择适当的 b_{jk} 使 V^{PS} 取得极小值，即由 $\frac{\mathrm{d}V^{\mathrm{PS}}}{\mathrm{d}b_{jk}}=0$ 求出 b_{jk}，这样 V^{PS} 就可以看成是一微扰势，再利用微扰论求解.

4.5.3 糕模势与缀加平面波法

前面已经提到，准自由电子近似和紧束缚近似是两种极端情况，怎样结合两者优势，避免两者的缺点是能带计算的一个关键问题. 1937 年 J. C. Slater 为解决这个问题提出了**糕模势**(muffin-tin potential)概念(图 4.5.3)：周期势场被明显地分成两个部分：一是芯内的球对称原子势，另一个是离子芯间区域的常数势(通常被选为 0)，这样糕模式可被表示为

$$V(\boldsymbol{r})=\begin{cases}V_a(\boldsymbol{r}), & r<r_c\\ 0, & r>r_c\end{cases} \tag{4.5.8}$$

式中，r_c 是离子芯半径，r_c 小于最近邻间距的一半，这样芯态之间不会发生连接或交叠. 糕模势很容易被扩广到原胞内不止一个原子的情形，这时可对不同的离子态选择不同的半径.

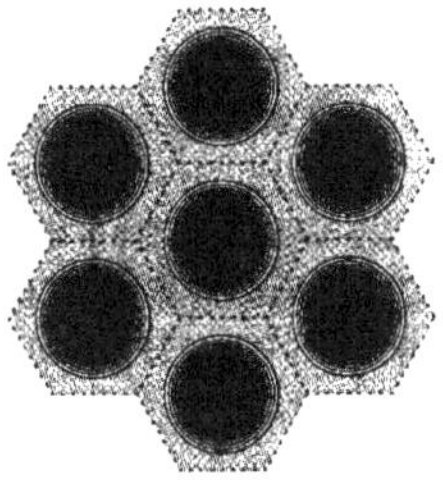

图 4.5.3 糕模势示意图

采用糕模势计算能带结构有很多种方法，下面仅介绍缀加平面波(APW)法：与波矢 k 对应的波函数现在通常被认为是

$$W_k=\begin{cases}\text{原子波函数}(R_l(r,E)\mathrm{Y}_{lm}(\theta,\varphi)), & r<r_c\\ \dfrac{1}{\sqrt{V}}\mathrm{e}^{\mathrm{i}\boldsymbol{k}\cdot\boldsymbol{r}}, & r>r_c\end{cases} \tag{4.5.9}$$

具体表示出来为

$$W_k=\varepsilon(\boldsymbol{r}-\boldsymbol{r}_c)\frac{1}{\sqrt{V}}\mathrm{e}^{\mathrm{i}\boldsymbol{k}\cdot\boldsymbol{r}}+\sum_{lm}a_{lm}\varepsilon(\boldsymbol{r}_c-\boldsymbol{r})R_l(\boldsymbol{r},\boldsymbol{E})\mathrm{Y}_{lm}(\theta,\varphi) \tag{4.5.10}$$

式中，阶梯函数定义为

$$\varepsilon(x)=\begin{cases}1, & x\geqslant 0\\ 0, & x<0\end{cases} \tag{4.5.11}$$

式(4.5.10)中求和是对所有电子占据的芯态求和. 式(4.5.9)与式(4.5.10)表示：在芯区内，波函数与原子的波函数类似，可由适当的自由原子的薛定谔方程解出. 在芯区外，因为此时势场近似为一常数，波函数是平面波，芯区内外波函数应在球表面平滑连接. 由此可求出展开系数 a_{lm}.

但是 W_k 不具有布洛赫函数形式，与 4.2 节的讨论相似，固体电子的布洛赫函数可用 W_k 的线性组合实现

$$\varphi_k(\boldsymbol{r}) = \sum_G C(\boldsymbol{k},\boldsymbol{G}) W_{k+G(r)} \tag{4.5.12}$$

展开系数 $C(\boldsymbol{k},\boldsymbol{G})$ 可用变分方法得到，决定这些系数的方程与赝势法中所述几乎完全相同. 但是实际上式(4.5.12)中的级数收敛很快，只要给出 4～7 项或更少就足够给出期望的精度，因此用 APW 方法计算金属的能带结构是很有效的. 还有很多使用糕模势能带计算方法，本书不再一一介绍. 有兴趣的读者可参阅有关固体理论的论著.

4.6　晶体中电子的准经典运动

本节我们从晶体中电子波函数和能带的普遍性质出发，讨论电子在晶体中的运动. 并讨论在外电场作用下晶体电子的运动规律.

4.6.1　晶体中电子的平均速度

电子的速度算符 $\hat{\boldsymbol{v}}=\hat{\boldsymbol{p}}/m$ 与单电子哈密顿算符 $\hat{H}$ 不对易，所以在电子本征态 ψ_k 中，电子速度没有确定值，而只有平均值

$$\bar{v}_k = \frac{1}{m}\int \psi_k^* \hat{\boldsymbol{p}} \psi_k \mathrm{d}\tau \tag{4.6.1}$$

才有意义. 现在我们来导出 $\bar{v}_k$ 与能谱 $E(\boldsymbol{k})$ 的关系. 由单电子薛定谔方程

$$\hat{H}\psi_k = E(\boldsymbol{k})\psi_k$$

可知

$$E(\boldsymbol{k}) = \int \psi_k^* \hat{H} \psi_k \mathrm{d}\tau \tag{4.6.2}$$

上式对 k_x 求微商，有

$$\frac{\partial E(\boldsymbol{k})}{\partial k_x} = \int \frac{\partial \psi_k^*}{\partial k_x} \hat{H} \psi_k \mathrm{d}\tau + \int \psi_k^* \hat{H} \frac{\partial \psi_k}{\partial k_x} \mathrm{d}\tau \tag{4.6.3}$$

由布洛赫定理知 $\psi_k = \mathrm{e}^{\mathrm{i}\boldsymbol{k}\cdot\boldsymbol{r}} u_k(\boldsymbol{r})$，于是式(4.6.3)可写成

$$\frac{\partial E(k)}{\partial k_x} = \mathrm{i}\int \psi_k^* (\hat{H}x - x\hat{H}) \psi_k \mathrm{d}\tau + \int \mathrm{e}^{-\mathrm{i}\boldsymbol{k}\cdot\boldsymbol{r}} \frac{\partial u_k^*}{\partial k_x} \hat{H} \psi_k \mathrm{d}\tau + \int \psi_k^* \hat{H} \mathrm{e}^{\mathrm{i}\boldsymbol{k}\cdot\boldsymbol{r}} \frac{\partial u_k}{\partial k_x} \mathrm{d}\tau \tag{4.6.4}$$

利用算符的厄米性质，式(4.6.4)中等号右边第三项可写成

$$\int \psi_k^* \hat{H} \mathrm{e}^{\mathrm{i}\boldsymbol{k}\cdot\boldsymbol{r}} \frac{\partial u_k}{\partial k_x} \mathrm{d}\tau = \int \mathrm{e}^{\mathrm{i}\boldsymbol{k}\cdot\boldsymbol{r}} \frac{\partial u_k}{\partial k_x} \hat{H} \psi_k^* \mathrm{d}\tau = E(\boldsymbol{k}) \int \mathrm{e}^{\mathrm{i}\boldsymbol{k}\cdot\boldsymbol{r}} \frac{\partial u_k}{\partial k_x} \psi_k^* \mathrm{d}\tau$$

代入式(4.6.4)得

$$\begin{aligned}\frac{\partial E(\boldsymbol{k})}{\partial k_x} &= \mathrm{i}\int \psi_k^* (\hat{H}x - x\hat{H})\psi_k \mathrm{d}\tau + E(\boldsymbol{k})\int \mathrm{e}^{-\mathrm{i}\boldsymbol{k}\cdot\boldsymbol{r}} \frac{\partial u_k^*}{\partial k_x} \mathrm{e}^{\mathrm{i}\boldsymbol{k}\cdot\boldsymbol{r}} u_k(\boldsymbol{r})\mathrm{d}\tau \\ &\quad + E(\boldsymbol{k})\int \mathrm{e}^{\mathrm{i}\boldsymbol{k}\cdot\boldsymbol{r}} \frac{\partial u_k}{\partial k_x} \mathrm{e}^{-\mathrm{i}\boldsymbol{k}\cdot\boldsymbol{r}} u_k^*(\boldsymbol{r})\mathrm{d}\tau \\ &= \mathrm{i}\int \psi_k^* (\hat{H}x - x\hat{H})\psi_k \mathrm{d}\tau + E(\boldsymbol{k})\int \frac{\partial u_k^*}{\partial k_x} u_k \mathrm{d}\tau + E(\boldsymbol{k})\int \frac{\partial u_k}{\partial k_x} u_k^* \mathrm{d}\tau \\ &= \mathrm{i}\int \psi_k^* (\hat{H}x - x\hat{H})\psi_k \mathrm{d}\tau + E(\boldsymbol{k}) \frac{\partial}{\partial k_x}\int u_k^* u_k \mathrm{d}\tau \end{aligned} \tag{4.6.5}$$

因为

$$\frac{\partial}{\partial k}\int u_k^* u_k \mathrm{d}\tau = \frac{\partial}{\partial k}\int \psi_k^* \psi_k \mathrm{d}\tau = 0$$

以及

$$\hat{H}x - x\hat{H} = -\frac{\mathrm{i}\hbar}{m}\hat{p}_x$$

所以

$$\frac{\partial E(\boldsymbol{k})}{\partial k_x} = \frac{\hbar}{m}\int \psi_k^* \hat{p}_x \psi_k \mathrm{d}\tau = \hbar \bar{v}_x(\boldsymbol{k}) \tag{4.6.6}$$

即

$$\bar{v}_x(\boldsymbol{k}) = \frac{1}{\hbar}\frac{\partial E(\boldsymbol{k})}{\partial k_x} \tag{4.6.7}$$

同理可得

$$\frac{\partial E(\boldsymbol{k})}{\partial k_y} = \hbar \bar{v}_y(\boldsymbol{k}), \qquad \bar{v}_y(\boldsymbol{k}) = \frac{1}{\hbar}\frac{\partial E(\boldsymbol{k})}{\partial k_y} \tag{4.6.8}$$

$$\frac{\partial E(\boldsymbol{k})}{\partial k_z} = \hbar \bar{v}_z(\boldsymbol{k}), \qquad \bar{v}_z(\boldsymbol{k}) = \frac{1}{\hbar}\frac{\partial E(\boldsymbol{k})}{\partial k_z} \tag{4.6.9}$$

写成矢量形式

$$\bar{v}(\boldsymbol{k}) = \bar{v}_x \boldsymbol{i} + \bar{v}_y \boldsymbol{j} + \bar{v}_z \boldsymbol{k} = \frac{1}{\hbar}\left[\frac{\partial E(k)}{\partial k_x}\boldsymbol{i} + \frac{\partial E(k)}{\partial k_y}\boldsymbol{j} + \frac{\partial E(k)}{\partial k_z}\boldsymbol{k}\right] = \frac{1}{\hbar}\nabla_k E(\boldsymbol{k}) \tag{4.6.10}$$

这表明，处于 $\boldsymbol{k}$ 态电子的平均速度正比于能量在 $\boldsymbol{k}$ 空间的梯度. 由此可知，位于 $\boldsymbol{k}$ 空间代表点电子态的速度都垂直于通过该点的等能面.

4.6.2 电子的准经典运动

在讨论量子力学与经典力学的对应时，可把德布罗意波组成波包，用波包的群速度代表对应经典粒子的运动. 实际上式(4.6.10)给出了布洛赫电子的群速度. 这

可由下面简单推导得知，把熟知的波包的群速度公式

$$\boldsymbol{v} = \nabla_k \omega(\boldsymbol{k})$$

用于晶体中电子的布洛赫波，并考虑到爱因斯坦关系 $\omega = \frac{E}{\hbar}$，即可得式(4.6.10). 所以式(4.6.10)就是以 $\boldsymbol{k}$ 为波包中心的波包群速度. 在波包的波矢变化范围 $\Delta\boldsymbol{k}$ 比布里渊区的线度$\frac{2\pi}{a}$小得多(也就是波包中心展宽的范围 $\Delta x \gg a$)的条件下，**布洛赫电子**的运动可看作以 $\boldsymbol{k}$ 为中心的波包运动. 在金属等导体中，Δx 约为多个原子间距 10^{-1}nm 量级，电子的平均自由程 l 约为 10nm，$l \gg \Delta x$. 而且在 Δx 范围内外场变化平缓(可见光波长为 10^2nm 量级). 在这个前提下，晶体电子可用类经典粒子所具有的速度、准动量和能量等经典量描述. 讨论晶体电子在外电场，外磁场作用下的运动规律常用这种方法. 显然，$\boldsymbol{k}$ 态电子对电流的贡献为

$$\boldsymbol{i}_k = -e\boldsymbol{v}(\boldsymbol{k}) \tag{4.6.11}$$

4.6.3　布洛赫电子在外力作用下的加速度

在外力作用下，单位时间内外力所做的功等于电子能量的改变量，即

$$\frac{\mathrm{d}E(\boldsymbol{k})}{\mathrm{d}t} = \boldsymbol{f} \cdot \boldsymbol{v} \tag{4.6.12}$$

电子能量是波矢 $\boldsymbol{k}$ 的函数，既然能量变化，波矢也将发生相应的变化，即

$$\frac{\mathrm{d}E(\boldsymbol{k})}{\mathrm{d}t} = \frac{\partial E(\boldsymbol{k})}{\partial k_x}\frac{\mathrm{d}k_x}{\mathrm{d}t} + \frac{\partial E(\boldsymbol{k})}{\partial k_y}\frac{\mathrm{d}k_y}{\mathrm{d}t} + \frac{\partial E(\boldsymbol{k})}{\partial k_z}\frac{\mathrm{d}k_z}{\mathrm{d}t} = \nabla_k E(\boldsymbol{k}) \cdot \frac{\mathrm{d}\boldsymbol{k}}{\mathrm{d}t} \tag{4.6.13}$$

比较式(4.6.12)与式(4.6.13)，并注意到式(4.6.10)可得

$$\boldsymbol{f} = \hbar \frac{\mathrm{d}\boldsymbol{k}}{\mathrm{d}t} \tag{4.6.14}$$

这就是外力作用下，电子的运动方程. 它与牛顿第二定律 $\boldsymbol{f} = \mathrm{d}\boldsymbol{P}/\mathrm{d}t$ 具有相同的形式. 但要注意，式(4.6.14)中的 $\boldsymbol{f}$ 只是外力，不是全部作用力，晶体内晶格周期场对电子的作用没有计算在内，因此 $\hbar\boldsymbol{k}$ 不是电子的真正动量，我们称之为准动量.

电子的平均加速度可由下式求出：

$$\begin{aligned}\boldsymbol{a} &= \frac{\mathrm{d}\boldsymbol{v}}{\mathrm{d}t} = \frac{\mathrm{d}}{\mathrm{d}t}\left[\frac{1}{\hbar}\nabla_k E(\boldsymbol{k})\right] = \frac{1}{\hbar}\nabla_k \frac{\mathrm{d}E(\boldsymbol{k})}{\mathrm{d}t} \\ &= \frac{1}{\hbar}\nabla_k\left[\nabla_k E(\boldsymbol{k}) \cdot \frac{\mathrm{d}\boldsymbol{k}}{\mathrm{d}t}\right] = \frac{1}{\hbar^2}\nabla_k \nabla_k E(\boldsymbol{k}) \cdot \boldsymbol{f}\end{aligned} \tag{4.6.15}$$

对一维情况，式(4.6.15)可写成

$$\begin{aligned}a &= \frac{\mathrm{d}v}{\mathrm{d}t} = \frac{\mathrm{d}}{\mathrm{d}t}\left[\frac{1}{\hbar}\frac{\mathrm{d}E(k)}{\mathrm{d}k}\right] = \frac{1}{\hbar}\frac{\mathrm{d}}{\mathrm{d}k}\left[\frac{\mathrm{d}E(k)}{\mathrm{d}t}\right] = \frac{1}{\hbar}\frac{\mathrm{d}}{\mathrm{d}k}\left[\frac{\mathrm{d}E(k)}{\mathrm{d}t}\frac{\mathrm{d}k}{\mathrm{d}t}\right] \\ &= \frac{1}{\hbar}\frac{\mathrm{d}^2E(k)}{\mathrm{d}k^2}\frac{\mathrm{d}k}{\mathrm{d}t} = \frac{1}{\hbar^2}\frac{\mathrm{d}^2E(k)}{\mathrm{d}k^2}f\end{aligned} \tag{4.6.16}$$

4.6.4 有效质量

式(4.6.16)可写为

$$f=\frac{\hbar^2}{\dfrac{\mathrm{d}^2E(k)}{\mathrm{d}k^2}}a$$

与牛顿第二定律 $f=ma$ 相比较,可知 $\hbar^2/[\mathrm{d}^2E(k)/\mathrm{d}k^2]$ 相当于质量,我们称之为晶体电子的**有效质量**(effective mass)m^*,有

$$m^*=\frac{\hbar^2}{\dfrac{\mathrm{d}^2E(k)}{\mathrm{d}k^2}} \tag{4.6.17}$$

对三维情况,由式(4.5.15)知

$$\frac{1}{m^*}=\frac{1}{\hbar^2}\nabla_k\nabla_kE(\boldsymbol{k})=\frac{1}{\hbar^2}\begin{pmatrix}\dfrac{\partial^2E}{\partial k_x^2} & \dfrac{\partial^2E}{\partial k_x\partial k_y} & \dfrac{\partial^2E}{\partial k_x\partial k_z}\\ \dfrac{\partial^2E}{\partial k_x\partial k_y} & \dfrac{\partial^2E}{\partial k_y^2} & \dfrac{\partial^2E}{\partial k_y\partial k_z}\\ \dfrac{\partial^2E}{\partial k_x\partial k_z} & \dfrac{\partial^2E}{\partial k_y\partial k_z} & \dfrac{\partial^2E}{\partial k_z^2}\end{pmatrix} \tag{4.6.18}$$

即有效质量的倒数 $1/m^*$ 是一个二阶对称张量.

由有效质量的定义可以看出,有效质量与惯性质量不同.首先,由于有效质量是张量,所以电子的加速度一般与外力方向不一致.这是因为除了外力作用外,电子还受到晶格周期场的作用,这个作用由有效质量所概括.其次,有效质量与电子的状态有关,可以是正值,也可以是负值.

为了使读者有一具体的概念,我们计算一下一维紧束缚近似下电子的有效质量.由式(4.4.18)知,一维情况下的能谱为

$$E(k)=\varepsilon_i-\beta-2\gamma\cos(ka)$$

及

$$\frac{\mathrm{d}^2E(k)}{\mathrm{d}k^2}=2\gamma a^2\cos(ka)$$

在能带底部,即 $k=0$ 时(能带取最小值)有效质量

$$m^*_{带底}=\frac{\hbar^2}{\dfrac{\mathrm{d}^2E}{\mathrm{d}k^2}}=\frac{\hbar^2}{2\gamma a^2}>0 \tag{4.6.19}$$

有效质量为正.在能带顶部(能带取最大值),即 $k=\dfrac{\pi}{a}$ 时,有效质量

$$m^*_{带顶}=\frac{-\hbar^2}{2\gamma a^2}<0 \tag{4.6.20}$$

为负.

为了进一步了解有效质量的含义，我们来研究一下能带极值附近（一般也就是带顶和带低附近）电子的行为. 为简单起见，我们仍就一维情况讨论. 令 k_0 是能带极值处的波矢，k_0 附近的波矢 k 可写成

$$k = k_0 + \Delta k$$

把波矢 k 所对应的能量 $E(k)$ 在 k_0 附近展开，由于极值处 $E(k)$ 的一次微商 $\left(\frac{\mathrm{d}E}{\mathrm{d}k}\right)_{k_0}=0$，$\Delta k$ 很小，只保留到二次微商项，有

$$E(k) = E(k_0) + \frac{1}{2}\frac{\partial^2 E(k)}{\partial k^2}(\Delta k)^2 = E(k_0) + \frac{\hbar^2(\Delta k)^2}{2m^*} \tag{4.6.21}$$

上式说明在能带极值 $E(k_0)$ 附近以 $E(k_0)$ 为能量参考点，电子的能谱关系与自由电子的能谱关系 $E(k)=\frac{\hbar^2 k^2}{2m}$ 类似，所以在能带极值附近电子可以看成是具有有效质量的自由电子.

4.7　固体导电性能的能带论解释

本节以能带理论为基础来说明晶体为什么区分为导体、绝缘体和半导体.

4.7.1　电子填充情况与导电性

由 4.2 节可知，在能带理论中，对每个能带都有

$$E_n(\boldsymbol{k}) = E_n(-\boldsymbol{k}) \tag{4.7.1}$$

由式(4.6.10)可知，处于同一能带上的 $\boldsymbol{k}$ 和 $-\boldsymbol{k}$ 两个态上的电子具有大小相等、方向相反的速度

$$\boldsymbol{v}(\boldsymbol{k}) = -\boldsymbol{v}(-\boldsymbol{k}) \tag{4.7.2}$$

所以这两个态上的电子对电流的贡献相互抵消，而且在热平衡条件下，由费米-狄拉克分布可知，电子占据 $\boldsymbol{k}$ 态与 $-\boldsymbol{k}$ 态的概率相等，所以，在无外电场作用时，无论是满带（被电子充满的能带）还是非满带的电子，对电流的贡献均为零，故晶体中无宏观电流，如图 4.7.1 所示.

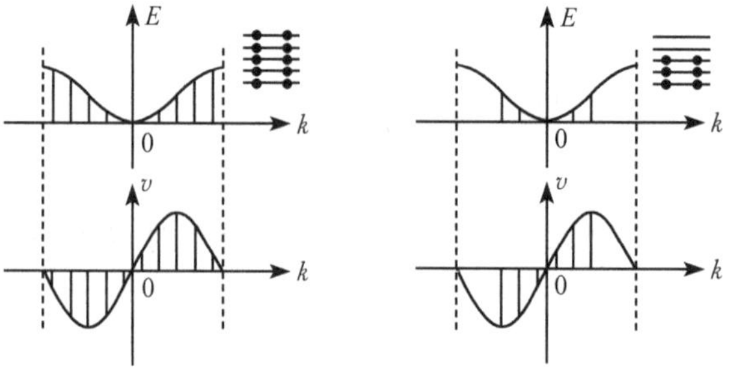

图 4.7.1　无外电场时，满带、半满带电子速度分布

如果给晶体加上一外电场 $\boldsymbol{\varepsilon}$,晶体中电子受到的电场力为

$$\boldsymbol{f} = -e\boldsymbol{\varepsilon}$$

按照式(4.6.14),有

$$\frac{\mathrm{d}\boldsymbol{k}}{\mathrm{d}t} = -\frac{e\boldsymbol{\varepsilon}}{\hbar} \tag{4.7.3}$$

即电子的每一状态 $\boldsymbol{k}$ 都以相同的速度在 $\boldsymbol{k}$ 空间运动,也就是说波矢 $\boldsymbol{k}$ 的代表点在外电场作用下不会发生相互位置变化,所以整个布里渊区中状态的分布不因电场的作用而改变.但是,由于状态分布在外电场作用下会发生整体平移,此时充满了电子的能带和半满的能带对电流的贡献是不同的.

对于满带,电子占据了能带中的各个状态,在电场作用下所有电子的波矢 $\boldsymbol{k}$ 都发生变化,都以同样的速度从一个状态 $\boldsymbol{k}$ 到另一个状态,前面已经指出,状态($\boldsymbol{k}$ 的代表点)在布里渊区的分布是均匀的,而且 $E(\boldsymbol{k})$ 和 $\psi_k(\boldsymbol{r})$ 在 $\boldsymbol{k}$ 空间具有周期性

$$E(\boldsymbol{k}+\boldsymbol{G}) = E(\boldsymbol{k}), \qquad \psi_{k+G}(\boldsymbol{r}) = \psi_k(\boldsymbol{r})$$

这就是说,从布里渊区一边出去的电子相当于从另一边又同时填了进来,所以就整个能带来说,电子在各状态中的分布情况实际上并没有发生变化,由图 4.7.2 所示.故满带电子没有导电作用.

对一个非满带的电子,电子只占据了能带上的部分态,外电场的作用使电子的状态在 $\boldsymbol{k}$ 空间发生平移,破坏了原来的对称分布,如图 4.7.3 所示.这样,沿电场方向与反电场方向运动的电子数目不等.这时电子的电流只是部分抵消,故总电流不等于零.所以非满的能带中的电子可以导电,我们称之为导带.

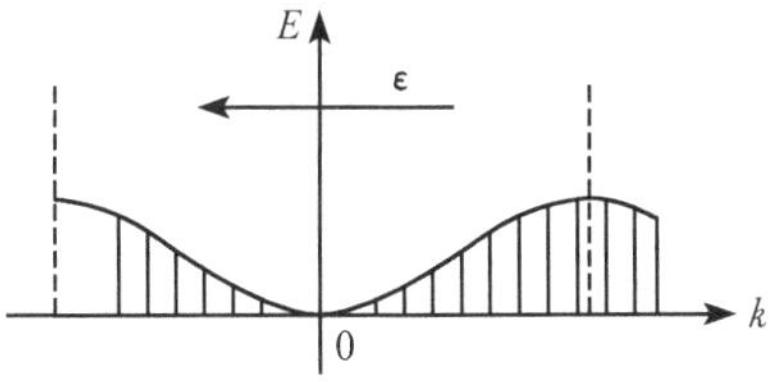

图 4.7.2 电场作用下满带电子分布

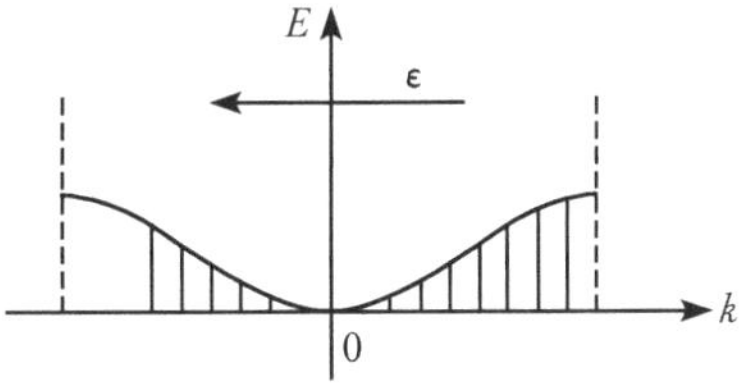

图 4.7.3 电场作用下非满带电子分布

4.7.2 导体、绝缘体与半导体

以上分析说明,一个晶体是否为导体,取决于电子在能带中的分布情况,关键在于它是否具有不满的能带.如果晶体没有不满的能带,只有满带和没有电子占据的空带,而且满带和空带被禁带隔离,那么这种晶体就不是导体,而是绝缘体或半导体.

原子结合成晶体后,原子的能级转化成相应的能带.由于原子内层电子能级是充满的,所以相应的内层能带也是满带,是不导电的.所以,晶体是否导电取决于与价电子能级对应的价带是否被电子充满.由于每个能带可容纳 $2N$ 个电子,N 是晶体原胞数目,因此价带是否被电子填满取决于每个原胞所含的价电子数目,以及能

带是否有重叠. 如果每个原胞中的价电子数目是 2 的整数倍,且电子占据的能带与更高一级的能带不重叠,即只有满带和被能隙隔开的空带,这种晶体就是绝缘体或半导体,否则就是导体. 如 Li、Na、K 等碱金属元素,每个原子只有一个价电子,他们组成晶体时构成体心立方布拉维晶格,每个原胞只有一个价电子,整个晶体中的价电子只能填满半个价带,故它们是导体. 二价元素 Ba、Mg、Zn 等虽然每个原胞有偶数个电子,但由于晶体结构的特点. 使其价带和空带发生交叠,形成一个更宽的能带,它可包含几个布里渊区,因而可填充比 $2N$ 更多的电子,结果使能带不完全填满,因而也是导体. 又如金刚石,每个原胞有两个原子共 8 个电子,能带又不重叠,所以是典型的绝缘体.

除绝缘体和导体外,还有一些晶体的导电能力介于这两者之间,称为半导体. 从能带结构和电子填充情况来看,半导体与绝缘体相似. 例如,Ge、Si 晶体与金刚石具有同样的能带结构和电子填充情况,只是分隔满带与空带的禁带较窄,都在 2eV 以下. 因此可以依靠热激发,把满带的电子激发到空带,使满带和空带都成为导带,于是有了导电本领. 由于热激发的电子数目随温度按指数规律变化,所以半导体的电导率也随温度按指数规律变化,这是半导体的主要特征. 一般情况下,热激发电子较少,因而参与导电的电子也较少,故半导体的导电性能较差. 导体、绝缘体与半导体的能带结构及能带填充情况,如图 4.7.4 所示.

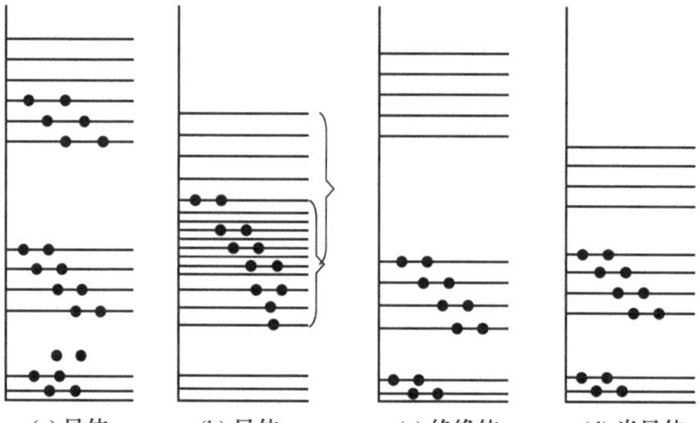

图 4.7.4　导体、绝缘体与半导体能带填充情况

还有一类材料称为半金属,其能带结构与导体(b)类似图 7.4.4(b),只是满带顶与价带底的能态密度较小,因此载流子数密度约为$(10^{23}-10^{26})/m^3$ 量级,远小于金属导体的 $10^{29}/m^3$ 数量级. 石墨与五阶元素 As、Sb、Bi 是典型的半金属.

4.7.3　空穴

对于半导体,由于热激发,使得满带顶部的电子跃迁到空带,从而使原来的满带和空带都成为导带. 为了描述这种近满带的导电功能,我们引入"空穴"概念,它将为我们处理有关近满带问题带来极大方便.

为了说明空穴的概念，设想满带中由于某一个状态 $\boldsymbol{k}$ 未被电子占据，这个近满带，在电场作用下应有电流产生，用 $\boldsymbol{I}_k$ 表示. 如果引入一个电子来填补这个空的状态，这个电子的电流应当等于 $-e\boldsymbol{v}(\boldsymbol{k})$. 但是，引入这个电子后，能带又被充满，总电流应为 0，从而得到

$$\boldsymbol{I}_k + [-e\boldsymbol{v}(\boldsymbol{k})] = 0$$

即

$$\boldsymbol{I}_k = e\boldsymbol{v}(\boldsymbol{k}) \tag{4.7.4}$$

上式表明，一个 $\boldsymbol{k}$ 状态空着的能带所产生的电流与一个带正电荷 e，以该状态的电子速度 $\boldsymbol{v}(\boldsymbol{k})$运动的粒子所产生的电流相同，我们称这种空的状态为“**空穴**(hole)”.

在电场作用下，空穴在 k 空间位置的变化与周围电子在 k 空间位置的变化是一样的，就如同坐标空间行进的队伍中缺少了一个人，这个空穴随队伍一起运动一样，所以空穴的加速度为

$$\frac{\mathrm{d}\boldsymbol{v}(k)}{\mathrm{d}t} = \frac{-e\boldsymbol{\varepsilon}}{m_{\mathrm{e}}^*(\boldsymbol{k})} \tag{4.7.5}$$

式中，$m_{\mathrm{e}}^*(\boldsymbol{k})$为电子的有效质量. 由于满带带顶电子较易受到热激发而进入空带，因而 $m_{\mathrm{e}}^*(\boldsymbol{k})$是负的，我们定义空穴的有效质量

$$m_{\mathrm{n}}^*(\boldsymbol{k}) = -m_{\mathrm{e}}^*(\boldsymbol{k})$$

则式(4.6.5)为

$$\frac{\mathrm{d}\boldsymbol{v}(\boldsymbol{k})}{\mathrm{d}t} = \frac{e\boldsymbol{\varepsilon}}{m_{\mathrm{n}}^*(\boldsymbol{k})}$$

也就是说空穴可以看成一个带正电荷 e，具有正的有效质量的粒子.

空穴概念的引进，对于解释半导体及一些物理现象起着重要作用. 例如，在普通物理学中，我们可推知金属的霍尔系数是负的，但试验发现 Be、Zn、Cd 等的霍尔系数是正的. 这不难用空穴概念来解释：由于 Be、Zn、Cd 等能带有少量重叠，会出现电子与空穴同时参与导电的情形，电子与空穴属于不同的能带，具有不同的有效质量和速度，对电流的贡献不同，当空穴对电流的贡献起主要作用时，霍尔系数就是正的.

4.8 能态密度

由统计物理知道，要讨论电子的分布，首先要知道每个能级的状态数目. 在孤立原子中，电子的本征状态形成一系列的分立能级，每个能级的状态数目可用简并度 ω_i 表示. 然而，在固体中，每个能带中的各能级是非常密集的，形成准连续分布，不可能标明每个能级及其状态数，因此我们引入“能态密度”的概念.

4.8.1　能态密度

如果在第 n 个能带中，能量为 $E \sim E+\Delta E$ 时的状态数目为 $\Delta\omega$，则第 n 个能带上的状态密度 $g_n(E)$ 定义为

$$g_n(E)=\lim_{\Delta E\to 0}\frac{\Delta\omega}{\Delta E} \tag{4.8.1}$$

即能态密度定义为单位能量间隔中的状态数.

现在，我们来求 $g_n(E)$ 的表示式. 由于 $E_n(\boldsymbol{k})$ 是 $\boldsymbol{k}$ 的函数，所以在 k 空间

$$E_n(\boldsymbol{k})=\text{常数} \tag{4.8.2}$$

表示一个等能面. 又由于能态（波矢 $\boldsymbol{k}$ 的代表点）在 k 空间是均匀分布的，密度为 $V/(2\pi)^3$. 所以，$E_n(\boldsymbol{k})$ 与 $E_n(\boldsymbol{k})+\Delta E_n(\boldsymbol{k})$ 两等能面之间的状态数目

$$\Delta\omega_n=\frac{V}{(2\pi)^3}\times\Delta V_k \tag{4.8.3}$$

式中，ΔV_k 为 E 与 $E+\Delta E$ 等能面之间在 k 空间的体积，如图 4.8.1 所示.

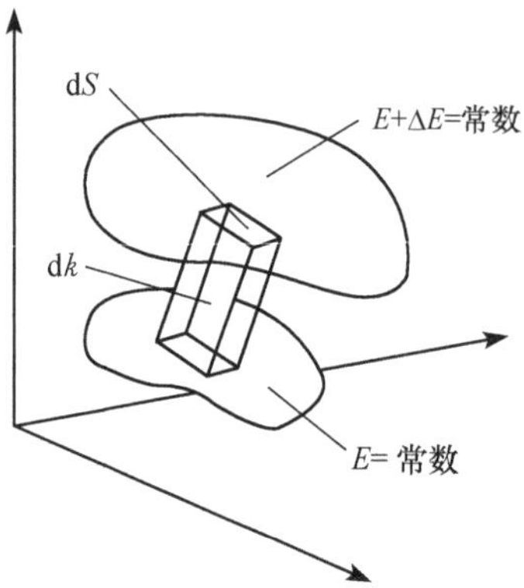

图 4.8.1　k 空间等能面示意图

由图 4.8.1 可以看出

$$\Delta V_k=\iint \mathrm{d}S\mathrm{d}k_\perp \tag{4.8.4}$$

式中，dS 为等能面上的体积元，$\mathrm{d}k_\perp$ 为两等能面之间的垂直距离，它垂直于 dS 显然有

$$\mathrm{d}k_\perp\,|\nabla_k E_n(\boldsymbol{k})|=\Delta E_n \tag{4.8.5}$$

式中，$\nabla_k E_n(\boldsymbol{k})$ 是 $E_n(\boldsymbol{k})$ 的梯度，$|\nabla_k E_n(\boldsymbol{k})|$ 表示沿等能面法线方向能量的变化率，所以

$$\mathrm{d}k_\perp=\frac{\Delta E_n}{|\nabla_k E_n(\boldsymbol{k})|} \tag{4.8.6}$$

于是

$$\Delta\omega_n=\frac{V}{(2\pi)^3}\iint \mathrm{d}S\mathrm{d}k_\perp=\frac{V}{(2\pi)^3}\iint \mathrm{d}S\,\frac{\Delta E_n}{|\nabla_k E_n(\boldsymbol{k})|} \tag{4.8.7}$$

所以

$$g_n(E)=\lim_{\Delta E\to 0}\frac{\Delta\omega_n}{\Delta E_n}=\frac{V}{(2\pi)^3}\iint\frac{\mathrm{d}S}{|\nabla_k E_n(\boldsymbol{k})|} \tag{4.8.8}$$

考虑到每个状态可容纳自旋相反的两个电子，则状态密度加倍，有

$$g_n(E)=\frac{V}{4\pi^3}\iint\frac{\mathrm{d}S}{|\nabla_k E_n(\boldsymbol{k})|} \tag{4.8.9}$$

可以看出，状态密度与晶格振动的模式密度是相类似的.

一个最简单的例子是，若电子是完全自由的，则

$$E(\boldsymbol{k})=\frac{\hbar^2}{2m}(k_x^2+k_y^2+k_z^2)=\frac{\hbar^2k^2}{2m}$$

只与 $\boldsymbol{k}$ 的模有关，因此在 k 空间的等能面是球面，其半径为

$$k=\frac{\sqrt{2mE}}{\hbar}$$

因而

$$|\nabla_k E_n(\boldsymbol{k})|=\frac{\mathrm{d}E}{\mathrm{d}k}=\frac{\hbar^2k}{m}$$

因此，自由电子的状态密度

$$\begin{aligned}g_n(E)&=\frac{V}{4\pi^3|\nabla_k E_n(\boldsymbol{k})|}\iint\mathrm{d}S=\frac{V}{4\pi^3}\frac{m}{\hbar^2k}4\pi k^2\\&=\frac{2V}{(2\pi)^2}\left(\frac{2m}{\hbar^2}\right)^{\frac{3}{2}}E^{\frac{1}{2}}=CE^{\frac{1}{2}}\end{aligned}\tag{4.8.10}$$

式中

$$C=\frac{2V}{(2\pi)^2}\left(\frac{2m}{\hbar^2}\right)^{\frac{3}{2}}$$

$g(E)$随 E 以抛物线规律上升，如图 4.8.2 所示.

进一步考虑近自由电子近似情况. 由 4.3 节的讨论可知，周期场的影响主要发生在布里渊区边界附近. 在第一布里渊区内离界面较远处，布洛赫电子的行为近似于自由电子，在 k 空间的等能面为球面，$g(E)$与自由电子非常相近. 随着能量增大，当等能面接近布里渊区界面时，由于周期场的微扰作用使能量下降，等能面将向边界凸出，如图 4.8.3 所示. 由于等能面向边界凸出，使等能面在 k 空间所包围的体积大于自由电子相同等能面所包围的体积. 因此，随着 E 增大，等能面在靠近布里渊区边界处一个比一个更强烈地向外凸出，因而等能面之间的体积的增长大于自由电子情形；相应的能态密度也应比自由电子的大，当E达到E_A时，能态密

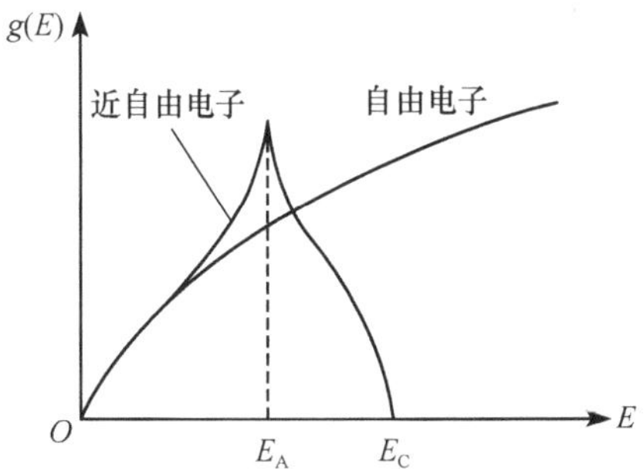

图 4.8.2 近自由电子、自由电子的 $g(E)$与 E 的关系曲线

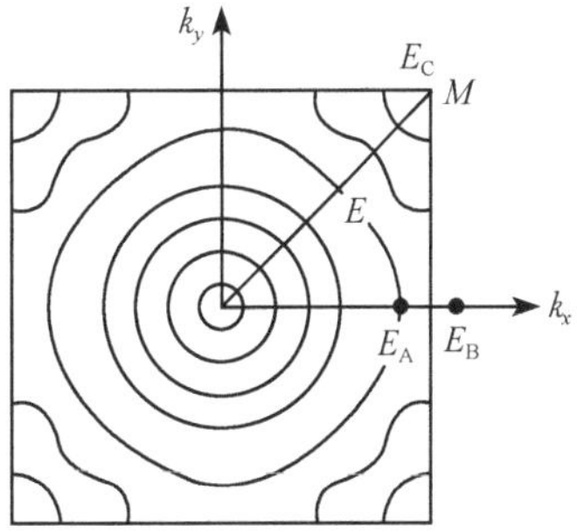

图 4.8.3 自由电子近似与近自由电子的能态密度

度达到最大. 当 E 超过 $E_A=E_V^0-|V_{10}|$ 时，由于等能面开始破裂，此时等能面的面积不但不随 E 的增大而增大，反而不断下降. 当 E 增大到能带带顶能量 $E_C=E_M^0-|V_{11}|$ 时，第一布里渊区的等能面缩成了几个顶角点，因此由 E_A 到 E_C，$g_{n=1}(E)$ 将不断下降直到零. 图 4.8.2 给出了近自由电子近似的第一能带能态密度 $g_1(E)$ 曲线.

当近自由电子的能量 E 超过第二能带的最低能量 $E_B=E_V^0+|V_{10}|$ 时，随着 E 的增大，能态密度 $g_2(E)$ 将从 E_B 开始，由零迅速增大. 这里有两种情况需要区别：当能带相互不重叠($E_B>E_C$)时，状态密度如图 4.8.4(a)所示. 当能带相互重叠($E_B<E_C$)时，如图 4.8.4(b)所示，此时总能态密度应等于几个相互重叠的能态密度之和，即

$$g(E)=\sum_n g_n(E) \tag{4.8.11}$$

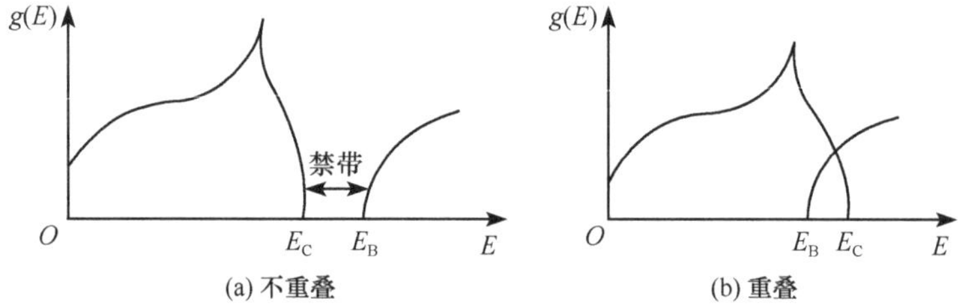

图 4.8.4 能带不重叠与重叠时，$g(E)$-E 关系

4.8.2 能态密度的实验测定

综上所述，要求得 $g_n(E)$，必须知道 $E_n(k)$，这一般说来是很困难的，而且由于 $E_n(k)$ 函数的复杂性也给计算 $g_n(E)$ 带来困难. 因此，一般 $g(E)$ 需要由实验测定. 常用晶态材料的软 X 射线发射谱来测定 $g(E)$.

当晶体受到高能电子束的轰击时，晶体内层电子(如 k 层电子)被打出，留下空的状态，价带中的电子就可以跃迁到内层空态上去，同时发射出波长较长的 X 射线，称为软 X 射线. 由于价电子能级所形成的价带很宽，电子能级准连续分布，电子从价带上的不同能级跃迁到内层空态能级过程将发射不同能量的光子，即与价带有关的软 X 射线发射谱为连续谱. 图 4.8.5 给出了几种晶体的软 X 射线谱.

发射谱线的强度 $I(E)$ 与能量为 E 的发射光子数目成正比，而发射光子数目的多少又决定于价带能态的电子数目即能态密度和跃迁概率 $P(E)$，即

$$I(E)\propto g(E)P(E)$$

由于 $P(E)$ 一般说来是 E 的缓变函数，$I(E)$ 实际上取决于 $g(E)$，所以发射谱曲线就直接地反映了能态密度.

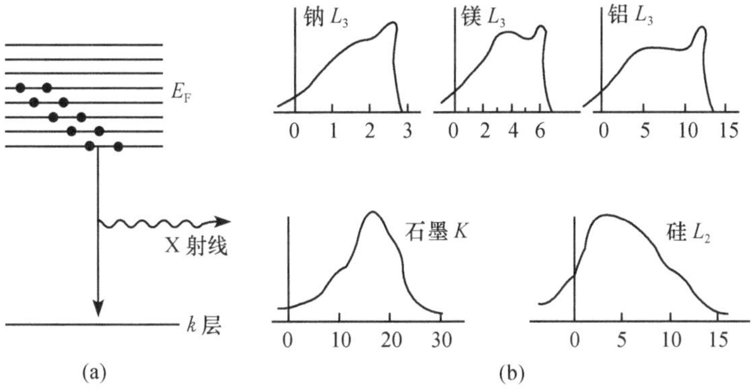

图 4.8.5　典型的软 X 射线发射谱

由图 4.8.5 显示的几种典型晶体的 X 射线发射谱可以看出：在低能端，无论是金属还是非金属，谱的强度都是随能量的增大而增强的，反映出能态密度从价带底起随能量的上升而增大；但在高能端，金属的谱线强度是陡然下降的，而非金属的谱则是逐渐下降的. 这反映出金属价带的电子填充是部分的，高于某一能级 E_0 时，电子占据的概率急剧下降到零，并非能态密度为零；而非金属的价带是满带，谱线反映了非金属能态密度逐渐下降为零的事实.

本 章 要 点

1. 能带理论的基本近似和结论

能带理论的基本近似：能带理论是建立在单电子近似和周期场假定的基础上的晶体电子理论.

能带理论的普遍结论如下.

(1) 布洛赫定理：晶体电子的波函数具有

$$\varphi_k(\boldsymbol{r}) = u_k(\boldsymbol{r})e^{i\boldsymbol{k}\cdot\boldsymbol{r}}$$

的形式，$\boldsymbol{k}$ 是描述电子状态的量子数，称为电子波矢.

(2) 能带：晶体电子的能量只能取某些与 $\boldsymbol{k}$ 有关的允许值 $E(\boldsymbol{k})$，这些能量允许值 $E(\boldsymbol{k})$形成一个个能量准连续区，即能带 $E_n(\boldsymbol{k})$. 不同的量子数 n 代表不同的能带，不同能带之间存在着能隙.

(3) 布洛赫波和能带的性质如下：

$$E_n(\boldsymbol{k}) = E_n(-\boldsymbol{k})$$

$$\varphi_{nk}^*(\boldsymbol{r}) = \varphi_{n,-k}(\boldsymbol{r})$$

$$E_n(\boldsymbol{k}+\boldsymbol{G}) = E_n(\boldsymbol{k})$$

$$\varphi_{n,\boldsymbol{k}+\boldsymbol{G}}(\boldsymbol{r}) = \varphi_{n\boldsymbol{k}}(\boldsymbol{r})$$

(4) 波矢 k 的数目:在周期性边界条件下,引入布里渊区概念,k 的取值个数与构成晶体的原胞数目 N 相同.

2. 能带理论的近似方法

近自由电子近似:以自由电子波函数作为零级近似,把晶格周期势场视作微扰.此模型适用于处理电子共有化程度较高的金属.

近自由电子近似能隙

$$\Delta E = 2\,|\,V(\boldsymbol{G})\,|$$

式中,$V(\boldsymbol{G}) = \frac{1}{V}\int V(\boldsymbol{r})\mathrm{e}^{-\mathrm{i}\boldsymbol{G}\cdot\boldsymbol{r}}\mathrm{d}\boldsymbol{r}$,V 是晶体的体积.

紧束缚近似:以自由原子中电子的波函数作为零级近似,把其他原子的影响看作微扰.此模型适合于处理内层电子.

紧束缚近似能谱:对 s 带

$$E(k) = \varepsilon_i - \beta - \sum_{(n,n)} \mathrm{e}^{\mathrm{i}k\cdot R_m}\gamma(\boldsymbol{R}_m)$$

万尼尔函数:晶体电子的布洛赫函数可展成万尼尔函数 $a_n(\boldsymbol{r}-\boldsymbol{R}_l)$的线性叠加,即

$$\psi_{nk}(\boldsymbol{r}) = \frac{1}{\sqrt{N}}\sum_l a_n(\boldsymbol{r}-\boldsymbol{R}_l)\mathrm{e}^{\mathrm{i}\boldsymbol{k}\cdot\boldsymbol{R}_l}$$

万尼尔函数 $a_n(\boldsymbol{r}+\boldsymbol{R}_l)$具有以下性质.

(1) 局域性: $a_n(\boldsymbol{r}-\boldsymbol{R}_l) = \frac{1}{\sqrt{N}}\sum_k \mathrm{e}^{\mathrm{i}\boldsymbol{k}\cdot(\boldsymbol{r}-\boldsymbol{R}_l)}u_{nk}(\boldsymbol{r}-\boldsymbol{R}_l)$.

(2) 正交性: $\int a_m^*(\boldsymbol{r}-\boldsymbol{R}_l)a_{m'}(\boldsymbol{r}-\boldsymbol{R}_{l'})\mathrm{d}\tau = \delta_{ll'}\delta_{mm'}$.

3. 晶体电子的准经典运动

电子速度

$$\boldsymbol{v}(\boldsymbol{k}) = \frac{1}{\hbar}\nabla_k E(\boldsymbol{k})$$

运动方程

$$\boldsymbol{f} = \hbar\frac{\mathrm{d}\boldsymbol{k}}{\mathrm{d}t}$$

有效质量

$$\frac{1}{m^*} = \frac{1}{\hbar^2}\nabla_k\nabla_k E(\boldsymbol{k})$$

4. 能态密度

$$g_n(E)=\frac{V}{4\pi^3}\iint\frac{\mathrm{d}S_E}{|\nabla_k E_n(\boldsymbol{k})|}$$

思 考 题

4.1 能带理论作了哪些近似和假定？得到哪些结果？

4.2 周期场是能带形成的必要条件吗？

4.3 按自由电子近似，禁带产生的原因是什么？按紧束缚近似呢？

4.4 一个能带有 N 个准连续能级的物理原因是什么？

4.5 近自由电子模型和紧束缚模型有什么特点？他们有共同之处吗？

4.6 试述晶体电子作准经典运动的条件和准经典运动的基本公式.

4.7 试述有效质量、空穴的意义，引入他们有什么用处？

4.8 布洛赫电子的能态密度与哪些因素有关？有何用处？

4.9 多价金属的电导问题中的能带交叠与哪些因素有关？一维晶格会发生这种情况吗？

4.10 从紧束缚近似的结果分析内层电子和价电子有效质量 $m^{\square}$ 的大小. 如何理解它们之间的差别.

习 题

4.1 周期场中电子的波函数 $\varphi_k(r)$ 应是布洛赫波，若一维晶格常数为 a，电子波函数为

(1) $\varphi_k(x)=\sin\left(\frac{\pi}{a}x\right)$

(2) $\varphi_k(x)=\mathrm{i}\cos\left(\frac{3\pi}{a}x\right)$

(3) $\varphi_k(x)=\sum\limits_{l=-\infty}^{+\infty}f(x-la)$ （f 是一个确定的函数）

试求这些电子态的波矢.

4.2 电子在周期场中的势能为

$$V(x)=\begin{cases}\frac{1}{2}m\omega^2[b^2-(x-na)^2], & 当\ na-b<x<na+b\\ 0, & 当(n-1)a+b<x<na-b\end{cases}$$

其中，$a=4b$，ω 为常数.

(1) 试画出此势能曲线，并求其平均值.

(2) 用近自由电子模型求出晶体的第一、第二禁带宽度.

4.3 设一维晶体由 N 个双原子分子构成，如习题 4.3 图所示

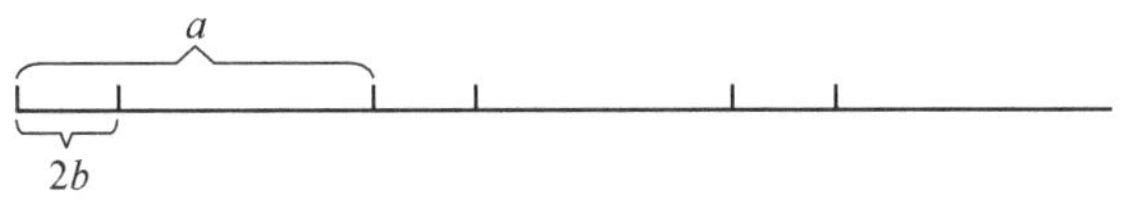

习题 4.3 图

晶体长度为 $L=Na$，a 为相邻分子间的距离. 每个分子中两原子的间距为 $2b$，且 $a>4b$. 若势能可表示为 δ 函数之和，即

$$V(x)=-V_0\sum_{n=0}^{N-1}[\delta(x-na+b)+\delta(x-na-b)]$$

式中，V_0 是大于零的常数.

(1) 若 V_0 很小，试计算第一布里渊区边界上的能隙.

(2) 若每个原子只有一个价电子，试说明晶体是否为导体？当 $b=a/4$ 时，情况将会发生什么变化？

4.4 二维正方格子的晶格常数为 a. 在近自由电子模型下，A、B、C、C'（图 4.3.4(a)）各点在计入微扰前后的能量各是多少？并说明在什么情况下发生能带交叠；什么情况下不发生能带交叠？

4.5 二维正方格子，晶格常数为 a. 电子的周期性势能可写成

$$V(x,y)=-4V_0\cos\left(\frac{2\pi}{a}x\right)\cos\left(\frac{2\pi}{a}y\right)$$

(1) 用近自由电子近似，求 k 空间$(\pi/a,\ \pi/a)$点的能隙.

(2) 求出在$(\pi/a,\pi/a)$处的电子速度.

4.6 一维晶格中，用紧束缚近似及最近邻近似，求 s 态电子的能谱 $E(\boldsymbol{k})$ 的表示式、带宽以及带顶和带底的有效质量.

4.7 二维正方格子的晶格常数为 a. 用紧束缚近似求 s 态电子能谱 $E(\boldsymbol{k})$（只计最近邻相互作用）、带宽以及带顶和带底的有效质量.

4.8 设由单价原子组成的一维晶格，晶格常数为 a，晶体的单电子势能 $V(x)$ 为原子势能 $-A\delta(x)$ 之和

$$V(x)=-\sum_n A\delta(x-na)$$

式中，A 为常量，n 为整数，自由原子归一化电子波函数为

$$\varphi(x)=\beta^{1/2}e^{-\beta|x|}$$

能量为 ε_0. 试用紧束缚近似证明晶体价带能谱为

$$E(\boldsymbol{k})\approx B_0-2A\beta e^{-\beta a}\cos(ka)$$

式中，B_0 为一与 k 无关的常量. 并求能带的宽度及电子的有效质量.

4.9 用紧束缚近似证明：若只计最近邻的相互作用，体心立方晶体的 s 带能谱为

$$E(\boldsymbol{k})=\varepsilon_0-\beta-8\gamma\left(\cos\frac{k_xa}{2}\cos\frac{k_ya}{2}\cos\frac{k_za}{2}\right)$$

用同样的方法处理面心立方晶体的 s 带能谱 $E(k)$ 的形式如何？

4.10 采用紧束缚近似计算一维晶格中电子速度，证明在布里渊区边界电子的速度为零.

4.11 已知一维晶体电子能谱为

$$E(k)=\frac{\hbar^2}{ma^2}\left[\frac{7}{8}-\cos(ka)+\frac{1}{8}\cos(2ka)\right]$$

式中，a 为晶格常数，求：

(1) 能带宽度；

(2) 电子在波矢 k 态时的速度；

(3) 能带顶和能带底的有效质量;

(4) 若此一维晶体长 $l=Na$,求能态密度.

4.12 Bi 的导带底的有效质量张量可写成

$$\frac{m}{m^*}=\begin{pmatrix}\alpha_{11} & 0 & 0\\ 0 & \alpha_{22} & \alpha_{23}\\ 0 & \alpha_{32} & \alpha_{33}\end{pmatrix}$$

(1) 试导出导带底 E_R 附近的色散关系 $E(\boldsymbol{k})$. 对应的等能面的形状如何?

(2) 计算张量(m^*/m)的分量$(m^*/m)_{ij}$.

4.13 限制在边长为 L 的正方形中的 N 个自由电子,电子的能量

$$E(k_x,k_y)=\frac{\hbar^2}{2\mu}(k_x^2+k_y^2)$$

求能量 E 到 $E+\mathrm{d}E$ 间的状态数.

4.14 若晶体电子的等能面是椭球面

$$E(k)=\frac{\hbar^2}{2}\left(\frac{k_1^2}{m_1}+\frac{k_2^2}{m_2}+\frac{k_3^2}{m_3}\right)$$

求能态密度.

第 5 章　金属电子论

本章讨论金属晶体与电子运动有关的性质，如金属的电导、热导、光学、热学、温差电效应等.

金属晶体的显著特点是：组成晶体的各个原子的最外层电子都不再属于某个原子，而为所有原子所共有. 这些共有化电子在正离子的微弱周期场中运动. 由于这些特点，因而常用近自由电子近似或其零级近似——自由电子模型来处理金属电子问题.

5.1　金属电子的统计分布　费米能

能带理论给出了晶体电子的可能状态和对应的本征能量. 但是到底哪些状态被电子占据并未涉及. 前面我们看到，能带被电子的占据情况不同，决定了晶体的很多重要性质的不同. 本节讨论金属晶体中电子在能带中的分布.

由于一般金属问题只涉及到导带中的电子，因此，下面的讨论都是在导带中进行的.

5.1.1　费米分布

电子能带理论是一种单电子近似理论，即每一个电子的运动被近似看作是独立的，且具有一系列确定的本征态，这些本征态由不同的波矢 k 标志(如果不限定导带，则必须有带标号 n 和 k 共同标志). 这样一个近独立粒子组成的系统(即晶体)的宏观态可以由电子在这些本征态中的统计分布来描述. 由统计物理知，电子服从**费米-狄拉克**统计，即在温度为 T 时，能量为 E 的一个量子态在热平衡下被电子占据的概率为

$$f(E)=\frac{1}{\mathrm{e}^{(E-\mu)/(k_{\mathrm{B}}T)}+1} \tag{5.1.1}$$

式中，k_{B} 为玻尔兹曼常量；μ 为化学势，它是温度 T 和电子数 N 的函数，可由系统的具体情况决定，具体地说，μ 可由下面的条件决定：

$$N=\int_0^{\infty}\frac{g(E)\mathrm{d}E}{\mathrm{e}^{(E-\mu)/(k_{\mathrm{B}}T)}+1} \tag{5.1.2}$$

式中，$g(E)$是能态密度. 知道了金属的能态密度，就可求出电子在导带中的分布.

5.1.2　零级近似——自由电子模型

前面已经讨论过，$g(E)$一般具有比较复杂的形式. 但是，由于金属电结构的特

殊性,可用近自由电子近似来处理金属电子.作为零级近似,可以把金属中的电子当作被关闭在箱体中的自由电子,称为**索末菲自由电子模型**.设金属为边长等于 L 的立方体,其中共有 N 个电子.这样,在周期性边界条件下,箱归一化的电子本征波函数和相应本征能量分别为

$$\psi_k(r)=\frac{1}{\sqrt{V}}\mathrm{e}^{\mathrm{i}\boldsymbol{k}\cdot\boldsymbol{r}} \tag{5.1.3}$$

$$E=\frac{\hbar^2k^2}{2m}=\frac{\hbar^2}{2m}(k_x^2+k_y^2+k_z^2) \tag{5.1.4}$$

式中

$$k_x=\frac{2\pi}{L}n_1,\quad k_y=\frac{2\pi}{L}n_2,\quad k_z=\frac{2\pi}{L}n_3$$

$$n_1,n_2,n_3=0,\pm1,\pm2,\cdots \tag{5.1.5}$$

由于 L 相对很大,相邻能级相距很近,在计算中可看成是准连续的.其能态密度如图 4.7.2 所示,为

$$g(E)=\frac{2V}{(2\pi)^2}\left(\frac{2m}{\hbar^2}\right)^{3/2}E^{1/2} \tag{5.1.6}$$

1. 自由电子基态、费米能

我们先讨论 $T\to0$K 时电子的分布,此时电子气体处于基态.由式(5.1.1)可知,$T\to0$K 时,有

$$\lim_{T\to0}f(E)=\begin{cases}1, & E<\mu(0)\\ 0, & E>\mu(0)\end{cases} \tag{5.1.7}$$

$\mu(0)$是 $T=0$K 时的化学势.式(5.1.7)表示在绝对零度下,能量在 $\mu(0)$以下的状态全部被电子填满,$\mu(0)$以上的状态是空的.这是由于泡利不相容原理的限制,每个状态只能容纳自旋相反的两个电子,因而电子基态时,电子不能全处在最低能态上,只能从能量最低状态开始按能量增大的顺序依次占据其余能量更高的状态,直到 $\mu(0)$为止.

我们把 $T=0$K 时,电子所能占据的最高能级 $\mu(0)$称为**基态费米能**,用 E_F^0 表示,有

$$E_\mathrm{F}^0=\mu(0) \tag{5.1.8}$$

并由

$$E_\mathrm{F}^0=k_\mathrm{B}T_\mathrm{F}$$

定义费米温度 $T_\mathrm{F}=E_\mathrm{F}^0/k_\mathrm{B}$.

费米能 E_F^0 的值可由式(5.1.2)计算.$T=0$K 时,式(5.1.2)为

$$N=\int_0^{E_\mathrm{F}^0}g(E)\mathrm{d}E \tag{5.1.9}$$

代入 $g(E)$ 的表示式(5.1.6)，得

$$N=\frac{8\pi V}{3}\left(\frac{m}{2\pi^2\hbar^2}\right)^{3/2}(E_F^0)^{3/2} \tag{5.1.10}$$

由此可求出

$$E_F^0=\left(\frac{3N}{2C}\right)^{\frac{2}{3}} \tag{5.1.11}$$

式中，$C=[2V/(2\pi)^2](2m/\hbar^2)^{3/2}$.

称 k 空间能量为 E_F^0 的等能面为**费米面**. 它是 $T=0\text{K}$ 时满态与空态的分界面. 显然，自由电子的费米面是个球面，这个球面的半径 k_F 可由下式求得，有

$$E_F^0=\frac{\hbar^2k_F^2}{2m}$$

代入式(5.1.11)，得(对二维和一维情况，读者可自己推导)

$$k_F=\left(\frac{3\pi^2N}{V}\right)^{\frac{1}{3}}=(3\pi^2n)^{\frac{1}{3}}$$

$$k_F=(2n\pi)^{\frac{1}{2}},\qquad \text{二维} \tag{5.1.12}$$

$$k_F=n\pi/2,\qquad \text{一维}$$

式中，k_F 称为**费米波矢**. 它只与电子密度 $n=N/V$ 有关，因而费米能 E_F^0 也只依赖于电子密度. 一般金属的费米能 E_F^0 为几个电子伏的数量级，k_F 为金属晶体内原子间距倒数的数量级.

在电子气体处于基态时，电子的平均能量为

$$E=\frac{1}{N}\int_0^{E_F^0}Eg(E)\mathrm{d}E=\frac{3}{5}E_F^0 \tag{5.1.13}$$

与 E_F^0 同数量级. 可见，在绝对零度下电子仍具有较大的平均动能.

2. 自由电子气体的热激发态

我们把 $T\neq0\text{K}$ 时自由电子气体的状态称为热激发态. 由于热激发能近似等于 k_BT，在室温下，k_BT 只有费米能的几百分之一，因此，仅有费米面内约 k_BT 范围的电子由于获得势能，可能跃迁到费米面以外的空态上去. 费米面内的一些状态便空了出来，此时电子分布与基态情况不同，空态与被电子占据的态之间没有明显的界限. 图 5.1.1 给出了 $T=0\text{K}$ 与 $T\neq0\text{K}$ 两种情况下，电子分布函数 $f(E)$ 的变化曲线.

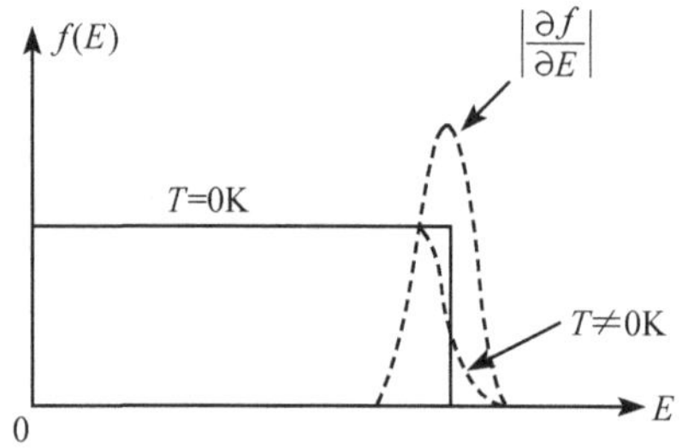

图 5.1.1　$f(E)$ 随 E 的变化曲线

对大多数金属，在熔点以下的温度都满足 $k_BT\ll E_F^0$. 现在仅就温度不很高情

况讨论激发态电子的分布.

由图(5.1.1)可以看出，在 $T\neq 0\mathrm{K}$ 的激发态，电子占据态与空态间无明显界限. 我们定义电子占据概率为 1/2 的能态所对应的能量为激发态电子的费米能 E_F，即 $f(E_F)=1/2$. 为了计算 E_F 和电子的平均平动动能，需要计算下列积分，即

$$N=\int_0^{\infty} f(E_F)g(E)\mathrm{d}E = C\int_0^{\infty} f(E)E^{\frac{1}{2}}\mathrm{d}E \tag{5.1.14}$$

$$\bar{E}=\frac{1}{N}\int_0^{N} E\mathrm{d}N = \frac{C}{N}\int_0^{\infty} f(E)E^{\frac{3}{2}}\mathrm{d}E \tag{5.1.15}$$

对式(5.1.14)进行分部积分，有

$$N=\frac{2}{3}C\int_0^{\infty} f(E)\mathrm{d}E^{\frac{3}{2}} = \frac{2}{3}Cf(E)E^{\frac{3}{2}}\bigg|_0^{\infty} - \frac{2}{3}C\int_0^{\infty} E^{\frac{1}{2}}\frac{\partial f(E)}{\partial E}\mathrm{d}E$$

因 $E=\infty$时，$f(E)=0$，上式第一项为零，所以

$$N=-\frac{2}{3}C\int_0^{\infty} E^{\frac{3}{2}}\frac{\partial f(E)}{\partial E}\mathrm{d}E \tag{5.1.16}$$

同样，式(5.1.15)也可以写成

$$\bar{E}=-\frac{2}{5}\frac{C}{N}\int_0^{\infty} E^{\frac{5}{2}}\frac{\partial f(E)}{\partial E}\mathrm{d}E \tag{5.1.17}$$

由式(5.1.16)、式(5.1.17)可知，要计算 N 和 $\bar{E}$，只需计算下列形式的积分，即

$$I=-\int_0^{\infty} k(E)\frac{\partial f(E)}{\partial E}\mathrm{d}E \tag{5.1.18}$$

在 $k_BT\ll E_F$ 的条件下，由图 5.1.1 可看出，函数 $\partial f(E)/\partial E$ 只是在 $E=E_F$ 附近很窄的能量范围内才有较大的不为零的值，它具有类似 δ 函数的特征. 这表明 I 积分主要来自 $E=E_F$ 附近. 因此，可把式(5.1.18)中的 $k(E)$ 在 E_F 附近按泰勒级数展开，有

$$k(E)=k(E_F)+k'(E_F)(E-E_F)+\frac{1}{2!}k''(E-E_F)^2+\cdots$$

把上式代入(5.1.18)中，得

$$I=k(E_F)I_0+k'(E_F)I_1+k''(E_F)I_2+\cdots \tag{5.1.19}$$

式中

$$I_0=-\int_0^{\infty}\frac{\partial f(E)}{\partial E}\mathrm{d}E=-\int_{-\frac{E_F}{k_BT}}^{\infty}\frac{\partial f}{\partial \eta}\mathrm{d}\eta\approx-\int_{-\infty}^{\infty}\frac{\partial f}{\partial \eta}\mathrm{d}\eta$$

$$I_1=-\int_0^{\infty}(E-E_F)\frac{\partial f}{\partial E}\mathrm{d}E\approx-\int_{-\infty}^{\infty}k_BT\eta\frac{\partial f}{\partial \eta}\mathrm{d}\eta$$

$$I_2=-\int_0^{\infty}\frac{1}{2}(E-E_F)^2\frac{\partial f}{\partial E}\mathrm{d}E\approx-\int_{-\infty}^{\infty}\frac{1}{2}(k_BT)^2\eta^2\frac{\partial f}{\partial \eta}\mathrm{d}\eta$$

式中已令

$$\eta=\frac{E-E_{\mathrm{F}}}{k_{\mathrm{B}}T}$$

因为

$$\frac{\partial f}{\partial \eta}=\frac{\partial}{\partial \eta}\left(\frac{1}{e^{\eta}+1}\right)=-\frac{e^{\eta}}{(e^{\eta}+1)^2}=-\frac{e^{-\eta}}{(1+e^{-\eta})^2}$$

因此,计算可得

$$I_0=1$$

$$I_1=0$$

$$\begin{aligned}I_2&=(k_{\mathrm{B}}T)^2\int_0^{\infty}\frac{e^{-\eta}}{(1+e^{-\eta})^2}\eta^2\mathrm{d}\eta\\&=(k_{\mathrm{B}}T)^2\int_0^{\infty}\eta^2(e^{-\eta}-2e^{-2\eta}+3e^{-3\eta}-\cdots)\mathrm{d}\eta\\&=(k_{\mathrm{B}}T)^2\left[2\times\left(1-\frac{1}{2^2}+\frac{1}{3^2}+\cdots\right)\right]=\frac{1}{6}\pi^2(k_{\mathrm{B}}T)^2\end{aligned}$$

把 I_0、I_1、I_2 代入式(5.1.19),得

$$I=k(E_{\mathrm{F}})+\frac{\pi^2}{6}(k_{\mathrm{B}}T)^2k''(E_F)+\cdots \tag{5.1.20}$$

现在利用上式计算激发态费米能. 在式(5.1.20)中令 $k(E)=\frac{2}{3}CE^{\frac{3}{2}}$,且只取前面两项,可得

$$\begin{aligned}N&=\frac{2}{3}C\left[E_{\mathrm{F}}^{\frac{3}{2}}+\frac{\pi^2}{6}(k_{\mathrm{B}}T)^2\times\frac{3}{4}E_{\mathrm{F}}^{-\frac{1}{2}}\right]\\&=\frac{2}{3}CE_{\mathrm{F}}^{\frac{3}{2}}\left[1+\frac{\pi^2}{8}\left(\frac{k_{\mathrm{B}}T}{E_{\mathrm{F}}}\right)^2\right]\end{aligned}\tag{5.1.21}$$

考虑到 $E_{\mathrm{F}}^0=\left(\frac{3N}{2C}\right)^{\frac{3}{2}}$,得到

$$E_{\mathrm{F}}=\left[\frac{(E_{\mathrm{F}}^0)^{\frac{3}{2}}}{1+\frac{\pi^2}{8}\left(\frac{k_{\mathrm{B}}T}{E_{\mathrm{F}}}\right)^2}\right]^{\frac{2}{3}} \tag{5.1.22}$$

由于 $k_{\mathrm{B}}T\ll E_{\mathrm{F}}$,利用$\frac{1}{1+x}\approx 1-x$ 及二项式定理,E_{F} 可近似为

$$E_{\mathrm{F}}=E_{\mathrm{F}}^0\left[1-\frac{\pi^2}{12}\left(\frac{k_{\mathrm{B}}T}{E_{\mathrm{F}}^0}\right)^2\right] \tag{5.1.23}$$

由此可以看出,当温度升高时,E_{F} 小于 E_{F}^0. 对金属来说 $k_{\mathrm{B}}T\ll E_{\mathrm{F}}^0$,因此 E_{F} 与 E_{F}^0 是相当接近的. 同样,$T\neq 0$ 时,费米球面半径 k_{F} 比绝对零度下费米球面的半径 k_{F}^0 小;而且此时费米面不再是满态与空态的分界面;而表示费米面以内能量离 E_{F} 约

为 $k_B T$ 范围内能级上的电子被激发到 E_F 之上约 $k_B T$ 范围内的能级上.

5.1.3 电子比热容

在式(5.1.20)中令 $k(E)=\frac{2}{5}\frac{C}{N}E^{\frac{5}{2}}$,可得电子平均动能

$$\bar{E}=\frac{3}{5}E_F^0\left[1+\frac{5}{12}\pi^2\left(\frac{k_B T}{E_F^0}\right)^2\right] \tag{5.1.24}$$

由此可得到电子气体的摩尔比热容

$$C_V^e=N_0 Z\frac{\partial\bar{E}}{\partial T}=\frac{\pi^2}{2}N_0 Z k_B\frac{k_B T}{E_F^0}=\gamma T \tag{5.1.25}$$

式中,N_0 为每摩尔原子数,Z 为每个原子的价电子数目,γ 称为电子比热系数. 在常温下,由经典理论得出的电子比热容应该是 $\frac{3}{2}Nk_B$. 所以,量子理论电子的比热容与经典理论比热容之比大约为 $k_B T/E_F^0$,是远远小于 1 的. 在量子理论中,电子比热容很小的事实可以这样解释:大多数电子能量远低于 E_F^0,由于受泡利不相容原理的限制不能参与热激发,只有在 E_F^0 附近,$k_B T$ 范围内的电子才对热容量有贡献. 因此,常温下,电子比热容 C_V^e 要比晶格振动比热容 C_V^V 小得多,大约只有 1%.

但是,在低温情况下,晶格比热容迅速下降,且按 T^3 趋于 0. 而电子比热容和 T 成正比,随温度下降比较缓慢. 在液氦温度范围内,两者大小相差无几,要同时考虑. 此时金属比热容为

$$C_V=C_V^e+C_V^V=\gamma T+bT^3 \tag{5.1.26}$$

$$b=\frac{12\pi^4}{5}\frac{Nk_B}{\Theta_D^3}$$

表 5.1.1 给出了一些金属的 γ 实验值与理论值. 两者有差别的原因是:在近自由电子的零级近似中,忽略了电子与电子、电子与晶格之间的相互作用. 要考虑这些作用对 γ 的影响是困难的,但 γ 直接与电子质量有关(E_F^0 与电子质量无关),所以可把此差别看成是电子的有效质量 m^* 不同于真实质量 m 造成的. 如前所述,有效质量在一定程度上概括了电子与电子、电子与晶格之间的相互作用. 这样,γ 的实验值和理论值之间可近似满足

$$\frac{m^*}{m}=\frac{\gamma_{实验}}{\gamma_{理论}} \tag{5.1.27}$$

表 5.1.1 金属的 γ 值(单位:mJ·mol·K^{-1})

金属	γ(理)	γ(实)	金属	γ(理)	γ(实)
Li	0.749	1.63	Be	0.500	0.17
Na	1.094	1.38	Mg	0.992	1.30
Ca	0.505	0.695	Zn	0.750	0.64
Ag	0.645	0.646	Al	0.912	1.35

5.2　金属的费米面

在 k 空间，能量为费米能 E_F 的等能面称为费米面. 在 $T=0K$ 时，它是充满电子的态与空态的分界面.

由于金属具有半满的能带，所以具有明确的费米面. 而绝缘体和半导体没有半满带，费米能级正好在满带与空带的能隙中，由于能隙中没有电子的允许态，所以费米面的概念也无意义.

金属的很多基本性质主要取决于在 E_F 附近电子的状态，因此研究金属费米面有着重要意义.

但是严格确定金属费米面无论在理论上还是在实验上都是非常困难的. 下面介绍确定费米面的近似方法.

5.2.1　费米面构造法

前面已经看到：作为零级近似，金属电子可以看作自由电子，此时的费米面是球面. 现在由此出发，进一步考虑晶格周期场的微扰作用对金属费米面的影响，分析球形费米面可能出现的变化，从而对金属费米面的形状作出估计.

为简单起见，仅以二维正方格子晶体为例来进行阐述. 设晶格常数为 a，则第一布里渊区为边长为 $2\pi/a$，面积为 $4\pi^2/a^2$ 的正方形. 由于布里渊区的形状和大小只取决于晶格结构，而自由电子费米面的半径 k_F 只取决于电子密度. 对二维情况可求得(请读者自己证明)

$$k_F = (2n\pi)^{1/2}$$

式中，电子密度 n 可表示为 $n=\eta/a^2$，η 为晶体每个原胞所具有价电子数. 因此，当 η 较小时，如 $\eta=1$ 时，$k_F=(2/\pi)^{1/2}\pi/a=0.798\pi/a<\pi/a$，费米面全部落在第一布里渊区. 当 η 较大时，如 $\eta=2,3,\cdots$时，费米半径分别为 $k_F=(4/\pi)^{1/2}\pi/a=1.128\pi/a$，$k_F=(6/\pi)^{1/2}\pi/a=1.382\pi/a$，$k_F=(8/\pi)^{1/2}\pi/a=1.596\pi/a$，均大于 π/a，此时，费米面穿过第一布里渊区进入第二、第三……布里渊区，如图 5.2.1(a)、(b)所示. 也就是说第一区未被电子占满，而电子又部分地填充了第二区. 其简约区图示表示如图 5.2.1(c)、(d)所示.

若进一步考虑晶格周期势场的微扰作用，费米面将不再是球面. 在 4.3 节已经阐明，晶格周期势场的显著影响发生在布里渊区界面上，产生以下两点变化：

(1) 在布里渊区界面上出现能隙.

(2) 等能面与布里渊面区界面垂直相交.

关于上述第(2)点，证明如下：

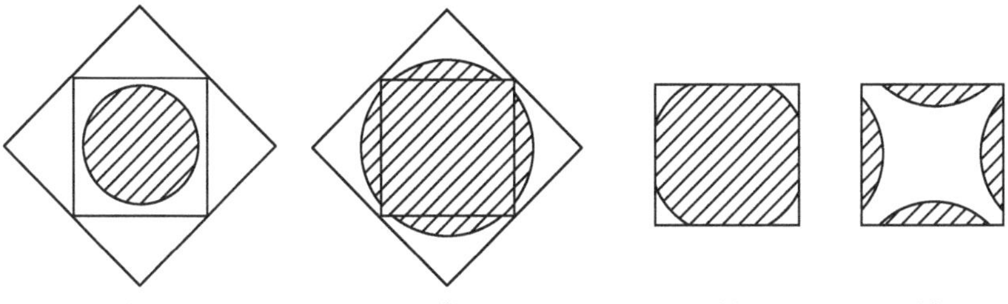

图 5.2.1 二维正方格子的自由电子费米面(斜线部分表示被电子占据的状态)

由 $E(k)=E(-k)$ 及 $E(K)=E(k+G)$ 可分别得以下两式:

$$\left.\frac{\partial E}{\partial k}\right|_{k}=-\left.\frac{\partial E}{\partial k}\right|_{-k} \tag{5.2.1}$$

$$\left.\frac{\partial E}{\partial k}\right|_{k}=\left.\frac{\partial E}{\partial k}\right|_{k+G} \tag{5.2.2}$$

当 $k=\frac{1}{2}G$ 时,由式(5.2.1),有

$$\left.\frac{\partial E}{\partial k}\right|_{\frac{G}{2}}=-\left.\frac{\partial E}{\partial k}\right|_{-\frac{G}{2}} \tag{5.2.3}$$

当 $k=-\frac{1}{2}G$ 时,由式(5.2.2),有

$$\left.\frac{\partial E}{\partial k}\right|_{-\frac{G}{2}}=\left.\frac{\partial E}{\partial k}\right|_{\frac{G}{2}} \tag{5.2.4}$$

要使式(5.2.3)与式(5.2.4)相容,必有

$$\left.\frac{\partial E}{\partial k}\right|_{\frac{G}{2}}=0 \tag{5.2.5}$$

即在布里渊区界面上,等能面 $E(\boldsymbol{k})$ 的斜率为零. 所以费米面与布里渊区垂直相交.

根据以上分析,我们可得出构造金属费米面的一般步骤是:画出广延的布里渊区;用自由电子模型画出费米球面,球的半径为 $k_F=(3n\pi^2)^{1/3}$;然后在布里渊区界面处进行修正,即费米面在布里渊区界面处断开,并与界面正交. 图 5.2.2(a)是修正后二维费米面的广延式表示,图 5.2.2(b)是简约图式表示.

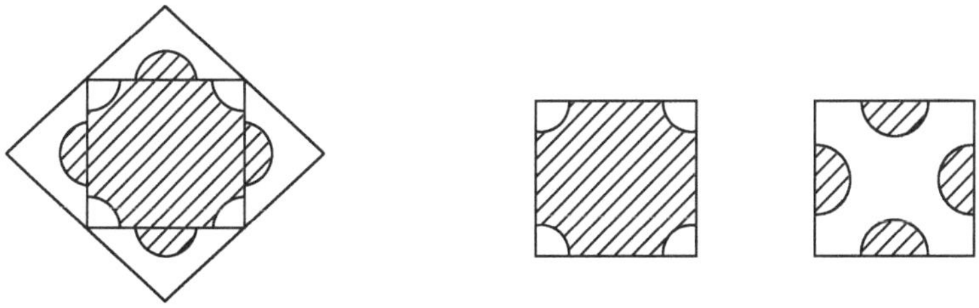

图 5.2.2 二维正方格子自由电子费米面图式

5.2.2　金属的费米面

1. 碱金属

Li、Na、K、Rb、Cs 等具有体心立方结构. 每个原胞只含一个原子,每个原子只有一个价电子,因而价带是半满的. 若晶格常数为 a,则原胞的体积为 $a^3/2$,由于原胞只有一个价电子,所以电子密度 $n=2/a^3$,其费米波矢

$$k_F = (3n\pi^2)^{\frac{1}{3}} = \left(3\frac{2}{a^3}\pi^2\right)^{\frac{1}{3}} = \left(\frac{6}{\pi}\right)^{\frac{1}{3}}\frac{\pi}{a} = 1.240\frac{\pi}{a}$$

而体心立方晶格的第一布里渊区是一个十二面体(图 1.6.4). 从区域中心到界面的最短距离可求得为 $1.414(\pi/a)$,因此费米面完全在第一布里渊区内,周期晶格场只使它发生极小的变化,因而碱金属的价电子非常接近于自由电子.

2. 贵金属

Cu、Ag、Au 等具有面心立方结构,每个原胞只有一个原子,而每个原子只有一个价电子. 若晶格常数为 a,则原胞体积为 $a^3/4$,所以价电子密度为 $4/a^3$,其费米波矢

$$k_F = (3n\pi^2)^{\frac{1}{3}} = \left(3\times\frac{4}{a^3}\pi^2\right)^{\frac{1}{3}} = \left(\frac{12}{\pi}\right)^{\frac{1}{3}}\frac{\pi}{2} \approx 1.56\frac{\pi}{a}$$

而面心立方结构的第一布里渊区为截角八面体(十四面体),其内切球的半径可以求得为 $1.732(\pi/a)$. 费米面也完全包含在第一布里渊区内,但费米面与 8 个六边形的界面很接近,在这些方向上费米面发生畸变,凸向布里渊区界面,形成圆柱形的"颈",如图 5.2.3 所示.

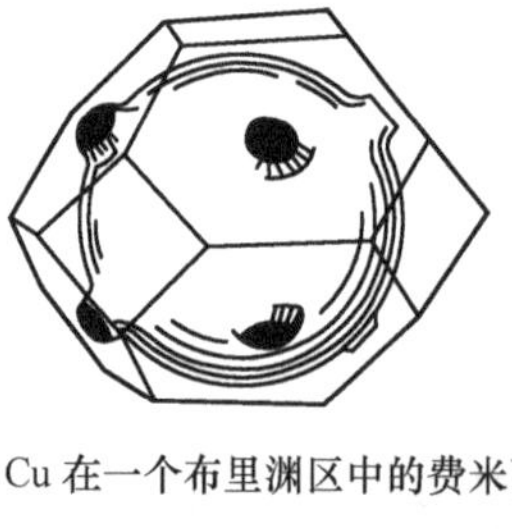

(a) Cu 在一个布里渊区中的费米面

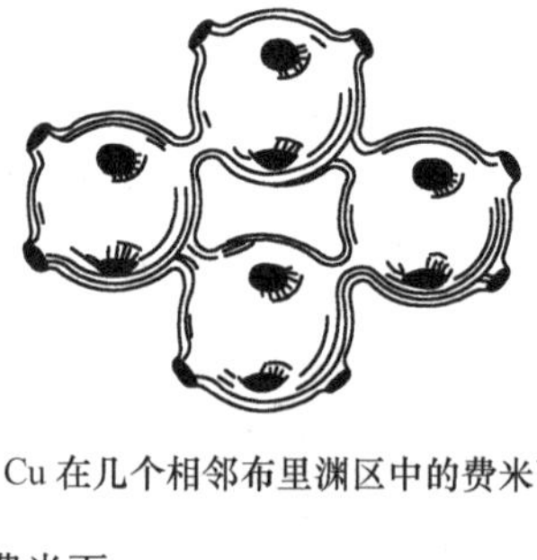

(b) Cu 在几个相邻布里渊区中的费米面

图 5.2.3　铜的费米面

从以上分析看出,碱金属与贵金属的价电子都很接近自由电子,所以都具有良好的导电性能. 但两者在其他物理性质上有很大差别. 这主要是由于贵金属有一个充满电子的 d 带,而碱金属却没有 d 电子. 由于 d 能级与 s 能级很接近,形成晶体后 d

能带与 s 能带完全重叠，d 带窄而 s 带宽，图 5.2.4 给出了态密度 $g(E)$ 随能量的变化曲线. 由于 3d 带离费米能级不很远，它对晶体产生的影响比碱金属满带的影响更大，因而贵金属的压缩系数比碱金属要小得多，仅为后者的 1/50～1/100.

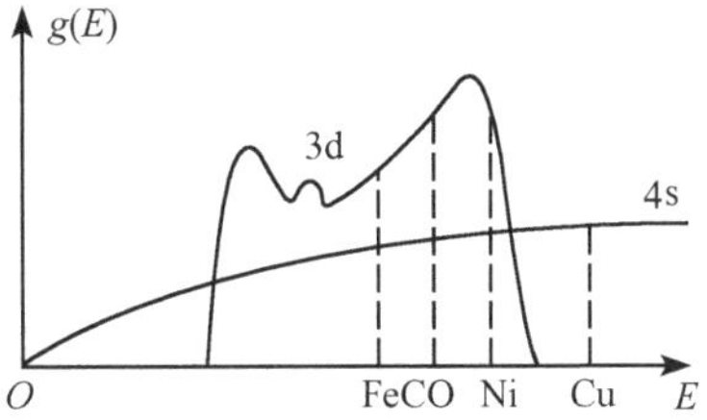

图 5.2.4 贵金属和过渡金属的 3d 与 4s 带

3. 过渡金属

过渡金属的原子具有未满的 d 壳层，例如，铁原子的结构为 $1s^2 2s^2 2p^6 3s^2 3p^6 3d^6 4s^2$，其中 3d 层是不满的，4s 是最外的价电子层. 结合成晶体后，与贵金属的能带结构非常类似，d 带与 s 带完全重合，但它的 d 带是不满的. 图 5.2.4 中的虚线给出了过渡金属费米面的位置. 由于过渡金属的 d 带不满，且能态密度很大，能容纳较多的电子，且 d 带的最大能级比 s 带的最大能级低，因而在结合成晶体时能夺取较高的 s 带中的电子而使能量降低，故过渡族金属的结合能较大，强度较高.

由于过渡金属的 d 带和 s 带都是半满的，而 d 带电子受原子束缚较紧，因而不能用自由电子近似来确定其费米面形状.

4. 二价金属

Ca、Sr、Ba 属立方晶系，每个原子有两个价电子，故价带是满的. 但是由于价带与更高的能带有重叠，故它仍是导体. 其费米面半径按自由电子计算为

$$k_F = (3\pi^2 n)^{\frac{1}{3}} = \left(3\pi^2 \times \frac{2}{a^3}\right)^{\frac{1}{3}} = \left(\frac{6}{\pi}\right)^{\frac{1}{3}} \frac{\pi}{a} = 1.24\frac{\pi}{a} > \frac{\pi}{a}$$

所以费米面穿过第一布里渊区界面，即电子没全部填满第一布里渊区，但却有些进入第二布里渊区. 由于布里渊区界面也是能带的分界线，所以第一、第二能带都是不满的.

另外一些二价金属，如 Be、Mg、Zn 等，具有六角密积结构. 每个原胞有 2 个原子，共有 4 个价电子. 按正常情况下应填满两个能带. 但是，由于第一布里渊区为六方柱体，而且其与上、下两个六边形界面相联系的结构因子为零. 所以，在近自由电子近似下，对此类晶体的 $V_n=0$，即布里渊区不是能量不连续面，此时一个能带可能包含几个布里渊区(称为琼斯区)，因而 Be、Mg、Zn 也是导体.

5. 三价金属

最典型的三价金属是 Al，具有面心立方结构. 其第一布里渊区与贵金属相似为截八角面体. 但由于 Al 有 3 个价电子，故其费米半径

$$k_F = (3n\pi^2)^{\frac{1}{3}} = \left[3 \times \left(\frac{12}{a^3}\right)\pi^2\right]^{\frac{1}{3}} = \left(\frac{36}{\pi}\right)^{\frac{1}{3}} \frac{\pi}{a} = 2.25\frac{\pi}{a}$$

其费米面把第一布里渊区完全包含在内，而且延伸到了第二、第三和四布里渊区.

5.3 金属费米面的试验测定

金属费米面的实验分析方法是基于外加磁场对晶体电子状态的影响及其产生的宏观效应. 本节先介绍磁场中电子的运动状态，然后介绍德哈斯-范阿尔芬效应及费米面的实验分析.

5.3.1 外加磁场对晶体电子状态的影响

1. 朗道能级

在外磁场 B 中运动的电子 $q_e=-e$ 的哈密顿算符为

$$\hat{H}=\frac{1}{2m}(\hat{\boldsymbol{P}}-q_e\hat{\mathbf{A}})^2=\frac{1}{2m}(\boldsymbol{P}+e\mathbf{A})^2 \tag{5.3.1}$$

若 B 沿 z 轴方向，即 $\boldsymbol{B}=B\boldsymbol{k}$，则由 $\boldsymbol{B}=\nabla\times\mathbf{A}$ 可知磁场的矢势 $\mathbf{A}$ 为

$$\mathbf{A}=Bx\boldsymbol{j} \tag{5.3.2}$$

把 A 及正则动量 $\hat{P}=-\mathrm{i}\hbar\nabla$ 代入式(5.3.1)，可知电子在磁场中的薛定谔方程

$$\frac{1}{2m}(-\mathrm{i}\hbar\nabla+eBx\boldsymbol{j})^2\psi=E\psi \tag{5.3.3}$$

与无磁场的自由电子情况比较，薛定谔方程中多出一含 x 的项. 这就是说电子波函数在 x 方向不再是平面波，而在 y、z 方向仍保持平面波的形式. 所以可把试探波函数写成

$$\psi=\mathrm{e}^{\mathrm{i}(k_y y+k_z z)}\varphi(x) \tag{5.3.4}$$

把式(5.3.4)代入式(5.3.3)，得 $\varphi(x)$ 所满足的方程

$$-\frac{\hbar^2}{2m}\frac{\mathrm{d}^2}{\mathrm{d}x^2}\varphi(x)+\frac{m\omega_c^2}{2}(x-x_0)^2\varphi(x)=\left(E-\frac{\hbar^2k_z^2}{2m}\right)\varphi(x) \tag{5.3.5}$$

式中，$\omega_c=eB/m$ 称为回旋频率，$x_0=-\hbar k_y/(eB)$. 显然方程(5.3.5)是一个以 x_0 为中心的一维谐振子的薛定谔方程，方程的解为

$$\varphi_n(x-x_0)=\exp\left[-\frac{\alpha^2}{2}(x-x_0)^2\right]\cdot \mathrm{H}_n[\alpha(x-x_0)] \tag{5.3.6}$$

式中，$\alpha=\sqrt{\frac{m\omega_c}{\hbar}}$，$\mathrm{H}_n$ 为厄米多项式. 与之相应的本征能量

$$\varepsilon_n=\left(E-\frac{\hbar^2k_z^2}{2m}\right)=\left(n+\frac{1}{2}\right)\hbar\omega_c,\qquad n=0,1,2,\cdots \tag{5.3.7}$$

上述结果说明：在外磁场的作用下，自由电子或有效质量近似下的布洛赫电子，沿磁场 $\boldsymbol{B}$ 的方向(z 轴方向 $\boldsymbol{k}$)仍保持自由运动，相应的动能 $\hbar^2k_z^2/2m$ 是准连续变化的. 而在垂直于磁场的 x-y 平面内，是一种简谐运动，其能量从无磁场时的准

连续量$[\hbar^2/(2m)](k_x^2+k_y^2)$变成一系列分立能量$(n+1/2)\hbar\omega_c$. 与本征函数(5.3.4)相应的电子能量的本征值为

$$E_n=\left(n+\frac{1}{2}\right)\hbar\omega_c+\frac{\hbar^2k_z^2}{2m} \tag{5.3.8}$$

即电子的能量由无磁场时的准连续谱变成一维的磁子次能带.

上述结果可由图(5.3.1)形象地表示出来:不加磁场时,波矢代表点在k空间均匀分布,0K温度下费米面内填满电子,如图5.3.1(a)所示. 外加磁场B_x后,由于磁场的作用,k_x-k_y平面上的代表点聚集到一系列半径为$k_{n,\perp}$的圆周上,如图5.3.1(b)所示,$k_{n,\perp}^2=k_x^2+k_y^2$,并满足

$$\frac{\hbar^2k_{n,\perp}^2}{2m}=\left(n+\frac{1}{2}\right)\hbar\omega_c \tag{5.3.9}$$

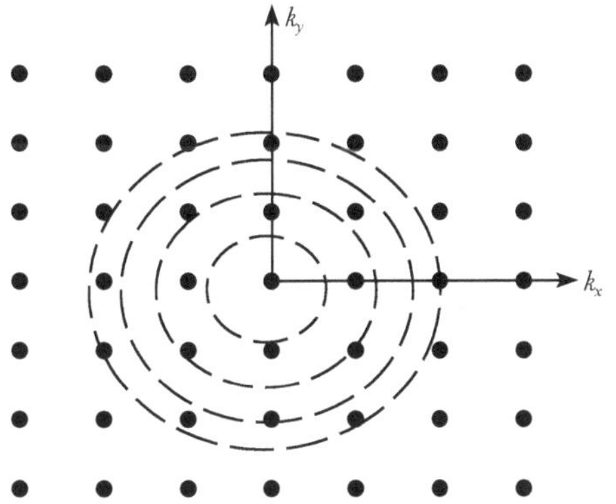

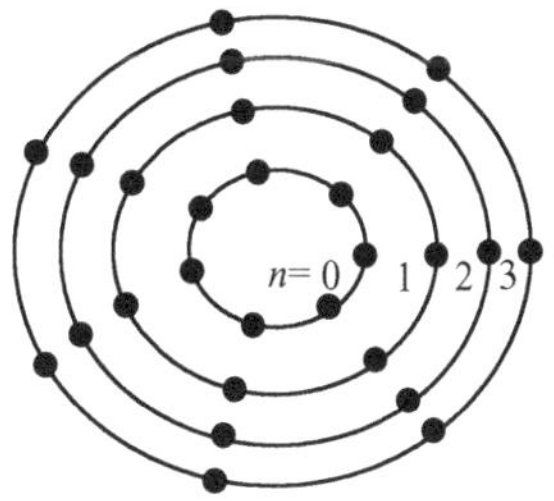

图5.3.1 在波矢空间电子状态代表点的分布

由于波矢沿磁场方向的分量k_z仍连续变化,所以k空间的代表点将聚集到图5.3.1(b)所示的一系列圆柱面上,每个圆柱面用两个量子数(n,k_z)标志,代表一次磁子能带. 每一个磁子能带$E_n(k_z)$与k_z成抛物线关系,子能带的能量最小值是$(n+1/2)\hbar\omega_c$,量子数n是子能带的序号,如图5.3.2所示.

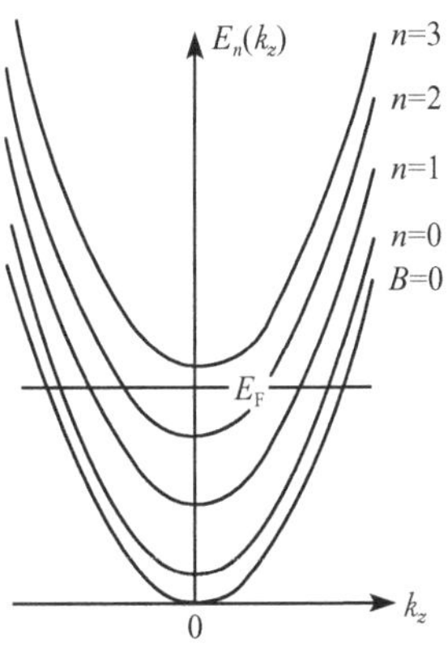

图5.3.2 自由电子的一维磁次能带

这一结果是由朗道最先提出的,称为**朗道能级**.

2. 朗道能级的简并度

磁场中电子能量本征值由n、k_z两个量子数决定. 而相应的本征函数$\psi=e^{i(k_yy+k_zz)}\varphi_n(x)$是由$n$、$k_y$、$k_z$的量子数决定. 当$n$、$k_z$给定,能量唯一确定,但$k_y$可以取各

种不同的值,即这些不同的 k_y 所对应的本征函数对 $E_n(k_z)$ 是简并的.显然此简并度取决于 k_y 取值的个数.下面求此简并度.

在外磁场中,能量等于 $\left(n+\frac{1}{2}\right)\hbar\omega_c$ 的谐振子,其平衡位置 $x_0=-\hbar k_y/(eB)$ 代表电子的平均位置,它可以处于晶体中的不同地点,但只能在晶体线度 L_x 内,即

$$-\frac{L_x}{2}<x_0<\frac{L_x}{2}$$

也就是

$$-\frac{L_x}{2}<\frac{\hbar k_y}{eB}<\frac{L_x}{2}$$

由此可知 k_y 的最大值

$$k_{y\max}=\frac{eB}{\hbar}\frac{L_x}{2}$$

由于 k_y 代表点在 k 空间是均匀分布的,每个 k_y 代表点的线度为 $2\pi/L_y$.所以在 $-k_{y\max}$ 到 $+k_{y\max}$ 之间所含有的代表点(状态)数,也就是简并度为

$$\rho=\frac{2k_{y\max}}{2\pi/L_y}=\frac{eB}{2\pi\hbar}L_xL_y=\frac{m\omega_c}{2\pi\hbar}L_xL_y \tag{5.3.10}$$

对此也可以这样理解:在 k 空间 k_x-k_y 平面内,半径为 $k_{\perp,n}=[(2m/\hbar^2)(n+1/2)\hbar\omega_c]^{1/2}$ 的相邻两圆之间的面积是

$$\pi k_{\perp,n+1}^2-\pi k_{\perp,n}^2=\pi\frac{2m}{\hbar^2}\hbar\omega_c=\frac{2\pi eB}{\hbar} \tag{5.3.11}$$

由于在 k_x-k_y 平面内代表点的面积为 $2\pi^2/(L_xL_y)$,因此无磁场时,上述面积所含有的状态数是

$$2\pi\frac{eB}{\hbar}\Bigg/\frac{(2\pi)^2}{L_xL_y}=L_xL_y\frac{eB}{2\pi\hbar}=\frac{m\omega_c}{2\pi\hbar}L_xL_y \tag{5.3.12}$$

与式(5.3.10)相同.这说明本来在 k_x-k_y 平面上均匀分布的代表点在磁场的影响下聚集到圆周上.外磁场的影响所产生的朗道能级,实际上反映了状态代表点在 k 空间的一种重新分布,总的状态数目并没有改变.另外由式(5.3.10)可知,简并度 ρ 与磁子能带的序号无关.

3. 磁场中电子的能态密度

首先计算第 n 个子能带的能态密度.在第 n 个子能带中,$k_z\sim k_z+\mathrm{d}k_z$ 范围内代表点的数目为

$$\frac{\mathrm{d}k_z}{2\pi/L_z}=\frac{L_z}{2\pi}\mathrm{d}k_z$$

式中,$2\pi/L_z$ 是代表点在 z 方向的线度.由于对每一组给定的量子数(n,k_z),都对

应有 ρ 个不同的 k_y 值,所以在 $k_z \sim k_z + \mathrm{d}k_z$ 范围内的状态数目为

$$\mathrm{d}N = 2\rho \frac{L_z}{2\pi}\mathrm{d}k_z = L_x L_y L_z \frac{2eB}{(2\pi)^2 \hbar}\mathrm{d}k_z = V \frac{eB}{2\pi^2 \hbar^2}\mathrm{d}k_z = \frac{2V}{(2\pi)^2} \frac{m\omega_c}{\hbar}\mathrm{d}k_z \tag{5.3.13}$$

式中,2 是自旋因子,$V = L_x L_y L_z$ 是晶体的体积.

由朗道能级的本征能量 $E = \hbar^2 k_z^2/(2m) + (n+1/2)\hbar\omega_c$ 可得

$$\mathrm{d}k_z = \frac{m}{k_z \hbar^2}\mathrm{d}E \tag{5.3.14}$$

把上式代入式(5.3.13)中,得 $\mathrm{d}E$ 能量间隔中的状态数目

$$\mathrm{d}N = \frac{V\hbar\omega_c}{(2\pi)^2}\left(\frac{2m}{\hbar^2}\right)^{\frac{3}{2}}\left[E - \left(n + \frac{1}{2}\right)\hbar\omega_c\right]^{-\frac{1}{2}}\mathrm{d}E \tag{5.3.15}$$

由此可得第 n 个子能带的能态密度

$$g_n(E) = \frac{\mathrm{d}N}{\mathrm{d}E} = \frac{V\hbar\omega_c}{(2\pi)^2}\left(\frac{2m}{\hbar^2}\right)^{3/2}\left[E - \left(n + \frac{1}{2}\right)\hbar\omega_c\right]^{-\frac{1}{2}} \tag{5.3.16}$$

总能态密度应是临界能量小于 E 的所有子能带的能态密度之和(图 5.3.2),即

$$\begin{aligned} g(E) &= \sum_{n=0}^{n'} g_n(E) = \frac{V\hbar\omega_c}{(2\pi)^2}\left(\frac{2m}{\hbar^2}\right)^{3/2}\sum_{n=0}^{n'}\left[E - \left(n + \frac{1}{2}\right)\hbar\omega_c\right]^{-\frac{1}{2}} \\ &= \left(\frac{eB\sqrt{2m}}{2\pi^2 h^2}\right)\sum_{n}^{n'}\left[E - \left(n + \frac{1}{2}\right)\hbar\omega_c\right]^{-\frac{1}{2}} \end{aligned} \tag{5.3.17}$$

式中的求和上限指标 n'满足

$$\left(n' + \frac{1}{2}\right)\hbar\omega_c < E$$

图 5.3.3 给出了式(5.3.17)所表示的能态密度随 E 变化的曲线以及 $B=0$ 时自由电子的能态密度曲线. 可以看出,在外磁场作用下,每当电子能量 $E = \left(n + \frac{1}{2}\right)\hbar\omega_c$ 时,能态密度出现一次峰值. 两峰值之间的能量间隔为 $\hbar\omega_c$. 由于回旋频率 $\omega_c = Be/m$,所以能态密度的峰值的位置及两峰值之间的间隔也随 B 变化.

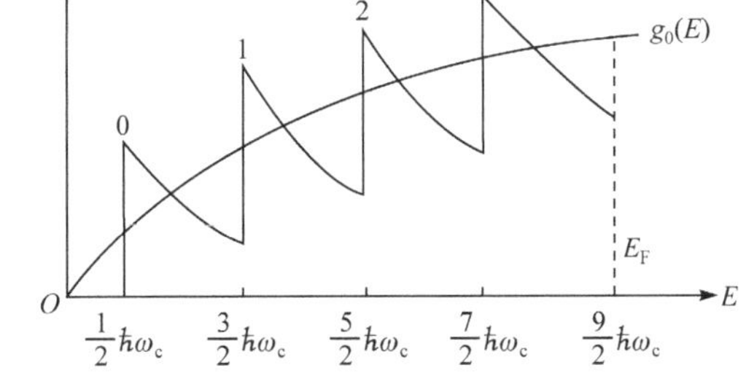

图 5.3.3 在外磁场中,$g(E)$与 E 的关系曲线

5.3.2　德哈斯-范阿尔芬效应

低温时，在强磁场下，许多金属的磁化率 χ 随磁场的倒数 $1/B$ 的增大(减小)而周期性振荡的现象称为**德哈斯-范阿尔芬**(de Hass-van Alphen)效应，如图 5.3.4 所示. 后来发现，不仅磁化率，金属的电导率、比热、磁致伸缩等也有类似的振荡现象. 这些现象都是一种宏观量子效应，与金属费米面附近的电子在强磁场中的行为有关，因而与费米面结构有密切关系. 因此，此类现象便成为研究金属费米面的有力工具.

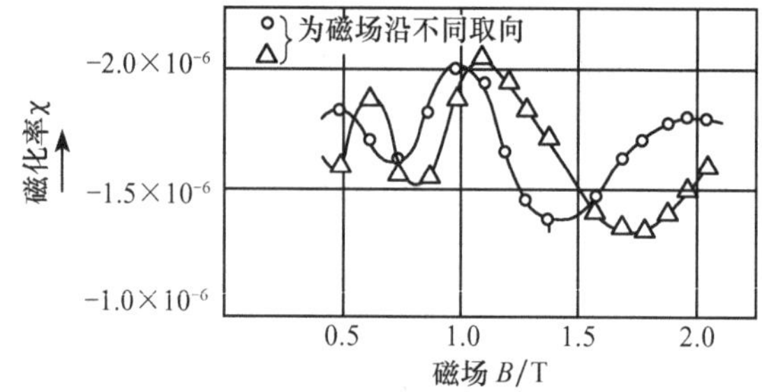

图 5.3.4　铋单晶磁化率随磁场的振荡

德哈斯-范阿尔芬效应可用磁场中电子能态密度的特点予以解释. 设费米能级 E_F 位于第 n 和第 $n+1$ 个子能带的临界能量(能谷)之间，有

$$\left(n+\frac{1}{2}\right)\hbar\omega_c < E_F < \left(n+1+\frac{1}{2}\right)\hbar\omega_c$$

如图 5.3.2 所示. 电子将分布在临界能量小于 E_F 的各子能级上. 当 B 增大时，$\omega_c=eB/m$ 随之增大，因而相邻子能带临界值的间隔 $\hbar\omega_c$ 增大，每个子能带的临界值升高，同时每个子能带上的状态数目也随之增大. 但是由于电子总数 N 保持不变，因而费米能 E_F 也保持不变. 这样随着 B 的增大，电子将在各个子能带上重新分布. 当 B 足够大，使得 $E_n=\left(n+\frac{1}{2}\right)\hbar\omega_c>E_F$ 时，原来在第 n 个子能带上的电子全部落到下面的 $n-1$ 个子能带上去，电子系统的总能量 $\bar{E}=\int Eg(E)\mathrm{d}E$ 将随之减少. 然后，随着 B 的继续增加，$\bar{E}$ 又随之增大. 当 $E_{n-1}=\left(n-1+\frac{1}{2}\right)\hbar\omega_c$ 超过 E_F 时，$\bar{E}$ 又一次减小. 电子的总能量将随着 B 的增大而周期性的变化. 变化的周期可由以下分析得出：当外磁场的值为 B_1 时，假定第 n 个子能带的临界值正好与费米能相等，有

$$\left(n+\frac{1}{2}\right)\hbar\frac{eB_1}{m}=E_F \quad 即 \quad \frac{1}{B_1}=\left(n+\frac{1}{2}\right)\frac{\hbar e}{mE_F}$$

当 B 增大时，达到 B_2 时，第 $n-1$ 个子能带临界值达到费米能级，有

$$\left(n-1+\frac{1}{2}\right)\hbar\frac{eB_2}{m}=E_{\mathrm{F}} \quad 即 \quad \frac{1}{B_2}=\left(n-1+\frac{1}{2}\right)\frac{\hbar e}{mE_{\mathrm{F}}}$$

即当 $\frac{1}{B}$ 改变

$$\Delta\left(\frac{1}{B}\right)=\frac{1}{B_1}-\frac{1}{B_2}=\frac{e\hbar}{mE_{\mathrm{F}}} \tag{5.3.18}$$

时，电子平均能量 $\bar{E}$ 就变化一次，因此，电子平均能量随磁场倒数 $\frac{1}{B}$ 变化的周期为 $\Delta\left(\frac{1}{B}\right)=\frac{e\hbar}{mE_{\mathrm{F}}}$.

由于体系的磁化强度

$$M=-\frac{\partial\bar{E}}{\partial B} \tag{5.3.19}$$

而磁化率 $\chi=\frac{\partial M}{\partial B}=-\frac{\partial^2 E}{\partial B^2}$，所以磁化强度和磁化率随 $\frac{1}{B}$ 变化的周期也是 $\frac{e\hbar}{mE_{\mathrm{F}}}$. 这就说明了德哈斯-范阿尔芬效应的微观机制.

5.3.3 费米面的测定

如图 5.3.5 所示，由于外磁场的作用，状态代表点聚集到一系列的圆柱上. 圆柱面与 $B=0$ 时自由电子费米面的交线代表能量为 E_{F} 的量子化轨道. 也就是说，磁场的作用使费米面量子化为许多能量为 E_{F} 的等能线. 等能线的数目 m 可由下式估计：

$$m\approx\frac{E_{\mathrm{F}}}{\hbar\omega_{\mathrm{c}}}=\frac{mE_{\mathrm{F}}}{e\hbar B}=0.86\times10^{8}\ \frac{\mathrm{G}}{\mathrm{eV}}\ \frac{E_{\mathrm{F}}}{B}$$

金属的 E_{F} 一般为几个电子伏，所以即使磁场 B 高达 $10^4\mathrm{G}$，m 的数量级仍为 10^4，可见等能线是非常密集的. 总之，磁场使费米面发生微小畸变，但垂直于 B 的截面的形状仍保持不变，这使得我们可以通过德哈斯-范阿尔芬效应来研究费米面.

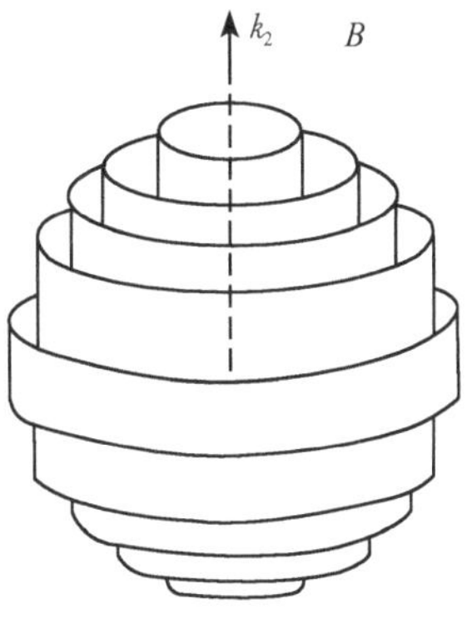

图 5.3.5 电子状态凝聚在同心圆柱上

对自由电子，$E_{\mathrm{F}}=\hbar^2k_{\mathrm{F}}^2/(2m)$，所以振荡周期可表示成

$$\Delta\left(\frac{1}{B}\right)=\frac{e\hbar}{mE_{\mathrm{F}}}=\frac{e\hbar}{m}\frac{2m}{\hbar^2k_{\mathrm{F}}^2}=\frac{2e}{\hbar}\frac{\pi}{\pi k_{\mathrm{F}}^2}=\frac{2\pi e}{\hbar}\frac{1}{S_{\mathrm{m}}} \tag{5.3.20}$$

式中，$S_{\mathrm{m}}=\pi k_{\mathrm{F}}^2$，是垂直于磁场方向费米面的极值截面积. 随着 B 的增大，每个圆柱的截面积增大. 每当费米面内半径最大的圆柱越过费米面时，χ 就会振荡一次. 由

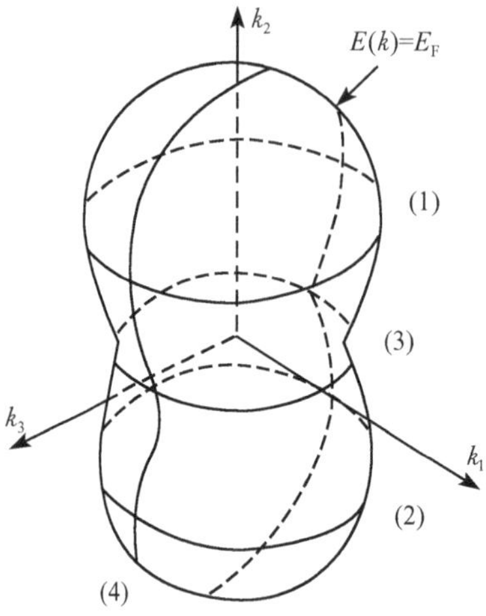

图 5.3.6　费米面上的极值轨道

此可测得 χ 的振荡周期，就可测得垂直于磁场方向费米面的极值截面积.

上面对自由电子得出的结论，可以推广到布洛赫电子. 如 4.5 节所述，可用有效质量 m^* 概括晶格周期场的作用. 因此只需用有效质量 m^* 代替自由电子质量，就可把式(5.3.20)所得的结果推广到布洛赫电子，有

$$\Delta\left(\frac{1}{B}\right)=\frac{2\pi e}{\hbar}\frac{1}{A_e} \tag{5.3.21}$$

式中，A_e 为垂直于磁场的费米面极值截面积. 如果我们能测定出不同方向的振荡周期，那么就可确定出不同方向的费米面极值截面积，就可对费米面的形状做出分析判断. 如图 5.3.6 所示.

5.4　金属的电导与热导

金属的电导、热导及后面要讲的塞贝克效应都涉及金属电子的输运问题. 严格说研究此类问题，即使把布洛赫电子看成是具有有效质量 $m^□$ 和动量 $m^□ v$ 的准经典粒子，也应首先建立能够确定电子非平衡分布函数的方程——玻尔兹曼方程，并对散射的微观机制做出分析，然后求解玻尔兹曼方程. 这是一项十分繁杂的工作. 本节，我们利用费米面在外电场中产生刚性平移这一直观模型来处理布洛赫电子的输运问题，可以得出与较严格理论相同的结论.

5.4.1　金属的电导率

由于布洛赫电子在 $\boldsymbol{k}$ 空间的分布具有反演对称性 $E_n(-k)=E_n(k)$ 及 $\psi_{n,-k}=\psi_{n,k}$，所以在无外电场时，电子占据态围绕 $\boldsymbol{k}$ 空间的原点是对称分布的. 波矢为 $\boldsymbol{k}$ 与波矢为 $-\boldsymbol{k}$ 电子成对出现，所以体系的总动量

$$\boldsymbol{P}=\sum \boldsymbol{P}_i=\sum \hbar \boldsymbol{k}=0$$

电子气体无宏观运动，金属中电流为零.

在由外电场 $\boldsymbol{\varepsilon}$ 存在时，电子受到外电场力 $\boldsymbol{f}=-e\boldsymbol{\varepsilon}$，像 4.5 节讨论的那样，电子的每一个状态 $\boldsymbol{k}$ 都以同样的速度在 $\boldsymbol{k}$ 空间运动，即

$$\hbar\frac{\mathrm{d}\boldsymbol{k}}{\mathrm{d}t}=-e\boldsymbol{\varepsilon}\quad 或\quad \mathrm{d}\boldsymbol{k}=-\frac{e\boldsymbol{\varepsilon}}{\hbar}\mathrm{d}t \tag{5.4.1}$$

也就是说，在外电场 $\boldsymbol{\varepsilon}$ 的作用下，电子动量 $\boldsymbol{P}=\hbar\boldsymbol{k}$ 的改变表现在 $\boldsymbol{k}$ 空间状态点的移

动.由于每个状态点的移动均相同,可以看成是费米面在 $\boldsymbol{k}$ 空间的刚性移动,如图 5.4.1 所示.此时,电子占据态的分布相对于 $\boldsymbol{k}$ 空间的原点不再是对称分布了,电子体系的总动量不为零,金属中将产生电流,如果外电场保持不变,那么,无电场时对称分布的费米面将越来越偏心,金属中的净电流将越来越大.但是,除了电场作用外,金属中总存在着各种散射中心,如电子同杂质、缺陷以及声子的碰撞,可使得电子占据态 $\boldsymbol{k}$ 沿相反方向在 $\boldsymbol{k}$ 空间运动;当外场的漂移作用与散射作用两者达到动态平衡时,费米面在 $\boldsymbol{k}$ 空间将保持一种稳定的偏心分布,电流也达到一稳定的值.

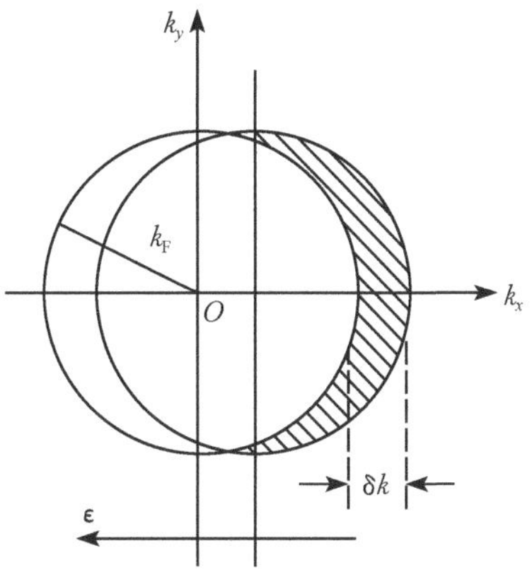

图 5.4.1 在外电场中费米球在 $\boldsymbol{k}$ 空间的移动

设 $t=0$ 时加入外电场,电子达到新的平衡的弛豫时间为 τ,也就是相邻两次碰撞之间电子的平均自由时间,则在稳定时,费米面在 $\boldsymbol{k}$ 空间的位移

$$\delta\boldsymbol{k}=\boldsymbol{k}(\tau)-\boldsymbol{k}(0)=-\frac{e\boldsymbol{\varepsilon}\tau}{\hbar} \tag{5.4.2}$$

如图 5.4.1 所示.显然,只有阴影部分的电子对电流有贡献.因为阴影部分在费米面附近,所以可对此电流密度做如下计算:用 n_F 表示参与导电的电子数密度,即费米能附近的电子数密度

$$n_F=g(E_F)\delta E=g(E_F)(\nabla_k E)_{E_F}\cdot\delta\boldsymbol{k}$$

用 v_F 表示费米电子的运动速度,电流密度可表示为

$$\boldsymbol{j}=e\boldsymbol{v}_F n_F=e\boldsymbol{v}_F g(E_F)\delta E=e\boldsymbol{v}_F g(E_F)(\nabla_k E)_{E_F}\cdot\delta\boldsymbol{k} \tag{5.4.3}$$

式中,$g(E_F)$是费米面上的能态密度,δE 是电子吸收电场的能量.注意到$(\nabla_k E)_{E_F}=\hbar\boldsymbol{v}_F$,并用式(5.4.2)代替 $\delta\boldsymbol{k}$,得到

$$\boldsymbol{j}=e^2\boldsymbol{v}_F\boldsymbol{v}_F\tau_F g(E_F)\boldsymbol{\varepsilon}=\boldsymbol{\sigma\varepsilon} \tag{5.4.4}$$

这正是欧姆定理的微分形式,式中

$$\boldsymbol{\sigma}=e^2\boldsymbol{v}_F\boldsymbol{v}_F\tau_F g(E_F) \tag{5.4.5}$$

为金属的电导率,是一个二阶张量.对于各向同性金属(多晶体或立方系晶体)电导率是标量,有

$$\sigma=\sigma_{xx}=\sigma_{yy}=\sigma_{zz} \tag{5.4.6}$$

这里电子的平均自由时间已用 τ_F 表示,因为这里所涉及的都是费米面附近的电子.

对大多数金属,式(5.4.6)可进一步化简.由于金属晶格周期对电子的影响微弱,一般金属的费米面近似于球面,作为零级近似,可作为球面处理.即能谱 $E(k)$ 具有对称性.即有

$$v_{xF}^2 = v_{yF}^2 = v_{zF}^2 = \frac{1}{3}v_F^2$$

这样,式(5.4.6)可表示为

$$\sigma = \frac{1}{3}e^2 v_F^2 \tau_F g(E_F) \tag{5.4.7}$$

这就是我们所寻求的表达式.这说明 σ 不仅取决于费米速度和自由时间,而且还取决于费米面上的能态密度 $g(E_F)$.

一般情况下,处理金属电导问题,用零级近似,即自由电子近似已能得到满意结果.只需把自由电子的下列关系,即

$$g(E_F) = \frac{1}{2\pi^2}\left(\frac{2m^*}{\hbar^2}\right)^{\frac{3}{2}} E_F^{\frac{1}{2}}$$

$$k_F = (3\pi^2 n)^{\frac{1}{3}}$$

$$E_F = \frac{\hbar^2}{2m^*}(3\pi^2 n)^{\frac{2}{3}} = \frac{1}{2}m^* v_F^2$$

代入式(5.4.7),便可得到金属电导率

$$\sigma = \frac{ne^2\tau_F}{m^*} \tag{5.4.8}$$

这是一个经常用到的公式.

由上面的推导可见,对金属电导有贡献的只是费米面附近的电子,这是由于因泡利不相容原理的限制,费米面附近的电子才有可能在电场的作用下进入较高能级.而能量比费米能级 E_F 低得多的电子,由于它附近的能态已被电子占据,没有可接受它的空态,因而不可能从电场获得能量而改变状态,故这些电子并不能参与导电,较严格理论也得出同样的结论.

现在简略介绍一下半金属产生的原因,当元素具有较多的价电子时,其费米面半径较大.当费米面接触到布里渊区界面时,由 5.2 节的讨论可知,其费米面就被布里渊区界面分成许多碎片,其面积大为减少.这样就导致参与导电的电子数也大为减少,因而晶体的导电率和电子比热就很小.例如,五价元素砷、锑、铋晶体就是这种情况.这种类型的晶体我们称之为**半金属**.必须指出,还有一种称为半金属的材料是与其传导电子的自旋相关,这将在第 9 章介绍.

5.4.2 电阻率及其与温度的关系

金属的电阻率 $\rho = \frac{1}{\sigma}$ 是由于金属电子的散射产生的,从式(5.4.8)可知,$\rho \approx \frac{1}{\tau_F}$ 与电子的弛豫时间 τ_F 成反比.对于在晶体中运动的布洛赫电子,如果晶体是理想完整的,且正离子规律地排列在格点上静止不动的话,它们不会对电子起散射作用,因为晶体的布洛赫波函数是晶格周期中的定态波函数,电子若处于某一定态,

没有外加原因是不会改变其状态的. 只有当晶格周期性势场遭到破坏时,电子才有可能从一状态跃迁向另一状态. 电子受到散射产生的跃迁是电阻的物理本质. 描述电子从 k 态跃到 k'态的是跃迁概率 $\omega_{k,k'}$,显然有

$$\rho \sim \omega_{k,k'} \sim \frac{1}{\tau}$$

使晶格周期场遭到破坏而使电子遭受散射的原因有两种:一是由于杂质和缺陷的存在,二是由于晶格振动. 一般可以认为电子被杂质、缺陷散射和被晶格振动(声子)散射是相互独立的,则总的散射概率是两种机制分别作用之和

$$\omega_{k,k'} = \omega_{k,k'}^{\mathrm{ph}} + \omega_{k,k'}^{\mathrm{o}}$$

跃迁概率实际上是单位时间内由 k 态跃迁到 k'态的次数,则跃迁一次所需的时间,即弛豫时间

$$\tau_{k,k'} = \frac{1}{\omega_{k,k'}}$$

因此电子的弛豫时间可分成两部分 $\frac{1}{\tau_{\mathrm{F}}} = \frac{1}{\tau_T} + \frac{1}{\tau_0}$,因而电阻率 ρ 可以分为两部分,即

$$\rho = \rho_0 + \rho_1(T) \tag{5.4.9}$$

ρ_1 是由于电子与声子散射引起的,称为**本征电阻**. 它与温度有关,随温度的降低而减小;当 $T \to 0\mathrm{K}$ 时,$\rho_1 \to 0$. ρ_0 是电子与缺陷和杂质的散射引起的,与温度无关,称为**剩余电阻**(residual resistance). 电阻率 ρ 随温度变化关系的实验曲线如图 5.4.2 所示.

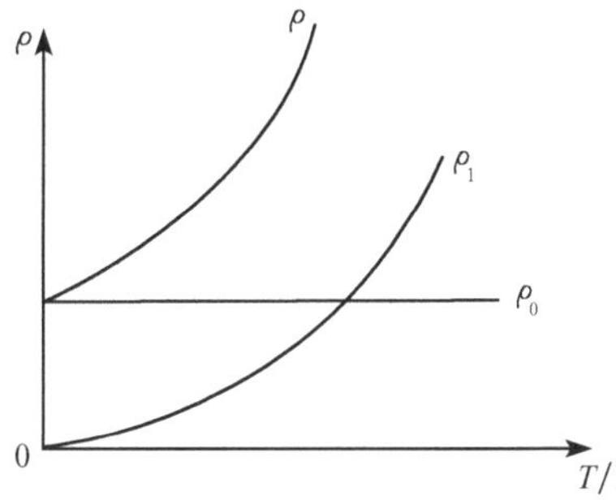

图 5.4.2 金属电阻率随温度变化曲线

现在我们对两项分别讨论,分析 ρ 与温度的关系.

1. 电子-缺陷散射与剩余电阻

由于杂质原子基态和最低激发态之间的能量间隔较大,一般为几个电子伏量级,远大于 $k_{\mathrm{B}}T$,因而很少有杂质原子能够处于激发态. 当电子与杂质原子散射时,电子不可能获得能量而跃迁到费米能以上的空态;同时由于泡利不相容原理限制,电子也不可能传给杂质原子太多的能量而进入费米能以下的满态. 因此电子与杂质原子等缺陷的散射是弹性散射.

假设电子与杂质原子之间的散射势为 $U(\boldsymbol{r})$,其来源于杂质原子和基质原子离子实所带电荷不同而附加的势场. 当杂质原子密度 n_{i} 很低,可认为电子每次只和一个杂质原子散射时,按照量子力学微扰论的"黄金定则"(golden rule),有

$$\omega_{k,k'}=\frac{2\pi}{\hbar}n_i\,|\langle\phi_{k'}\,|\,U(\boldsymbol{r})\,|\,\phi_k\rangle|^2\delta(\varepsilon_k-\varepsilon_{k'})$$

由于 n_i 和 $U(\boldsymbol{r})$ 均与温度变化无关，因此电子和杂质原子散射产生的电阻 ρ_0 与温度无关.

2. 电子-声子散射与本征电阻

电子-声子散射可用含时微扰论处理. 即在绝热近似的基础上把晶格振动与电子之间的相互作用看作微扰. 这样，有晶格振动时离子实对电子产生的微扰势为

$$\hat{H}'^{\mathrm{ph}}=\sum_{\boldsymbol{R}_n}[V_a(\boldsymbol{r}-\boldsymbol{R}_n-\boldsymbol{u}(\boldsymbol{R}_n))-V_a(\boldsymbol{r}-\boldsymbol{R}_n)] \tag{5.4.10}$$

式中，$\sum_n V_a(\boldsymbol{r}-\boldsymbol{R}_n)=V_0(\boldsymbol{r})$ 为静止时的周期晶格势，为格点附近的原子局域势 $V_a(\boldsymbol{r}-\boldsymbol{R}_n)$之和. $V_{\mathrm{T}}(\boldsymbol{r})=\sum_n V_a(\boldsymbol{r}-\boldsymbol{R}_n-u_n(\boldsymbol{R}_n))$ 为有振动时的晶格周期势，$u(\boldsymbol{R}_n)$是 $\boldsymbol{R}_n$ 处格点相对平衡位置的位移. 在微小位移下，将(5.4.10)式对 $\boldsymbol{u}(\boldsymbol{R}_n)$展开，只保留一次项

$$\hat{H}'^{\mathrm{ph}}=-\sum_{\boldsymbol{R}_n}\boldsymbol{u}(\boldsymbol{R}_n)\cdot\nabla V_a(\boldsymbol{r}-\boldsymbol{R}_n) \tag{5.4.11}$$

为简单计，假定晶格是简单格子，此时仅有声学支，波矢为 $\boldsymbol{q}$，频率为 ω 的振动模式引起的原子位移为

$$\boldsymbol{u}_q(\boldsymbol{R}_n)=A\cos(\boldsymbol{q}\cdot\boldsymbol{R}_n-\omega t)\boldsymbol{e}=\left[\frac{1}{2}A\mathrm{e}^{\mathrm{i}(\boldsymbol{q}\cdot\boldsymbol{R}_n-\omega t)}+\frac{1}{2}A\mathrm{e}^{-\mathrm{i}(\boldsymbol{q}\cdot\boldsymbol{R}_n-\omega t)}\right]\boldsymbol{e} \tag{5.4.12}$$

式中，A 为振幅，$\boldsymbol{e}$ 为振动方向单位矢量，将式(5.4.12)代入式(5.4.11)，可得一个格波模式对微扰势的贡献

$$\hat{H}'^{\mathrm{ph}}_q=\mathrm{e}^{-\mathrm{i}\omega t}s_+(q)+\mathrm{e}^{\mathrm{i}\omega t}s_-(q) \tag{5.4.13}$$

式中

$$S_\pm(q)=-\frac{1}{2}A\sum_{R_n}\mathrm{e}^{\pm\mathrm{i}\boldsymbol{q}\cdot\boldsymbol{R}_n}\boldsymbol{e}\cdot\nabla V_a(\boldsymbol{r}-\boldsymbol{R}_n) \tag{5.4.14}$$

即微扰是时间周期性的，由量子力学含时间的周期微扰结果，跃迁概率 $\omega_{kk'}$ 为

$$\omega^{\mathrm{ph}}_{kk'_q}=\frac{2\pi}{\hbar}[|\langle\varphi_k\,|\,S_+(q)\,|\,\varphi_{k'}\rangle|^2\delta(\varepsilon_{k'}-\varepsilon_k-\hbar\omega)$$
$$+|\langle\varphi_k\,|\,S_-(q)\,|\,\varphi_{k'}\rangle|^2\delta(\varepsilon_{k'}-\varepsilon_k+\hbar\omega)] \tag{5.4.15}$$

式中，δ 函数说明散射过程能量守恒，即

$$\varepsilon_{k'}=\varepsilon_k\pm\hbar\omega(q) \tag{5.4.16}$$

+、-号分别相应于吸收或放出一个声子.

由于声子的能量与费米面上的电子能量相比很小，如当 $\Theta_{\mathrm{D}}=300\mathrm{K}$ 时，$\hbar\omega\leqslant\frac{1}{40}\mathrm{eV}$，而 ε_{F} 一般是几个电子伏，这种散射可以看成是弹性的(考虑到光学声子时

会有不同,但在室温下,光学声子很难激发,电子与光学声子散射的概率很小). 并且满足动量守恒

$$\boldsymbol{k}' = \boldsymbol{k} \pm \boldsymbol{q} + \boldsymbol{G} \tag{5.4.17}$$

式中,$\boldsymbol{G}$ 为倒格矢,$G=0$ 的过程称为 N 过程,否则称为 U 过程.

总的微扰作用应是所有格波作用之和. 所以,跃迁概率 $\omega_{kk'}$ 应对所有振动模式求和. 即

$$\omega_{kk'} = \sum_q \omega_{kk'}(q) \tag{5.4.18}$$

现在讨论本征电阻与温度的关系.

电阻存在是散射后电子动量损失的效果,假电子的散射前波矢是 $\boldsymbol{k}$,散射后的波矢是 $\boldsymbol{k}'$,电子经过一次散射后,在入射方向上动量的损失如图 5.4.3 所示,有

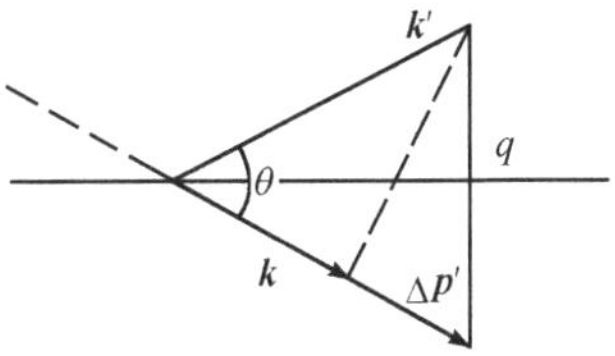

图 5.4.3 散射时电子在原方向的动量损失

$$\Delta \boldsymbol{p}' = p(\boldsymbol{k}) - p(\boldsymbol{k}')\cos\theta = \hbar\boldsymbol{k} - \hbar\boldsymbol{k}'\cos\theta$$

式中,θ 为 $\boldsymbol{k}'$ 与 $\boldsymbol{k}$ 之间的夹角.

由于 $\omega_{kk'}$ 可解释为单位时间的散射次数,单位时间电子散射的动量损失为

$$\Delta \boldsymbol{p}_{kk'} = \omega_{kk'}(\hbar\boldsymbol{k} - \hbar\boldsymbol{k}'\cos\theta) \tag{5.4.19}$$

电子散射一次的动量损失应为所有初末态 $\boldsymbol{k}$、$\boldsymbol{k}'$之间的散射损失之和,如取 $\boldsymbol{k}$ 方向为电场方向,电阻率可写为

$$\rho \propto \sum_{k'} \omega_{kk'}(\hbar\,|\,\boldsymbol{k}\,| - \hbar\,|\,\boldsymbol{k}'\,|\,\cos\theta) \tag{5.4.20}$$

由上式,可知电阻与温度的关系.

高温时,即 $T \gg \Theta_{\mathrm{D}}$,声子有较高的能量和较短的波长,相应的波矢 q 有较大的值,又因为电子只能在费米能附近的 $\boldsymbol{k}$ 和 $\boldsymbol{k}'$态之间跃迁(k 与 k'的大小之间差别很小),这就导致了电子的大角散射,即 θ 可近似等于常数 π,式(5.4.20)中 $\hbar k - \hbar k'\cos\theta$ 与温度无关. 另一方面,跃迁概率与声子数成正比,高温下平均声子数密度 $\bar{n} = \dfrac{1}{\mathrm{e}^{\hbar\omega/k_{\mathrm{B}}T} - 1} \approx \dfrac{1}{1 + \hbar\omega/k_{\mathrm{B}}T - 1} = \dfrac{k_{\mathrm{B}}T}{\hbar\omega}$,即 $\omega_{kk'} \approx \bar{n}$ 与温度成正比. 所以电阻率

$$\rho \propto T, \qquad T \gg \Theta_{\mathrm{D}} \tag{5.4.21}$$

低温下,即 $T \ll \Theta_{\mathrm{D}}$ 时,由于声子波长很大,声子能量与 $k_{\mathrm{B}}T$ 同量级,一般 $k_{\mathrm{B}}T$ 在 10^{-2}eV 以下,而费米面附近电子的能量约为几个电子伏,比声子能量大得多,能量不能发生共振转移,所以电子与声子之间的碰撞是弹性的,电子的波矢方向因受到散射而改变,但其大小不变,即 $k' = k$,此时,散射动量的改变可写成

$$\Delta p = \hbar k(1 - \cos\theta) \tag{5.4.22}$$

由动量守恒

$$\boldsymbol{k} + \boldsymbol{q} = \boldsymbol{k}'$$

得

$$2k\sin\frac{\theta}{2} = q \tag{5.4.23}$$

因为 $k' \approx k, q \to 0$，所以由式(5.4.23)可看出

$$2\sin\frac{\theta}{2} \sim 2\frac{\theta}{2} = \frac{q}{k} \quad 即 \quad \theta \approx \frac{q}{k}$$

这样式(5.4.22)为

$$\Delta p = \hbar k(1-\cos\theta) \approx \hbar k\frac{\theta^2}{2} = \frac{\hbar q^2}{2}$$

低温下声子的波矢大小 q 与频率 ω 成线性关系，而声子的频率 $\omega \approx \frac{k_B T}{\hbar}$，所以声子波矢 $q \approx T$，即 $\Delta p \approx T^2$.

又因为在低温下，声子的比热 $C_V = \left(\frac{\partial E}{\partial T}\right)_V$ 与 T^3 成正比，即声子系统的能量 $E \approx T^4$，声子的平均能量为 $k_B T$，则相当于声子的数目 $n \approx \frac{T^4}{k_B T}$，与温度的 T^3 成正比，即 $\omega_{kk'} \sim n \sim T^3$，考虑以上两个因子，有

$$\rho \approx n\Delta p \approx T^3 T^2 = T^5, \quad T \ll \Theta_D \tag{5.4.24}$$

有关电阻-温度关系问题，还有两点需要提及，第一是低温时电子-声子散射中 U 过程的影响. 当近自由电子费米面接近布里渊区界面时，小的声子波矢 $\boldsymbol{q}$ 即可导致 U 过程发生，产生大角度散射，如图 5.4.4 所示，导致电阻明显增大. 假如导致 U 过程的声子最小波矢为 $\boldsymbol{q}_m$，相应的声子能量为 $\hbar\omega_m$，类似于 3.9 节 U 过程的讨论，可知在 $T \ll \frac{\hbar\omega_m}{k_B}$ 时，这种声子数

$$n(q_m) \sim e^{-\hbar\omega_m/k_B T} \tag{5.4.25}$$

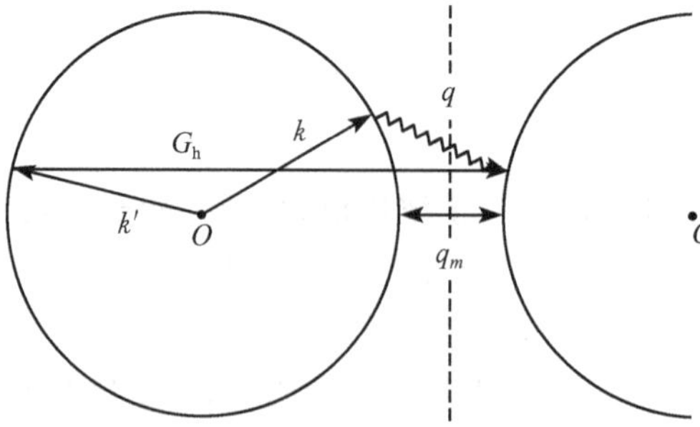

图 5.4.4　在重复布里渊区图式中电子-声子散射 U 过程示意

将随温度降低指数减少，这会使电阻随温度的减少比 T^5 更快. 这一现象已在低温下(2～4.2K)，在一些碱金属中观察到.

另外需要提及的是，式(5.4.20)中对 k' 求和可用积分表示，设 $d\boldsymbol{k}'$ 为费米面上的体积元，则

$$\rho \propto \sum_k \omega_{kk'}(\hbar k - \hbar k'\cos\theta) = \frac{1}{(2\pi)^3}\iiint \omega_{kk'}(\hbar k - \hbar k'\cos\theta)\mathrm{d}\boldsymbol{k}'$$
$$= \frac{1}{(2\pi)^3}\int \omega_{kk'}(\hbar k - \hbar k'\cos\theta)4\pi k'^2\mathrm{d}k' \quad (5.4.26)$$

利用自由电子能密度的表示式(5.1.6)，式(5.4.26)可写成

$$\rho \propto \int \omega_{kk'}(\hbar k - \hbar k'\cos\theta)g(E_F)\mathrm{d}E \propto g(E_F) \quad (5.4.27)$$

可见，电阻率正比于费米面处的能态密度. 由此可理解过渡族金属电阻率一般较高的事实. 由于过渡族金属的费米能在 3d 和 4s 带的交叠区域. 而 3d 带的态密度远大于 s 态，所以电阻较大.

5.4.3 金属的热导率

前文说过，绝缘晶体的热传导是通过声子传输实现的. 但在常温下，金属的热导率要比绝缘体的热导率大 1～2 个数量级，因而可以认为金属中不仅声子而且更主要的是电子参与热传导. 在大多数金属中，电子对热导的贡献远大于声子，因此本节的讨论将忽略声子的热导率.

作为零级近似，金属中的电阻可看成类似于理想气体的自由电子气. 它的热导率可表示成与理想气体类似的形式，即

$$k = \frac{1}{3}C_V^e v_F^2 \tau_F' = \frac{1}{3}C_V^e v_F l \quad (5.4.28)$$

式中，C_V^e 式自由电子气体的比热容，$v_F = \hbar k/m^*$ 是费米速度，τ_F' 是无外电场的情况下的电子平均自由时间，$l = v_F\tau_F'$ 为费米电子的平均自由程. 与电导率一样，对热导率与贡献的只是那些费米面附近的电子，所以式(5.4.28)中以费米速度 v_F 作为电子的平均速度.

金属中的热导几乎完全依靠电子来实现的，因此金属的热阻也是由前面所述的电子散射机制决定的，故而可以预期金属的电导率和热导率之间存在着一定的关系. 为此，我们来求 k 与 σ 的比值，有

$$\frac{k}{\sigma} = \frac{2}{3}\frac{C_V^e E_F \tau_F'}{ne^2\tau_F} \quad (5.4.29)$$

若令 $\tau_F' = \tau_F$，则

$$\frac{k}{\sigma} = \frac{2}{3}\frac{C_V^e E_F}{ne^2\tau_F} = \frac{\pi^2}{3}\left(\frac{k_B}{e}\right)^2 T = LT \quad (5.4.30)$$

即 k 与 σ 的比值与温度的一次方成正比. 这个关系称为维德曼-弗兰兹定律. 式(5.4.30)中的比例系数

$$L = \frac{\pi^2}{3}\left(\frac{k_B}{e}\right)^2 = 2.45 \times 10^{-8}\,\mathrm{W \cdot \Omega \cdot K^{-2}} \tag{5.4.31}$$

是一个与金属具体性质无关的常数,称为洛仑兹常数.

在温度较高时,金属中电导率与热导率的这种关系与试验结果一致,说明量子自由电子气模型和能带模型对简单金属是很成功的.

在低温下,试验结果显示 L 与温度有关,但这并不说明金属电子理论的失败,而是因为在电导和热导中电子的弛豫过程不同,电导中电子在 k 空间的分布发生整体移动,于散射平稳后形成一定电流;在热导中,电子在 k 空间的分布仍保持对称分布,只是数量相同而"冷""热"不同的电子相向运动而产生热流. 因此两种情形电子应有不同的弛豫时间 τ_F 与 τ_F',而在导出式(5.4.30)时认为 $\tau_F'=\tau_F$,这是很不精确的,从而导致在低温下与试验不符的结果. 但在高温下,外电场的影响相对较小,可以认为 $\tau_F'=\tau_F$,这就是高温下维德曼-弗兰兹定律与试验一致的原因.

5.5　功函数　接触电势

5.5.1　功函数与热电子发射

在金属内部,电子受到正离子的吸引,但由于各离子的吸引力相互抵消,使电子受到的净吸引力为零. 在金属表面处,由于正离子的均匀分布被破坏,电子将在金属表面处受到净吸引力,阻止它飞逸出金属表面. 这相当于表面处形成一高度为 E_0 的势垒,金属中电子可看成处于深度为 E_0 的势阱中的电子系统,电子的费米能级为 E_F,如图 5.5.1 所示.

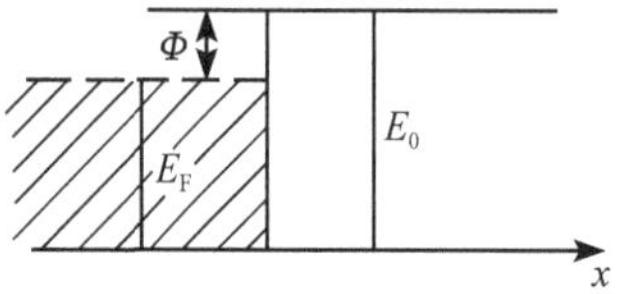

图 5.5.1　金属中电子气的势阱和脱出功

热电子发射问题就相当于电子跨高度为 E_0 的势垒问题,电子要逸出金属至少要从外界得到的能量为

$$\Phi = E_0 - E_F$$

Φ 称为**脱出功**或**功函数**(work function).

$T=0$ 时,所有的电子能量都不超过 E_F^0,无电子可脱出金属.

随着温度升高,有一部分电子可获得大于 E_F^0 的能量,这一部分电子可能逸出金属表面形成热电子发射电流.

现在我们从自由电子模型出发推导出热电子发射电流密度与温度的关系. 由自由电子模型知,电子的能量

$$E(k)=\frac{\hbar^2k^2}{2m}=\frac{1}{2}mv^2 \tag{5.5.1}$$

电子的速度

$$\boldsymbol{v}(k)=\frac{\boldsymbol{P}}{m}=\frac{\hbar\boldsymbol{k}}{m} \tag{5.5.2}$$

首先计算速度在 v_x 到 $v_x+\mathrm{d}v_x$、v_y 到 $v_y+\mathrm{d}v_y$、v_z 到 $v_z+\mathrm{d}v_z$ 区间,金属单位体积内的电子数 $\mathrm{d}n$,由于在 k 空间,$\mathrm{d}^3k=\mathrm{d}k_x\mathrm{d}k_y\mathrm{d}k_z$ 内的状态数目为

$$2\,\frac{\mathrm{d}^3k}{(2\pi)^3/V}=2\,\frac{V\mathrm{d}^3k}{(2\pi)^3}=\frac{2V}{(2\pi)^3}\left(\frac{m}{\hbar}\right)^3\mathrm{d}v_x\mathrm{d}v_y\mathrm{d}v_z$$

金属单位体积内的电子状态数为

$$\frac{1}{V}\,\frac{2V\mathrm{d}^3k}{(2\pi)^3}=\frac{2}{(2\pi)^3}\left(\frac{m}{\hbar}\right)^3\mathrm{d}v_x\mathrm{d}v_y\mathrm{d}v_z \tag{5.5.3}$$

由于电子服从费米分布

$$f=\frac{1}{\mathrm{e}^{(E-E_\mathrm{F})/(k_\mathrm{B}T)}+1}$$

故可得到在速度 v 到 $v+\mathrm{d}v$ 间隔中的电子数密度

$$\mathrm{d}n=\frac{2}{(2\pi)^3}\left(\frac{m}{\hbar}\right)^3\frac{1}{\mathrm{e}^{\left(\frac{1}{2}mv^2-E_\mathrm{F}\right)/(k_\mathrm{B}T)}+1}\mathrm{d}v_x\mathrm{d}v_y\mathrm{d}v_z \tag{5.5.4}$$

设金属表面法线方向取为 x 方向,能够沿 x 方向逸出金属表面的电子只是那些在金属表面处,且具有 x 方向动能 $\frac{1}{2}mv_x^2>E_0$ 的电子,即其 $v_x>\sqrt{2E_0/m}$. 而 v_y 和 v_z 的值可是任意的,所以在 $\mathrm{d}t$ 时间内可通过金属表面面积 a 逃逸的电子数目为

$$\mathrm{d}N=\frac{2}{(2\pi)^3}\left(\frac{m}{\hbar}\right)^3\int_{\sqrt{\frac{2E_0}{m}}}^{\infty}av_x\mathrm{d}t\mathrm{d}v_x\int_{-\infty}^{\infty}\mathrm{d}v_y\int_{-\infty}^{\infty}\mathrm{d}v_z\,\frac{1}{\mathrm{e}^{\left(\frac{1}{2}mv^2-E_\mathrm{F}\right)/(k_\mathrm{B}T)}+1} \tag{5.5.5}$$

式中,第一个积分号里的 $av_x\mathrm{d}t$ 表示金属表面积 a 为底、$v_x\mathrm{d}t$ 为高的柱体. 凡在此柱体内具有 v_x 速度的电子在 $\mathrm{d}t$ 时间内都可达到金属表面.

因为在式(5.5.5)中 $\frac{1}{2}mv^2>E_0$(因为 $\frac{1}{2}mv_x^2>E_0$),所以有 $\frac{1}{2}mv^2-E_\mathrm{F}>E_0-E_\mathrm{F}=\Phi$. 一般情况下,金属脱出功约为几个电子伏,而 $k_\mathrm{B}T$ 为几个电子毫伏,即 $\Phi\gg k_\mathrm{B}T$,因此式(5.5.5)中分布函数中的 1 可以忽略不计,则

$$\begin{aligned}\mathrm{d}N&=\frac{2a\mathrm{d}t}{(2\pi)^3}\left(\frac{m}{\hbar}\right)^3\int_{\sqrt{2E_0/m}}^{\infty}v_x\mathrm{d}v_x\int_{-\infty}^{\infty}\mathrm{d}v_y\int_{-\infty}^{\infty}\mathrm{d}v_z\mathrm{e}^{-\left[\frac{1}{2}m(v_x^2+v_y^2+v_z^2)-E_\mathrm{F}\right]/(k_\mathrm{B}T)}\\&=\frac{2a\mathrm{d}t}{(2\pi)^3}\left(\frac{m}{\hbar}\right)^3\mathrm{e}^{E_\mathrm{F}/(k_\mathrm{B}T)}\int_{\sqrt{2E_0/m}}^{\infty}\mathrm{d}v_x\mathrm{e}^{-mv_x^2/(2k_\mathrm{B}T)}\int_{-\infty}^{\infty}\mathrm{e}^{-mv_y^2/(2k_\mathrm{B}T)}\mathrm{d}v_y\int_{-\infty}^{\infty}\mathrm{e}^{-mv_z^2/(2k_\mathrm{B}T)}\mathrm{d}v_z\\&=a\mathrm{d}t\,\frac{4\pi m(k_\mathrm{B}T)^2}{(2\pi\hbar)^3}\mathrm{e}^{-E_0/(k_\mathrm{B}T)}\mathrm{e}^{E_\mathrm{F}/(k_\mathrm{B}T)}\end{aligned}$$

$$= a\mathrm{d}t \frac{4\pi m(k_{\mathrm{B}}T)^2}{(2\pi\hbar)^3} \mathrm{e}^{-\Phi/(k_{\mathrm{B}}T)} \tag{5.5.6}$$

上式计算中用到

$$\int_{-\infty}^{\infty} \mathrm{d}v \mathrm{e}^{-mv^2/(2k_{\mathrm{B}}T)} = \left(\frac{2\pi k_{\mathrm{B}}T}{m}\right)^{\frac{1}{2}}$$

$$\int_{\sqrt{2E_0/m}}^{\infty} v \mathrm{e}^{-mv^2/(2k_{\mathrm{B}}T)} \mathrm{d}v = \frac{k_{\mathrm{B}}T}{m} \mathrm{e}^{-E_0/(k_{\mathrm{B}}T)}$$

到此,我们可得到热电子发射电流密度

$$j = e\frac{\mathrm{d}N}{a\,\mathrm{d}t} = 4\pi e \frac{m(k_{\mathrm{B}}T)^2}{(2\pi\hbar)^3} \mathrm{e}^{-\Phi/(k_{\mathrm{B}}T)} = BT^2 \mathrm{e}^{-\Phi/(k_{\mathrm{B}}T)} \tag{5.5.7}$$

此式称为理查森-杜西曼公式,式中,$B = mek_{\mathrm{B}}^2/(2\pi^2\hbar^3)$是常数,其值为 $1.2\times 10^6\,\mathrm{A\cdot m^{-2}\cdot K^{-2}}$. 根据测定热电子发射电流密度的试验数据,做 $\ln(j/T^2)$与 $1/T$ 的关系曲线,则可得到一条直线,由直线的斜率可确定 Φ,表 5.5.1 给出了一些金属的 B 和 Φ 的实验值,实验值 B 大多数情况下与理论值相差几个数量级,主要原因是:①功函数 Φ 是温度的函数 $\Phi(T)=\Phi_0+\alpha T$. 这是因为电子亲和势 E_0 相当于晶体内电子的束缚能,由于晶体热膨胀,它随温度的升高而减小,另外费米能也随温度的升高而减小. ②Φ 与晶体表面特征有关,如点阵结构以及杂质吸附等.

表 5.5.1　某些金属的 B 和 Φ 的试验值

金属	钨	镍	钽	银	铯	铂	铬
$B/(\times 10^4\,\mathrm{A\cdot m^{-2}\cdot K^{-2}})$	~75	30	55	~	160	32	48
Φ/eV	4.5	4.6	4.2	4.8	1.8	5.2	4.6

当给金属表面附近加一高强度电场,将使金属外面势垒发生变化,从而减少脱出功,致使热电子发射电流明显增大,此效应称为肖特基效应.

5.5.2　接触电势差

任意两块不同的金属Ⅰ和Ⅱ接触,或以导线连接时,两块金属就会带电并产生不同电势 V_{I} 和 V_{II},称为接触电势,如图 5.5.2 所示.

图 5.5.3 给出了两块金属的能量图. 若 $\Phi_{\mathrm{II}} > \Phi_{\mathrm{I}}$,即费米能 $E_{\mathrm{F1}} > E_{\mathrm{F2}}$,电子将在两块金属中重新分布,电子将由费米能较高的金属Ⅰ流向费米能级较低的金属Ⅱ,从而使金属Ⅰ带正电,金属Ⅱ带负电,它们产生的静电势分别为

$$V_{\mathrm{I}} > 0,\qquad V_{\mathrm{II}} < 0$$

这样两块金属中的电子分别附加的静电势能分别为

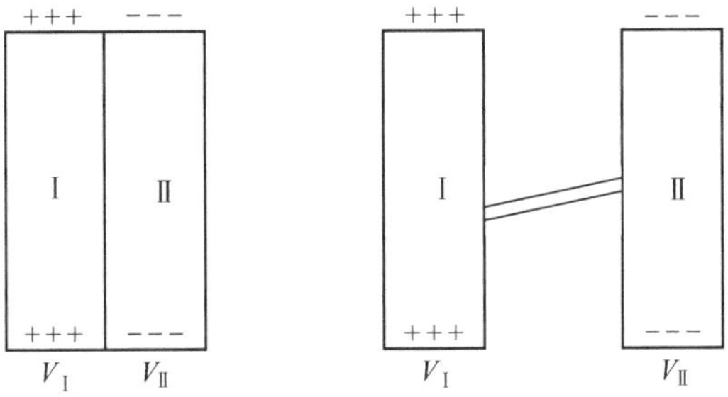

图 5.5.2 接触电势差

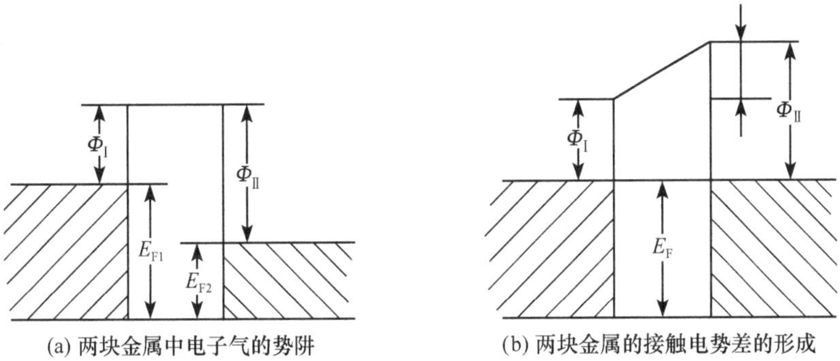

图 5.5.3 两块金属接触电势差的形成机理

$$-eV_{\mathrm{I}} \text{ 和 } \quad -eV_{\mathrm{II}}$$

此时,按照理查森-杜西曼公式,设两块金属温度都是 T,则Ⅰ、Ⅱ两块金属的热电子发射电流密度分别为

$$j_1' = AT^2 \mathrm{e}^{-(\Phi_1 + eV_1)/(k_\mathrm{B}T)}$$
$$j_2' = AT^2 \mathrm{e}^{-(\Phi_2 + eV_2)/(k_\mathrm{B}T)}$$

由金属Ⅰ流向金属Ⅱ的净电流密度 $j_1' - j_2'$. 随着电子的流动,金属Ⅱ的费米能级 E_{F2} 不断升高,E_{F1} 不断降低,当 $E_{\mathrm{F1}} = E_{\mathrm{F2}}$ 时,电子流动达到平衡,即

$$j_1' = j_2'$$

由此可得到

$$\Phi_{\mathrm{I}} + eV_{\mathrm{I}} = \Phi_{\mathrm{II}} + eV_{\mathrm{II}} \tag{5.5.8}$$

这种平衡时的电势差

$$V_{\mathrm{I}} - V_{\mathrm{II}} = \frac{1}{e}(\Phi_{\mathrm{II}} - \Phi_{\mathrm{I}}) \tag{5.5.9}$$

就是接触电势差.

5.6　金属的光学性质

5.6.1　德鲁德(Drude)模型与等离子体

把金属中的电子看成是限制在金属中的自由电子理想气体,即看成是服从经典力学的粒子,这一假定称为**德鲁德模型**.虽然它是人们研究金属电子运动的最早、最粗糙的模型,但是它在处理有关金属的某些问题时,给我们带来了极大的方便,仍有一定的实际意义.

之所以能把具有库仑长程作用的电子当作无相互作用的理想气体,是因为金属电子所受到的屏蔽效应.为了满足金属的电中性,可认为金属中的电子是均匀分布的正电荷背景上的理想电子气体,即所谓的胶体模型.由于库仑力,电子将排斥它临近的其他电子,这样便暴露出均匀的正电荷背景.在每个电子周围形成一个正电荷的屏蔽云,这种被屏蔽云所包围的电子,或者说带着屏蔽云一起运动的电子已经不是原来意义下的电子,而是一种准粒子.准粒子之间的相互作用不再是长程的,而是短程的,称为屏蔽库仑势(screened Coulomb potential).现在我们讨论如下:

假定点电荷 q 位于原点处,它的存在使其周围电子分布发生改变,在点电荷势场 $\varphi(r)$处,电子密度为

$$n(r)=\int f(\varepsilon-e\varphi(r))g'(\varepsilon)\mathrm{d}\varepsilon \tag{5.6.1}$$

式中,f 为费米分布函数,$g'(\varepsilon)$是单位体积能态密度 $g'(\varepsilon)=\dfrac{g(\varepsilon)}{V}$,当 $e\varphi(r)$很小时,有

$$n(r)=\int\left[f(\varepsilon)-e\varphi(r)\frac{\partial f}{\partial\varepsilon}\right]g'(\varepsilon)\mathrm{d}\varepsilon=n_0-e\varphi(r)\int\frac{\partial f}{\partial\varepsilon}g'(\varepsilon)\mathrm{d}\varepsilon \tag{5.6.2}$$

利用$\dfrac{\partial f}{\partial\varepsilon}$的 δ 函数性质,即$-\dfrac{\partial f}{\partial\varepsilon}=\delta(\varepsilon-\varepsilon_{\mathrm{F}})$,$\varepsilon_{\mathrm{F}}$ 为费米能,n_0 为均匀系统的电子密度.式(5.6.2)为

$$n(r)=n_0+e\varphi(r)g'(\varepsilon_{\mathrm{F}}) \tag{5.6.3}$$

故 r 处电子数密度变化 $\Delta n(r)$

$$\Delta n(r)=n(r)-n_0=+e\varphi(r)g'(\varepsilon_{\mathrm{F}}) \tag{5.6.4}$$

由此可得 r 处电荷密度的改变为

$$\rho(r)=q\delta(r)-e^2\varphi(r)g'(\varepsilon_{\mathrm{F}}) \tag{5.6.5}$$

由此可得电势 $\varphi(r)$满足的泊松方程

$$\nabla^2\varphi(r)=-\frac{q\delta(r)}{\varepsilon_0}+\frac{1}{\varepsilon_0}e^2\varphi(r)g'(\varepsilon_F) \tag{5.6.6}$$

将 $\varphi(r)$ 和 $\delta(r)$ 做傅里叶级数展开

$$\begin{aligned}\varphi(r)&=\frac{1}{(2\pi)^3}\int d^3k\varphi(k)e^{ik\cdot r}\\ \delta(r)&=\frac{1}{(2\pi)^3}\int d^3k e^{ik\cdot r}\end{aligned} \tag{5.6.7}$$

代入方程(5.6.6),得 $\varphi(r)$ 的傅里叶展开系数

$$\varphi(k)=\frac{q}{\varepsilon_0(k^2+k_s^2)} \tag{5.6.8}$$

式中

$$k_s=\frac{e^2}{\varepsilon_0}g'(\varepsilon_F) \tag{5.6.9}$$

对自由电子,由式(5.1.6)

$$k_s=\frac{e^2}{\varepsilon_0}\frac{mk_F}{\pi^2\hbar^2}=\frac{4}{\pi}\frac{k_F}{a_0} \tag{5.6.10}$$

k_F 为费米波矢,$a_0=4\pi\varepsilon_0\hbar^2/me$ 为玻尔半径,再将 $\varphi(k)$ 代入式(5.6.7)得

$$\varphi(r)=\frac{1}{4\pi\varepsilon_0}\frac{q}{r}e^{-k_s\cdot r} \tag{5.6.11}$$

此即是屏蔽库仑势,$e^{-k_s\cdot r}$ 称屏蔽因子,反映金属中自由电子的屏蔽效应.

屏蔽效应的长度取决于 k_s,当 $r>\frac{1}{k_s}$ 时,$e^{-k_s\cdot r}>e^{-1}$,电势减弱为真空情况的 $\frac{1}{e}$ 倍,屏蔽作用大,当 $r<\frac{1}{k_s}$ 时,$e^{-k_s\cdot r}<e^{-1}$ 屏蔽作用小. 称 $r_s=\frac{1}{k_s}$ 为屏蔽长度,它反映了屏蔽效应的强弱. 对自由电子气体,由式(5.6.10)可知 $r_s=k_s^{-1}\sim k_F^{-1}\sim(3\pi^2n)^{-\frac{1}{3}}$,由此可知,电子密度越大,屏蔽效应越强,屏蔽长度越短. 在通常情况下 $r_s\sim1\times10^{-10}$ m 量级. 与晶格常数有相同的量级. 金属电子之间作用的短程性,给金属的自由电子气体模型以有力依据.

等离子体是由密度相当高的、等量的、均匀分布的正负带电自由离子组成的气体. 整个体系呈电中性,平均来说局部也呈电中性. 在高温热电离气体以及气体放电中最先观察到这种状态. 金属中的电子气体及其正电荷背景实际上是一种等离子气体.

5.6.2 等离子体振荡

由于热涨落或外界干扰,金属中电子密度分布会出现对平均分布的偏离. 设想在某一小区域中电子密度小于平均密度,此时此区域的正电荷背景处于未被中和

状态,于是对邻近的电子产生吸引力,以图恢复中和状态. 但是被吸引的电子由于获得电场能量而具有一附加的动能,它能克服电子之间的排斥力而相互靠近,这样使原来缺少电子的区域又聚集了过多的负电荷. 然后由于电子的排斥力使电子再度离开此区域. 如此反复所产生的振荡称为等离子体振荡.

1. 振荡频率

为了求出振荡频率,我们考虑图 5.6.1 所示的简化模型. 在一薄板型金属中,电子气体整体相对于正电荷背景发生一相对位移. 图 5.6.1(a)表示未受干扰时的电中和情况,图 5.6.1(b)表示在干扰下负电荷发生位移 u. 这样,金属板上下表面的电荷密度分别是

$$\sigma_{上表面} = -neu, \quad \sigma_{下表面} = +neu \tag{5.6.12}$$

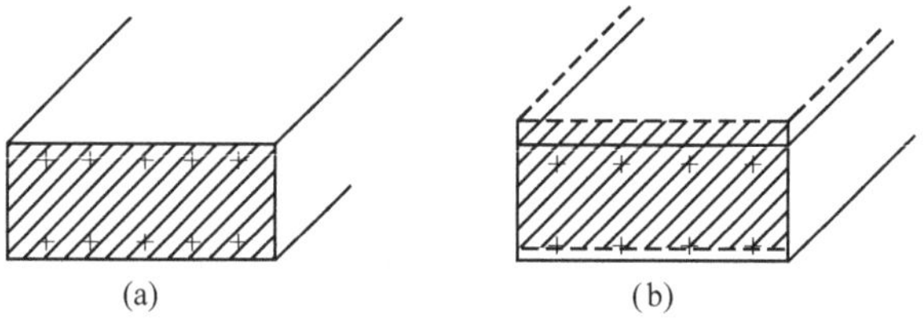

图 5.6.1　金属片中电子气体相对正电荷背景移动

体内电场强度

$$E = \frac{neu}{\varepsilon_0} \tag{5.6.13}$$

单位体积内电子气体的运动方程为

$$nm\frac{\mathrm{d}^2u}{\mathrm{d}t^2} = -neE = -\frac{1}{\varepsilon_0}n^2e^2u \tag{5.6.14}$$

即

$$\frac{\mathrm{d}^2u}{\mathrm{d}t^2} = -\frac{ne^2}{m\varepsilon_0}u \tag{5.6.15}$$

令

$$\omega_\mathrm{p}^2 = \frac{ne^2}{m\varepsilon_0} \tag{5.6.16}$$

式(5.6.15)变为

$$\frac{\mathrm{d}^2u}{\mathrm{d}t^2} + \omega_\mathrm{p}^2u = 0 \tag{5.6.17}$$

正是频率为 ω_p 的简谐振荡的方程,ω_p 即金属电子气体的振荡频率.

2. 等离激元

等离子体振荡的能量是量子化的,其量子为 $\hbar\omega_\mathrm{p}$,称为等离激元(plasmon). 它

与声子类似，是金属中电子气体的一个集体激发量子. ω_p 的量值是很高的，一般情况下 $n\approx10^{29}\mathrm{m}^{-3}$，由式(5.6.16)求得 $\omega_p\approx10^{16}\mathrm{s}^{-1}$. 因此等离激元 $\hbar\omega_p\approx10\mathrm{eV}$，如此高的能量，很难被热激发. 但高速电子的能量约为几千电子伏，当它穿过金属薄膜时，可以激发等离子体振荡. 由于等离子体振荡能量的量子化，穿过金属薄膜电子的能量损失为 $\hbar\omega_p$ 的整数倍，由此可测定 ω_p. 图 5.6.2 给出了 Mg 薄膜的试验结果.

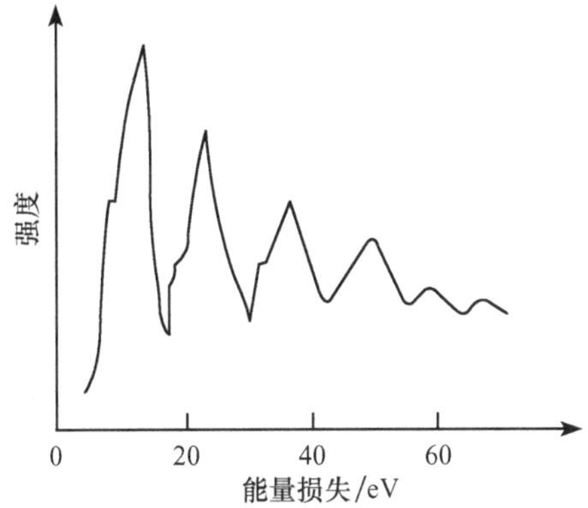

图 5.6.2 快速电子穿过薄膜的能量损失

5.6.3 金属的光学性质

现在用自由电子气体模型来讨论金属的光学性质.

1. 介电常量 $\varepsilon(\omega)$ 与光学性质

若电磁波的波长比电子之间的平均距离大的多，则可把电子气看成是一种介质，通过介电常量 $\varepsilon(\omega)$ 来描述它的光学性质. 为此我们先回顾一下 $\varepsilon(\omega)$ 对光学性质的影响.

设介质中无净传导电流，麦克斯韦方程组为

$$\left.\begin{aligned}\nabla\times\boldsymbol{E}&=-\frac{\partial\boldsymbol{B}}{\partial t}\\ \nabla\times\boldsymbol{H}&=\frac{\partial\boldsymbol{D}}{\partial t}\\ \nabla\cdot\boldsymbol{D}&=0\\ \nabla\cdot\boldsymbol{H}&=0\end{aligned}\right\}\tag{5.6.18}$$

及物质方程为

$$\boldsymbol{D}=\varepsilon(\omega)\boldsymbol{E},\qquad \boldsymbol{B}=\mu\boldsymbol{H}$$

若 $\boldsymbol{H}$、$\boldsymbol{D}$、$\boldsymbol{E}$ 均为简谐波，即

$$\boldsymbol{H},\boldsymbol{D},\boldsymbol{E}\propto \mathrm{e}^{-\mathrm{i}(\boldsymbol{k}\cdot\boldsymbol{r}-\omega t)}$$

则方程(5.6.18)变为

$$\left.\begin{aligned}\boldsymbol{k}\times\boldsymbol{E}&=\omega\boldsymbol{H}\\\boldsymbol{k}\times\boldsymbol{H}&=-\omega\boldsymbol{D}\\\boldsymbol{k}\cdot\boldsymbol{D}&=0\\\boldsymbol{k}\cdot\boldsymbol{H}&=0\end{aligned}\right\}\tag{5.6.19}$$

$\boldsymbol{k}$ 为电磁波的波矢. 由介质的色散关系

$$\frac{c^2k^2}{\omega^2}=\varepsilon_r(\omega k)\tag{5.6.20}$$

可知：

当 $\varepsilon_r(\omega)>0, k^2>0, k$ 为实数，$e^{ik\cdot r}$为传播因子，电磁波可在晶体中正常传播.

当 $\varepsilon_r(\omega)<0, k^2<0, k$ 为虚数，$e^{ik\cdot r}$为衰减因子，电磁波将被介质反射.

当 $\varepsilon_r(\omega)=0, k^2=0$ 无波动现象，此时 $\boldsymbol{D}=\varepsilon\boldsymbol{E}=0(E\neq0)$，所以 $\boldsymbol{k}\times\boldsymbol{H}=0$，即 $\boldsymbol{H}=0$. 由式(5.6.19)第一式可知，$\boldsymbol{k}\times\boldsymbol{E}=0$，所以有 $\boldsymbol{k}/\!/\boldsymbol{E}$ 即 $\boldsymbol{k}$ 与 $\boldsymbol{E}$ 同方向，即在杂质中仅存在静电场.

当 $\varepsilon_r(\omega)=\varepsilon_1+i\varepsilon_2$ 为复数，介质中出现电磁能损耗.

2. 电子气体的光学性质

现在我们来求金属中电子气体的 $\varepsilon_r(\omega)$. 在一弱的交变电场 $E=E_0e^{i\omega t}$ 的作用下，电子的运动方程为

$$m\frac{d^2x}{dt^2}=-e\boldsymbol{E}\tag{5.6.21}$$

显然 x 应有 $x=x_0e^{i\omega t}$ 的形式，代入式(5.6.21)可得

$$\boldsymbol{x}=\frac{e\boldsymbol{E}}{m\omega^2}\tag{5.6.22}$$

由于电磁场的扰动，在原来均匀分布的正负电荷的背景上，由于一个电子的位移产生的偶极矩为 $-ex$，电子气体的极化强度为

$$\boldsymbol{P}=-ne\boldsymbol{x}=-\frac{ne^2}{m\omega^2}\boldsymbol{E}\tag{5.6.23}$$

所以，电位移矢量

$$\boldsymbol{D}=\varepsilon_0\boldsymbol{E}+\boldsymbol{P}=\varepsilon_0\boldsymbol{E}-\frac{ne^2}{m\omega^2}\boldsymbol{E}\tag{5.6.24}$$

由 $\boldsymbol{D}=\varepsilon_r\varepsilon_0\boldsymbol{E}$ 可得到

$$\varepsilon_r\varepsilon_0=\frac{\boldsymbol{D}}{\boldsymbol{E}}=\varepsilon_0-\frac{ne^2}{m\omega^2}$$

即

$$\varepsilon_r=1-\frac{ne^2}{\varepsilon_0m\omega^2}\tag{5.6.25}$$

由于 $\omega_p=\left(\frac{ne^2}{m\varepsilon_0^2}\right)^{\frac{1}{2}}$，所以

$$\varepsilon_r(\omega)=1-\frac{\omega_p^2}{\omega^2} \tag{5.6.26}$$

式中，ω_p 是电子气体的固有振荡频率，ω 是外电磁场的频率.

下面我们用式(5.6.26)分析金属的光学性质：

当 $\omega<\omega_p$ 时，ε_r 为负，即 k 为虚数，电磁波不能在金属中传播，完全被金属表面反射，从而金属呈现有光泽.

当 $\omega>\omega_p$ 时，k 为实数，即金属对于频率大于 ω_p 的电磁波是透明的. ω_p 是电磁波能否在金属中传播的临界频率. 相应的临界波长

$$\lambda_p=\frac{2\pi c}{\omega_p} \tag{5.6.27}$$

式中，c 为光速，只有波长 $\lambda<\lambda_p$ 的电磁波才能在金属中传播；$\lambda>\lambda_p$ 的电磁波将被金属全反射. 计算出 λ_p 是在紫外波段内，这与试验观察到的金属对紫外光透明的事实完全一致.

本章要点

1. 金属电子的统计分布

费米分布：$f(E)=\frac{1}{e^{(E-E_F)/(k_BT)}+1}$

式中，费米能 E_F 是电子所占据的最高能态

自由电子模型的费米能：

(1) 基态($T=0$K)　$E_F^0=[3N/(2c)]^{\frac{2}{3}}$

式中，$c=[2V/(2\pi)^2](2m/\hbar^2)^{\frac{3}{2}}$.

基态费米波矢　$k_F^0=(3\pi^2 n)^{\frac{1}{3}}$

(2) 激发态($T\neq 0$K) 费米能 $E_F=E_F^0\left[1-\frac{\pi^2}{12}\left(\frac{k_BT}{E_F^0}\right)^2\right]$

2. 电子定容比热

$$C_V^e=\frac{\pi^2}{2}N_0 Zk_B^2\frac{T}{E_F^0}=\gamma T$$

式中，N_0 为摩尔原子数，Z 为每个原子的价电子数.

3. 金属费米面

费米面 k 空间能量为费米面 E_F 的等能面.

近自由电子近似下费米面的构造在自由电子球形费米面的基础上进行下面两点修正:

(1) 在布里渊区界面上等能面断裂;

(2) 等能面与布里渊区界面垂直相交.

4. 电子在磁场中的运动

朗道能级:电子在磁场中产生旋进运动,其能量是量子化的.

$$E_n = \left(n + \frac{1}{2}\right)\hbar\omega_c + \frac{\hbar^2 k_z^2}{2m}$$

式中,$\omega_c = eB/m$,称为回旋频率.

德哈斯-范阿尔芬效应:随着外磁场 B 的增大,ω_c 增大,而费米能保持不变.这样导致电子在个朗道能级上重新分布,引起平均能量,进而引起磁化率等的周期性变化.

费米面的实验测定:垂直磁场方向的费米面极值截面积 A_e 与振荡周期 $\Delta(1/B)$ 满足

$$\Delta\left(\frac{1}{B}\right) = \frac{2\pi e}{\hbar}\frac{1}{A_e}$$

可测出 $\Delta\left(\frac{1}{B}\right)$,从而测定 A_e.

5. 金属的电导率与热导率

电导率:$\sigma = \frac{ne^2\tau_F}{m^*}$,$\tau_F$ 为费米面上电子的自由飞行时间.

电阻率与温度的关系:$\rho = \frac{1}{\sigma} = \rho_0 + \rho_1(T)$

高温下:$\rho_1(T) \propto T$

低温下:$\rho_1(T) \propto T^5$

金属热导率:$k = \frac{1}{3}C_V^e v_F l$

维德曼-弗兰兹定律:$\frac{k}{\sigma} = \frac{\pi^2}{3}\left(\frac{k_B}{e}\right)^2 T$

6. 接触电势差

热电子发射电流密度:$j = BT^2 e^{-\Phi/(k_B T)}$

式中，$B=mek_B^2/(2\pi^2\hbar^3)$，$\Phi$ 为功函数.

接触电势差：$V_{\mathrm{I}}-V_{\mathrm{II}}=\frac{1}{e}(\Phi_{\mathrm{II}}-\Phi_{\mathrm{I}})$

7. 金属的光学性质

相对介电常量：$\varepsilon_r(\omega)=1-\frac{\omega_p^2}{\omega^2}$

式中，$\omega_p=\sqrt{ne^2/(m\varepsilon_0)}$为振荡频率，$\omega$ 为外界磁场的频率.

临界频率：$\omega_c=\omega_p$

临界波长：$\lambda_c=\frac{2\pi c}{\omega_p}$

只有 $\omega>\omega_p$ 的电磁波才可能在金属中传播.

思 考 题

5.1 金属电子气服从费米-狄拉克统计 $f(E)=1/[\mathrm{e}^{(E-E_F)/(k_BT)}+1]$，$\frac{\partial f}{\partial E}$函数有什么特性？它对 $T\neq 0\mathrm{K}$ 时电子能级的分布以及电子态在 k 空间的分布有什么影响？

5.2 自由电子模型的基态费米能和激发态费米能的物理意义是什么？费米能与哪些因素有关？

5.3 何为费米面？半导体、绝缘体有费米面吗？金属自由电子模型的费米面是何形状？

5.4 怎样由近自由电子近似构造金属的费米面？

5.5 说明为什么只有费米面附近的电子才对比热、电导、热导有贡献？自由电子气的许多性质与费米波矢 k_F^0 有关，试列举或导出下列参数与 k_F^0 的关系：

(1) 0K 时的费米能 E_F^0；

(2) 电子密度 n；

(3) 金属电子气的总能量；

(4) 与 E_F^0 对应的能态密度 $g(E_F^0)$；

(5) 电子比热 C_V^e.

5.6 何为德哈斯-范阿尔芬效应？说明此效应产生的原因.

5.7 试述金属电阻与温度的关系，并说明原因.

5.8 据你所知，测定晶体的能带结构、电子有效质量和费米面有哪些实验方法？

习 题

5.1 已知下列金属的电子密度 $n(\mathrm{cm^{-3}})$：

	Li	Ni	Cu
n	4.7×10^{22}	2.65×10^{22}	8.45×10^{22}

试计算这些金属的费米能 E_F 和费米球的半径.

5.2　限制在边长为 L 的正方形中的 N 个电子,单电子能量为 $E(k_x, k_y)=\hbar^2(k_x^2+k_y^2)/(2m)$.

(1) 求能量 $E\sim E+\mathrm{d}E$ 之间的状态数.

(2) 求 0K 时的费米能 E_F^0.

5.3　证明单位面积有 n 个电子的二维费米电子气的化学热为

$$\mu(T) = k_B T\ln\{\exp[\pi n\hbar^2/(mk_B T)]-1\}$$

5.4　(1) 一个金属中的自由电子气体在温度为 0K 时能级被填充到 $k_F^0=(6\pi^2)^{\frac{1}{3}}/a$ (a^3 为每个原子占据的体积),试计算每个原子的价电子数目.

(2) 导出自由电子气在温度为 0K 时的费米能表达式.

5.5　(1) 已知电子浓度为 n,用自由电子模型证明 k 空间费米球的半径 $k_F=(3\pi^2 n)^{\frac{1}{3}}$.

(2) 当电子浓度增加时,费米球随之增大.证明当 $n/n_a=1.36$ 时,费米球和面心立方晶格的第一布里渊区相切,其中 n_a 为原子密度.

(3) 设 Cu 晶体中的一些 Cu 原子由 Zn 原子所代替而形成 CuZn 合金,求费米球与布里渊区边界相切时,Zn 原子数与 Cu 原子数之比. Cu 晶体具有面心立方结构.

5.6　Cu 的费米能 $E_F=7.0\text{eV}$,试求电子的费米速度 v_F.在 273K 时铜的电阻率 $\rho=1.56\times 10^{-8}\Omega\cdot\text{m}$,求电子的平均自由时间 τ 和平均自由程 l.

5.7　若金属中电子的碰撞阻力可写成 $-mv/\tau$,则电子漂移速度 v 的方程为

$$m\left(\frac{\mathrm{d}v}{\mathrm{d}t}+\frac{v}{\tau}\right)=-q\varepsilon$$

证明在外电场 $\varepsilon=\varepsilon_0 e^{-i\omega t}$ 中,金属的电导率为

$$\sigma(\omega)=\sigma(0)\left[\frac{1+i\omega\tau}{1+(\omega\tau)^2}\right]$$

式中,$\sigma(0)=nq^2\tau/m$,n 为电子密度.

5.8　(1) 如果电子的能量与波矢的关系为

$$E(k)=\frac{\hbar^2}{2m_1^*}k_x^2+\frac{\hbar^2}{2m_2^*}k_y^2$$

且磁场垂直于 k_x-k_y 平面,求回旋共振频率.

(2) 如果电子的等能面方程为

$$E(k)=\frac{\hbar^2}{2m_t^*}(k_x^2+k_y^2)+\frac{\hbar^2}{2m_l^*}k_x^2$$

而磁场 B 与 k_z 轴的夹角为 θ,求回旋共振频率.

5.9　考虑两个能带 $E(k)=\pm\sqrt{\hbar^2k^2\Delta/m^*+\Delta^2}$,$\Delta$ 为常量,设所有取正号的正能态都是空的,所有取负号的负能态都是填满的.

(1) 在 $t=0$ 时刻加一个电子于正能带上的($k_x=k_0$, $k_y=k_z=0$)态,并施加一电场 $\varepsilon_x=\varepsilon_y=0$, $\varepsilon_z=\varepsilon$,求 t 时刻的电流. $t\to\infty$时,又如何?

(2) 在相同条件下,如果负能级上出现一个空穴,求其电流.

第 6 章　晶体的缺陷与相图

在第 1 章,讲到晶体中的原子是严格按照一定的规律在晶体中排列的,各种原子都严格位于原胞中的相应位置,而原胞又严格地排列在规则的格点位置,即原子排列具有严格的周期性.这实际上只是一种理想模型,现实存在的晶体的原子排列,并不像理想的那样完美无缺,而是存在着各种各样对周期性排列的偏离.我们把这些对理想周期结构的偏离称为缺陷.

晶体中缺陷的存在,将对晶体的性质产生重大影响.在某些情况下,极其少量的缺陷,甚至可能从根本上改变晶体的性能,因此对缺陷的研究是十分重要的.

缺陷按其维数可分为点缺陷(空位、填隙原子、杂质原子等)、线缺陷(刃位错、螺位错)和面缺陷(晶界、堆垛层错与孪晶).本章将依次介绍它们的几何形式、运动规律以及对晶体性质的影响,最后介绍合金及相图.

6.1　点　缺　陷

6.1.1　几种典型的点缺陷

在一个或几个原子的微观区域内偏离理想周期结构的缺陷称为点缺陷.晶体中的典型点缺陷有以下几种.

1. 肖特基(Schottky)缺陷

如第 3 章所述,原子在其平衡位置附近做热振动,由于统计涨落,个别原子可能获得足够大的动能,以至于克服平衡位置势阱的束缚而迁移到晶体表面上的某一格点位置,在晶体表面上构成新的一层,从而在晶体内部的格点上留下空缺的位置——空位,如图 6.1.1(a)所示.肖特基缺陷也称为空位.

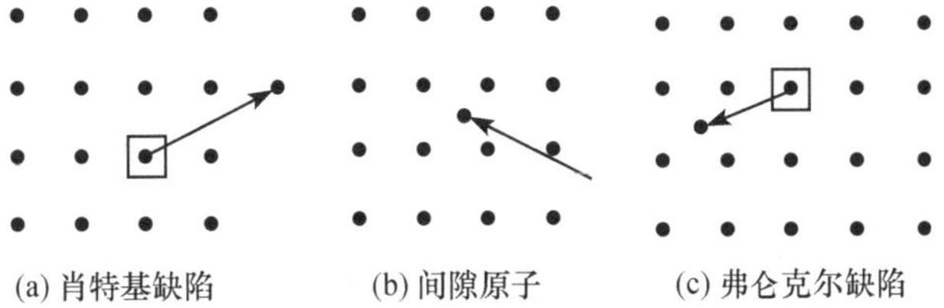

图 6.1.1　几种典型的点缺陷

2. 填隙原子

由于热涨落，晶体表面上的个别原子可能获得足够的动能，进入晶体内部格点的间隙位置. 这些位置在理想情况下是不为原子所占据的，从而在这些被占据的间隙位置形成缺陷. 这些缺陷称为填隙原子，如图 6.1.1(b)所示.

3. 弗仑克尔(Frenkel)缺陷

格点上的原子由于热涨落，脱离格点位置而进入格点间隙位置，而称为填隙原子，同时产生空位，两者成对出现，称为**弗仑克尔缺陷**，如图 6.1.1(c)所示. 一般说来，肖特基缺陷和弗仑克尔缺陷可以同时存在，因而晶体中空位和填隙原子的数一般不相等.

由于以上几种缺陷都是由热运动的涨落产生的，所以也称为热缺陷. 由于热运动的随机性，缺陷也可能消失——称为**复合**. 在一定温度下，缺陷的产生与复合过程相互平衡，缺陷将保持一定的平衡浓度.

4. 杂质

组成晶体的主要原子称为基质原子. 掺入到晶体中的异种原子或同位素称为杂质. 杂质原子在晶体中的占据方式有两种：一种是杂质原子占据基质原子的位置，称为替位式杂质缺陷；一种是杂质原子进入晶格间隙位置，称为填隙杂质缺陷. 例如，三价的硼、镓、铟等原子取代硅单晶中硅原子形成 p 型半导体；五价的磷、砷、锑原子取代硅单晶中的硅原子形成 n 型半导体都是替位式杂质缺陷. 而碳原子进入面心立方结构铁晶体的填隙位置形成奥氏体钢，是典型的填隙杂质缺陷. 通常，相对原子半径较小的杂质原子常以填隙方式出现在晶体之中.

6.1.2　平衡热缺陷数目的统计理论

热缺陷是晶体中的热涨落现象自然产生的. 其平衡热缺陷数目，可以从晶体热力学平衡条件求得. 通常情况下，自由能 $F=U-TS$ 是晶体的特性函数. 缺陷的产生会引起自由能的改变. 在一定温度下，点缺陷将从两个方面影响自由能：由于产生缺陷需要能量，因此当缺陷浓度为 n 时，系统的内能增加 ΔU；由于缺陷的出现使原子排列较无序，因此系统的位形熵也增加 ΔS. 因而自由能改变 $\Delta F=\Delta U-T\Delta S$. 当两种因素相互制约、使 F 为最小时，缺陷数目 n 达到稳定值，即点缺陷的数目由

$$\frac{\partial \Delta F}{\partial n}=0 \tag{6.1.1}$$

确定.

在根据式(6.1.1)确定热缺陷数目时，作如下假定：①热缺陷数目 n 远小于晶体原子数 N，在温度不太高时，$n \ll N$ 总是成立的. ②略去点缺陷之间的相互作用，把点缺陷看作是相互独立的，这在 $n \ll N$ 时总是成立的. ③忽略点缺陷对晶格振动频率的影响，认为晶格振动自由能 F_V 与点缺陷无关. 这个假定不总是成立的. 实际上，缺陷周围的恢复力系数将发生改变，因而振动频率也将改变. 在这些假设下，将大大简化计算. 下面我们以弗仑克尔缺陷数目为例来演示这一方法.

1. 弗仑克尔缺陷数 n_F

设 N 为晶体原子总数，N'为晶体间隙位置总数，有 n_F 个原子脱离格点位置而进入间隙位置，形成 n_F 个弗仑克尔缺陷. 形成一个弗仑克尔缺陷所需的能量为 u_F.

首先，由于 n_F 个缺陷的产生，晶体内能增量

$$\Delta U = n_F u_F \tag{6.1.2}$$

其次，n_F 个缺陷引起的位形熵增量 ΔS，可由

$$\Delta S = k_B \ln W \tag{6.1.3}$$

求得. 式中，W 是与理想晶体比较，由缺陷所引起的微观态数的增量. 现在计算 W.

从 N 个原子中取 n_F 个原子而形成 n_F 个空位的可能方式数为

$$W' = \frac{N!}{(N - n_F)!\,n_F!} \tag{6.1.4}$$

n_F 个原子进入 N'个间隙位置而形成填隙原子的可能排列方式数为

$$W'' = \frac{N'!}{(N' - n_F)!\,n_F!} \tag{6.1.5}$$

因此形成 n_F 个弗仑克尔缺陷的可能方式数，即微观态增加数为

$$W = W'W'' = \frac{N!\,N'!}{(N - n_F)!\,(N' - n_F)!\,(n_F!)^2} \tag{6.1.6}$$

到此，可求得熵增量 ΔS 为

$$\Delta S = k_B \ln W = k_B \ln W'W'' = k_B \ln W' + k_B \ln W'' \tag{6.1.7}$$

以及晶体自由能的增量

$$\Delta F = n_F u_F - T\Delta S = n_F u_F - Tk_B(\ln W' + \ln W'') \tag{6.1.8}$$

平衡时，热缺陷数由式(6.1.1)决定. 把式(6.1.8)、式(6.1.4)、式(6.1.5)代入式(6.1.1)，并利用斯特令公式

$$\ln N! = N\ln N - N \qquad (N\text{ 很大时})$$

很容易得出平衡时弗仑克尔缺陷数

$$n_F = \sqrt{NN'}\,e^{-u_F/(2k_B T)} \tag{6.1.9}$$

用类似的方法，可得到平衡时其他热缺陷的数目，列举如下.

2. 肖特基缺陷(空位)数 n_S

$$n_S = Ne^{-u_S/(k_B T)} \tag{6.1.10}$$

式中,u_S 是产生一肖特基空位所需要的能量,即将晶格内部一个原子移到晶体表面层上所需的能量,与 u_F 相比,少了挤进间隙所耗费的能量,因而 $u_S<u_F$;N 为晶体原子总数.

3. 间隙原子数 n_I

$$n_I = N' e^{-u_I/(k_B T)}$$

u_I 为形成一个间隙原子所需的能量,与 u_F 相比,u_I 少了形成空位所需的能量,因而 $u_I<u_F$;N' 为间隙位置的总数.

6.1.3 与缺陷有关的一些现象

晶体的某些性质对即使浓度很低的缺陷也是极其敏感的,我们称之为结构敏感性. 现在讨论晶体与缺陷有关的一些现象.

1. 缺陷引起晶格振动频谱的改变

在缺陷附近,原子间的弹性恢复力系数发生改变,晶格振动的频谱分布也发生改变,形成一种局限于缺陷附近的振动模式,称为局域模.

2. 空位引起晶体线度的变化

当原子脱离正常格点位置而移到晶体表面时,晶体的线度随之改变 ΔL. 线度的相对改变量 $\Delta L/L$ 与由热膨胀引起的晶格常数的相对改变量 $\Delta a/a$(可由 X 射线衍射测定,空位对衍射的影响可忽略不计)之差,可用于测定空位的浓度.

3. 空位的出现引起晶体密度的变化

弗仑克尔缺陷不会引起晶体密度的变化,肖特基缺陷,特别是离子晶体(参阅 6.3 节)的肖特基缺陷将引起密度变化. 例如,在 NaCl 晶体中掺入适量 $CaCl_2$,Ca^{++}离子将占据格点位置. 为了保持晶体的电中性,将出现一些空位. 这就导致了晶体密度的改变.

4. 缺陷将改变晶格的自由能

前面已做了详细的介绍.

5. 缺陷引起晶体比热容“反常”

含有电缺陷的晶体,其内能比完整晶体的内能大 nu,即

$$U = U_1 + U_V + nu$$

式中，U_1 为晶格结合能，U_V 为晶格振动能，nu 是缺陷引起的附加能. 由于 $n = Nf\mathrm{e}^{-u/(k_B T)}$，可得非理想晶体的比热容

$$C_V = \left(\frac{\partial U}{\partial T}\right)_V = \left(\frac{\partial (U_1 + U_V)}{\partial T}\right)_V + \left(\frac{\partial nu}{\partial T}\right)_V$$

C_V 代表理想晶体的定容比热容，ΔC_V 代表缺陷引起的附加比热容，即比热容的“反常”.

$$\Delta C_V = Nf\,\frac{u^2}{k_B T^2}\mathrm{e}^{-u/(k_B T)}$$

式中，f 是与缺陷类型有关的常数.

通过测定某些物理性质变化，如测定比热容反常，可测出空位的数目——严格说应该是浓度.

6. 杂质缺陷形成局域态

由于杂质原子的价电子数目与基质原子的偏离，会在能带结构中形成杂质局域态，可参阅第 7 章.

6.2 晶体中的扩散及其微观机制

晶体中的原子借助于无规热涨落现象在晶格中的输运过程称为扩散. 发生在晶体中的扩散有两类，一类是外来杂质原子在晶体中的扩散；另一类是纯基体中基质原子的扩散，我们称之为自扩散. 晶体中的许多现象，如结晶、相变、固相反应、成核、范性形变、离子导电等都与扩散有关.

6.2.1 扩散的宏观实验规律

实验显示，在扩散物质浓度不大的情况下，单位时间通过单位面积的扩散物质量，称为扩散流密度

$$\boldsymbol{j} = -D\,\nabla n \tag{6.2.1}$$

它与扩散物质的浓度 n 的梯度成正比，此方程式称为**菲克**(Fick)**第一定律**. 式中的负号表示扩散的方向是从浓度高处向低处进行的. 系数 D 称为扩散系数，它与晶体结构、扩散物质浓度以及温度有关. 由于晶向对扩散有重要影响，因而 D 一般是二阶张量. 对各向同性固体，如立方晶系晶体，D 是标量. 为简单计，我们只讨论 D 为标量时的情形. 另外，在扩散物质浓度很低时，可认为 D 与浓度 n 无关.

式(6.2.1)取散度，并代入连续性方程

$$\frac{\partial n}{\partial t} = -\nabla\cdot\boldsymbol{j}$$

并认为 D 与 n 无关,即可得到扩散定律常用的另一种表达形式

$$\frac{\partial n}{\partial t} = D\,\nabla^2 n \tag{6.2.2}$$

此方程称为**菲克第二定律**. 此式加上适当的初始条件和边界条件,即可对任意时刻扩散物质的浓度分布 $n(x,t)$ 作出推断. 作为一个例子,现介绍所谓的“限定源扩散”:一沿 x 方向半无限长柱体,一定量 N 的粒子由晶体表面向内部扩散. 这是一个一维半无限空间的定解问题. 设柱体表面在 $x=0$ 处,其初始、边界条件可表示为

$$\begin{aligned} t = 0:\quad & x = 0, \qquad n_0 = N \\ & x > 0, \qquad n(x) = 0 \\ t > 0:\quad & \int_0^\infty n(x)\,\mathrm{d}x = N \\ n(x,t)\big|_{t=0} & = N\delta(x-0) \end{aligned}$$

及

$$\left.\frac{\partial n(x,t)}{\partial x}\right|_{x=0} = 0$$

与之相应的方程(6.2.2)的解为

$$n(x,t) = \frac{N}{\sqrt{\pi D t}}\mathrm{e}^{-x^2/(4Dt)} \tag{6.2.3}$$

实验上,通常使用放射性示踪原子来研究扩散规律. 把含有示踪原子的扩散物由固体表面向内部扩散,通过逐次去层法测量放射强度即可测定 $n(x,t)$;把测定的 $n(x,t)$ 与式(6.2.3)对比,就可求得扩散系数 D.

实验表明,扩散系数与温度的关系为

$$D = D_0\,\mathrm{e}^{-E/(k_{\mathrm{B}}T)} \tag{6.2.4}$$

式中,D_0 是个常数,称为频率因子,E 称为扩散激活能,是一个与扩散过程有关的量.

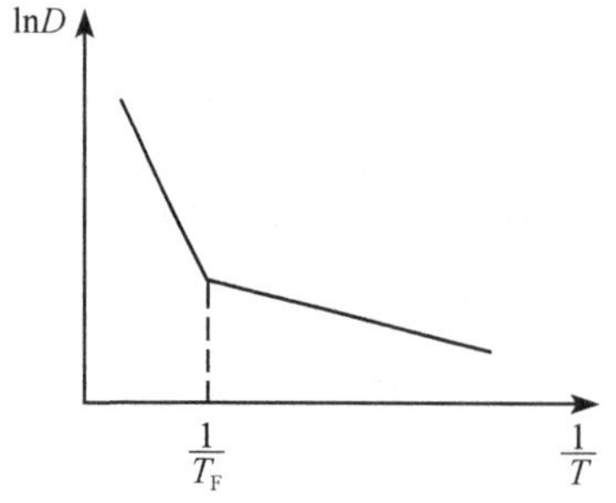

图 6.2.1　扩散系数随温度的变化

由式(6.2.4)做 $\ln D$-$1/T$ 的关系曲线,应得到一条直线,由它的斜率 $-E/k_{\mathrm{B}}$ 可得到激活能 E. 图 6.2.1 表明碳在 α 铁中扩散的实验结果,图 6.2.1 中的折线表明高温与低温有显著的差别,低温时激活能较小,这是因为当温度低于冻结温度 T_{F} 时,扩散主要是在晶体界面进行. 可测得其 $D_0 = 0.2\times10^{-6}\ \mathrm{m^2/s}$, $E = 0.87\mathrm{eV}$. 表 6.2.1 列出了有代表性的 E 和 D_0 的实验数据.

表 6.2.1 实验数据

材料	扩散元素	$D_0/(\mathrm{cm^2 \cdot s^{-1}})$	$Q/(4.1868\times10^3\mathrm{J \cdot mol^{-1}})$	$D/(\mathrm{cm^2 \cdot s^{-1}})$	测量温度/℃
Fe(γ-Fe)	Fe				
	C(间隙原子)	3×10^4	77.2		715→887
	H(间隙原子)	1.67×10^{-2}	28.7	3.0×10^{-7}	800→1100
	C(间隙原子)	1.65×10^{-2}	9.2		925
Cu	Cu	1.1×10	57.2		750→950
	Cu			4.0×10^{11}	850
	Zn	5.8×10^{-4}	42.0		641→884
Ag	Ag	7.2×10^{-4}	45		
	Ag(间界元素)	9×10^{-2}	21.5		
Ge	Ge	8.7×10	74	8×10^{-15}	
	Sb	4.0	56	2×10^{-1}	800
	Li(间隙原子)	1.3×10^{-4}	10.6	8.6×10^{-7}	

6.2.2 自扩散的微观机制

现在从微观角度讨论晶体中的自扩散. 从微观看，在无外电场作用下，扩散是原子无规则布朗运动的结果. 而在纯基体中基质原子的布朗运动是以晶体中存在缺陷为前提的，完整的晶体不会发生迁移. 设想一正常格点处的原子由于涨落脱离格点，就产生肖特基缺陷或弗仑克尔缺陷. 其留下的空位为四周的邻近原子的迁移提供了空间. 其邻近原子可能填补这个空位而留下另一个空位，从而使空位移动一步. 对填隙原子也是如此. 伴随着缺陷的无规则运动，基质原子就可能不断的从一处向另一处作布朗运动. 因此扩散是缺陷运动的直接结果.

布朗运动中反映无规则运动快慢的参数是布朗运动行程的均方值$\overline{l^2}$；而扩散系数 D 是反映扩散快慢的参数. 由布朗运动理论知两者之间的关系为

$$\overline{l^2} = 6D\bar{\tau}$$

式中，τ 是扩散粒子完成一次布朗行程 l 所需要的时间. 此式把宏观量 D 与微观量 l 和 τ 联系了起来. 下面将借助此式来讨论 D 与影响扩散运动诸因素，特别是与温度的关系.

按照扩散是由哪种缺陷运动引起的，可把其微观机制分为空位机制和填隙原子机制两种.

1. 空位机制

这种机制认为扩散过程是通过空位的迁移而实现的，即扩散原子与空位交换位置而迁移. 当原子邻近有一空位时，原子才能跳跃一步. 设原子跳跃一步所需的时间为 τ_S. 但实际上，原子邻近有空位的概率为 n_S/N，即空位平均跳 N/n_S 步，也就是说空位经历$(N/n_S)\tau_S$ 时间间隔才能接近扩散原子并与之交换位置，完成一次

布朗行程的跳跃. 因此

$$\tau = \frac{N}{n_S}\tau_S \tag{6.2.5}$$

式中 n_S 为空位数密度. 若晶格常数为 a，显然有

$$\overline{l^2} = a^2 \tag{6.2.6}$$

类比式$\overline{l^2}=6D\tau$(其中 τ 对应 $\bar{\tau}$，D 对应 D_S)，可得

$$D_S = \frac{1}{6}\frac{a^2}{N\tau_S}n_S \tag{6.2.7}$$

下面求 τ_S.

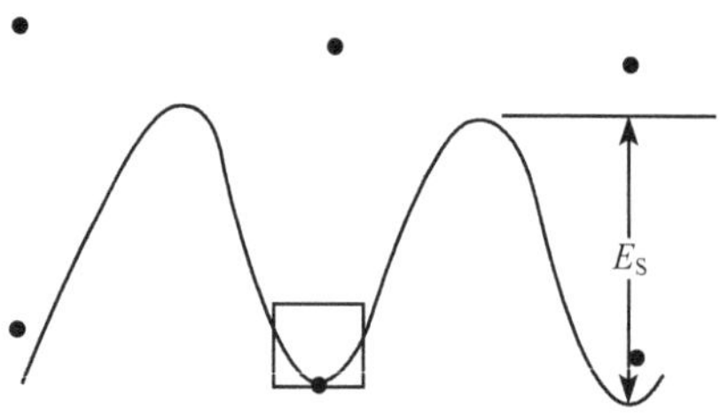

图 6.2.2　空位运动势场示意图

空位所在的位置是原子的平衡位置，从能量的观点看是一势能谷，如图 6.2.2 所示. 邻近原子跳到空位上去必须跨越势垒 E_S. 按照玻尔兹曼统计，在温度为 T 时粒子具有能量为 E_S 的概率与 $e^{-E_S/(k_BT)}$ 成正比. 若晶格原子的振动频率为 ν_{0S}，则单位时间内原子试图跨越势垒的次数即为 ν_{0S}，但在这 ν_{0S} 次中，可以成功的概率只有 $e^{-E_S/(k_BT)}$. 因此，单位时间跨越势垒而与空位交换位置的平均次数，称为跳跃概率为

$$P_S = \nu_{0S}e^{-E_S/(k_BT)} \tag{6.2.8}$$

显然，其倒数即为空位每跳跃一步所需的时间 τ_S，有

$$\tau_S = \frac{1}{P_S} = \frac{1}{\nu_{0S}}e^{E_S/(k_BT)} = \tau_{0S}e^{E_S/(k_BT)} \tag{6.2.9}$$

把式(6.2.9)、式(6.1.10)代入式(6.2.7)，即可得到空位机制的扩散系数 D_S 与温度的关系，有

$$D_S = \frac{1}{6}a^2\nu_{0S}e^{-(u_S+E_S)/(k_BT)} \tag{6.2.10}$$

式中，u_S+E_S 代表扩散激活能. 若 u_S 小，则空位数目多，扩散原子邻近出现空位机会多，有利于扩散的进行；若 E_S 小，则空位跳跃一步就较容易. 两者都小，则扩散速度较大，D_S 也较大. 如果 u_S 和 E_S 都大，则 D_S 就小.

2. 填隙原子机制

填隙原子机制的想法是：原子由正常的格点位置进入间隙位置，然后通过填隙原子的布朗运动，完成扩散原子的输运. 对填隙原子机制，我们把扩散原子从前一个落入正常格点到下一次再落入正常格点之间看成一大步. 这时，布朗行程就是这两个格点之间的距离 l，如图 6.2.3 所示.

若这之间经历了 f 小步,则有

$$\boldsymbol{l} = \boldsymbol{x}_1 + \boldsymbol{x}_2 + \cdots + \boldsymbol{x}_f$$

以及

$$|\boldsymbol{l}^2| = \sum_{i=0}^{f} x_i^2 + \sum_{j\neq i} \boldsymbol{x}_i \cdot \boldsymbol{x}_j$$

对无规则运动,$\boldsymbol{x}_i$ 的方向是完全杂乱的,并且 f 是个大数,所以有

$$\sum_{j\neq i} \boldsymbol{x}_i \cdot \boldsymbol{x}_j = 0$$

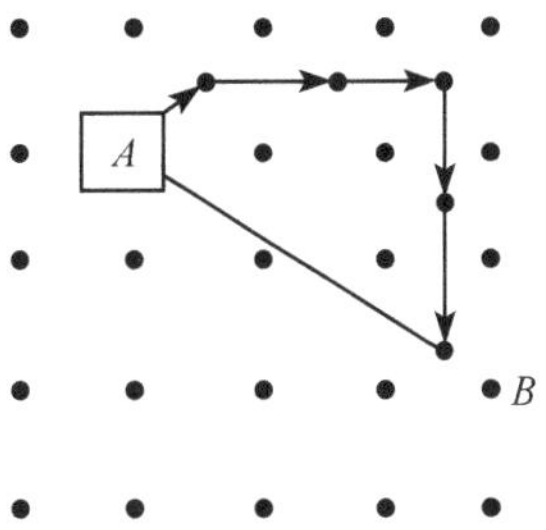

图 6.2.3 间隙原子扩散机制中跨一大步的示意图

即

$$l^2 = \sum_{i=0}^{f} x_i^2$$

由于从一个正常格点出发,填隙原子平均要跳 N/n_S 小步,才能遇到空位,即 $f=N/n_S$,而每一小步的距离就是晶格常数 a,即 $x_i=a$,所以,填隙原子的平均布朗行程

$$\overline{l^2} = \overline{\sum_{i=0}^{f} x_i^2} = fa^2 = \frac{N}{n_S}a^2 \tag{6.2.11}$$

上述布朗行程时间 $\bar{\tau}$ 由两部分组成,一部分是扩散原子由正常格点位置进入间隙位置所需要的时间 τ;另一部分是填隙原子在间隙位置跳跃所需要的时间 $f\tau_I$. τ_I 是填隙原子跳跃一步所需的时间,即

$$\tau_I = \tau_{0I} e^{E_I/(k_B T)} \tag{6.2.12}$$

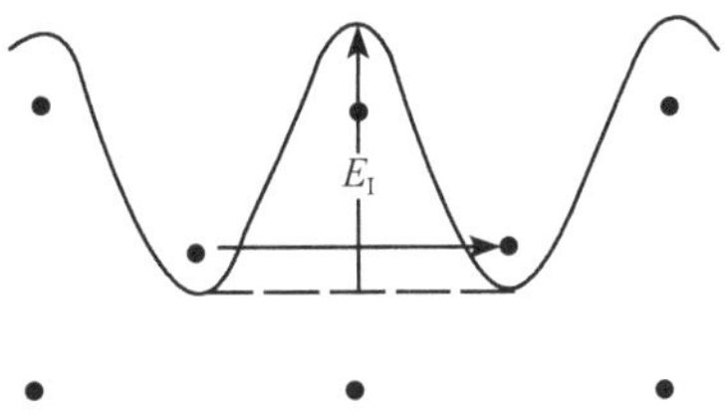

图 6.2.4 间隙原子运动势场示意图 E_I 是势垒高度

式中,τ_{0I}是填隙原子的振动周期,E_I 是填隙原子之间的势垒高度,如图 6.2.4 所示.

至于 τ 的推导,则要稍微复杂一些. 设原子从正常格点位置进入间隙位置的概率为 P,在温度为 T 时,晶体中存在的空位数目为 n_S. 此时,单位时间所产生填隙原子数目就是 $(N-n_S)P \approx NP$,这是因为 $n_S \ll N$. 除此之外,当填隙原子跳到空位邻近时将与空位复合. 这些与空位相邻的间隙点称为危险点. 这些点的数目与正常格点的原子数目之比为

$$\frac{n_S}{N-n_S} \approx \frac{n_S}{N}$$

即填隙原子平均跳 $f=N/n_S$ 步,将遇到危险点而被复合. 由于填隙原子每跳一步的时间为 τ_I,因此一个填隙原子的平均寿命是$(N/n_S)\tau_I$,其倒数 $n_S/(N\tau_I)$就是单位时间的复合概率. 所以单位时间复合掉的填隙原子数为 $n_I n_S/(N\tau_I)$,平衡时,产生填隙原子数目与复合率相等,即

$$NP = n_{\mathrm{I}} \frac{n_{\mathrm{S}}}{N\tau_{\mathrm{I}}}$$

由此得到,由正常格点形成填隙原子的概率 P,即单位时间形成填隙原子的平均次数为

$$P = \frac{n_{\mathrm{I}} n_{\mathrm{S}}}{N^2 \tau_{\mathrm{I}}} = \frac{1}{\tau_{\mathrm{I}}} \mathrm{e}^{-(u_{\mathrm{I}}+u_{\mathrm{S}})/(k_{\mathrm{B}}T)} = \frac{1}{\tau_{0\mathrm{I}}} \mathrm{e}^{-(u_{\mathrm{I}}+u_{\mathrm{S}}+E_{\mathrm{I}})/(k_{\mathrm{B}}T)}$$

其倒数 $1/P$ 即为从正常格点成为填隙原子所需要的时间

$$\tau = \tau_{0\mathrm{I}} \mathrm{e}^{(u_{\mathrm{I}}+u_{\mathrm{S}}+E_{\mathrm{I}})/(k_{\mathrm{B}}T)} \tag{6.2.13}$$

由于缺陷形成能 $u_{\mathrm{I}}+u_{\mathrm{S}}$ 比 E_{I} 大,故比较式(6.2.13)及式(6.2.12)后,可知 $\tau \gg \tau_{\mathrm{I}}$. 因此在布朗行程时间 $\bar{\tau}$ 中,可忽略 $f\tau_{\mathrm{I}}$,则

$$\bar{\tau} \approx \tau = \tau_{0\mathrm{I}} \mathrm{e}^{(u_{\mathrm{I}}+u_{\mathrm{S}}+E_{\mathrm{I}})/(k_{\mathrm{B}}T)} \tag{6.2.14}$$

把式(6.2.14)及式(6.2.11)代入式(6.2.4)中得填隙原子机制的扩散系数 D_{I} 为

$$D_{\mathrm{I}} = \frac{1}{6} \nu_{0\mathrm{I}} \mathrm{e}^{-(u_{\mathrm{I}}+u_{\mathrm{S}}+E_{\mathrm{I}})/(k_{\mathrm{B}}T)} \tag{6.2.15}$$

式中

$$\nu_{0\mathrm{I}} = \frac{1}{\tau_{0\mathrm{I}}}$$

一般来说,形成填隙原子所需要能量 u_{I} 比形成一个空位所需要能量 u_{S} 大,而 E_{I} 与 E_{S} 差不多相等. 所以比较式(6.2.15)和式(6.2.10)可知,在相同温度下,D_{S} 要比 D_{I} 大得多.

最后应指出,由式(6.2.10)和式(6.2.15)所示的扩散系数的理论值与实验值有一些差别,特别是理论值 $D_0 = a^2/(6\tau_0)$ 比实验值小几个数量级. 这主要是由于在推导过程中忽略了缺陷对原子振动频率的影响,以及忽略了热膨胀对 u 和 E 的影响. 如果考虑这两个因素,理论值将会有很大的增加.

6.2.3　杂质原子的扩散

杂质原子在晶体中的扩散机制与前面讨论过的自扩散机制基本类似. 但是由于杂质原子和基体原子的差别,如原子的大小不同等,将造成杂质缺陷周围的晶格畸变. 这将大大影响杂质原子在晶体中的迁移运动,因而杂质的扩散系数和晶体的自扩散系数有数量级上的差别.

杂质原子在晶体中的存在方式,可以是处于晶格中的间隙位置,也可以是替代原来的基质原子,而占据晶格位置. 实验表明,如果杂质原子的半径比基质原子要小得多,则它们总是以填隙方式存在于晶体中;否则,它们将以替代方式存在于晶体中.

如果杂质原子是以填隙方式存在于晶体中,那么它本身就是填隙原子,并通过

填隙原子迁移方式在晶体中扩散,如氢、硼、碳等在铁中扩散. 其扩散系数

$$D = \frac{1}{6}a^2 v_{0I} e^{-E_I/(k_B T)}$$

式中,E_I 为间隙位置间的势垒高度,v_{0I}为杂质原子在间隙位置的振动频率. 因为杂质本来是以填隙方式存在的,所以上式中不包括形成填隙原子所需要的能量,故晶体中杂质的扩散系数要比一般自扩散系数大得多.

如果杂质原子是以替代方式存在于晶体中,则其扩散方式与前面的自扩散相似,空位机制和填隙机制都可能存在. 但实验表明,其扩散系数也要比自扩散系数大. 这是因为,外来原子和晶体基质原子大小不同,当它们替代了基质原子后,便引起周围畸变,从而导致邻近出现空位的概率增大,这样就大大加快了杂质原子的扩散速率.

另外,晶体中的其他缺陷,如后面将要讨论的位错、晶粒边界等的存在,也都影响着杂质原子的扩散行为. 由此可见,杂质原子的扩散现象所牵涉的问题往往较为复杂.

6.3 离子晶体的点缺陷及其导电性

由于离子晶体是由正负离子在库仑力的作用下结合而成的,因而使离子晶体中的缺陷带有一定的电荷,这就是引起离子晶体的点缺陷具有一般点缺陷所没有的特性. 因此有必要对其进行单独讨论.

6.3.1 离子晶体中的点缺陷

离子晶体的结构特点是:正、负离子相间排列在格点上,每一个离子均被配位数相等的异号离子所包围. 无论是形成正、负离子空位,还是形成正、负填隙离子,都会在缺陷处形成正的或负的带电中心. 显然,A^+B^-型离子晶体中共有 4 种带电的本征缺陷,成为正电中心的点缺陷有负离子空位和正填隙离子,而带负电的有正离子空位和负填隙离子,如图 6.3.1 所示. 由于整个晶体保持电中性,这就限定在离子晶体中,对肖特基缺陷应有数目相同的正、负离子空位,而对弗仑克尔缺陷,则

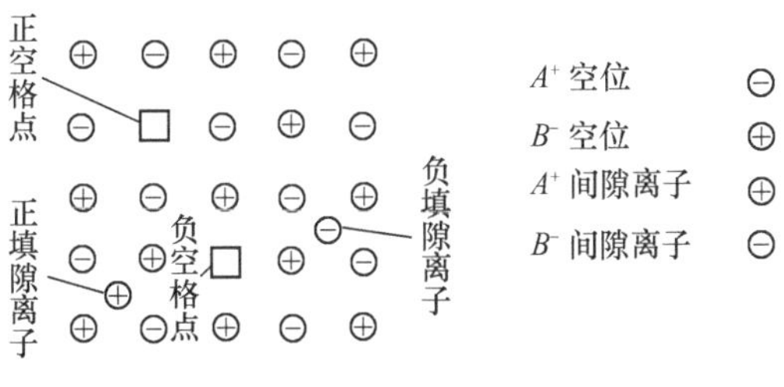

图 6.3.1 离子晶体中的缺陷

应有数目相同的正离子空位和正填隙原子，以及数目相同的负离子空位和负填隙离子.

类似于 6.1 节的讨论，平衡时离子晶体中某种点缺陷的数目

$$n_{SP} = n_{+} + n_{-} = N e^{-u_{SP}/(2k_B T)} \qquad (6.3.1)$$

式中，u_{SP}代表产生一对电荷相反的点缺陷所需要的能量. 如对肖特基缺陷，u_{SP}就代表产生一对分离的正、负离子空位所需要的能量.

一般说来，离子晶体中的负离子的半径比正离子的半径大，所以负填隙离子比正填隙离子难以形成.

离子晶体中的点缺陷除了本征热缺陷外，还可能存在替位式杂质和填隙式杂质缺陷，它们一般也是带电中心. 例如，将 $CaCl_2$ 掺入到 NaCl 晶体中，Ca^{++}将替代 Na^{+} 占据格点位置，但由于两者的电荷不同，替位的 Ca^{++}便成为一个正电中心. 为了保持晶体的电中性，必定同时产生一个正离子空位. 这可以由掺入 $CaCl_2$ 后，NaCl 晶体的密度降低得到证实.

6.3.2　离子晶体的导电性

理想的离子晶体是典型的绝缘体，满价带与空带之间有很宽的禁带，热激发几乎不可能把电子由满价带激发到空带上去. 但实际上离子晶体都有一定的导电性，其电阻明显地依赖于温度和晶体的纯度. 因为温度升高和掺杂都可能在晶体中产生缺陷，所以可以断定离子晶体的导电性与缺陷有关. 实验发现，当离子晶体中有电流通过时，会在电极上沉淀出相应离子的原子，这说明载流子是正、负离子. 另外，如前所述，在 NaCl 晶体中掺入 $CaCl_2$ 后，可产生 Na^{+} 离子空位，Ca^{++} 含量越大，Na^{+}空位的数目也就越多. 实验发现，室温下 NaCl 晶体的导电率与杂质 Ca^{++} 的浓度成正比. 这些实验事实都直接证实了离子晶体是借助缺陷运动而导电的.

从能带理论可以这样理解离子晶体的导电性：离子晶体中带电的点缺陷可以是束缚电子或空穴，形成一种不同于布洛赫波的局域态. 这种局域态的能级处于满带和空带的能隙中，且离空带的带底或者满带的带顶较近，从而可能通过热激发向空带提供电子或接受满带电子，使离子晶体表现出类似于半导体的导电性.

综上所述，离子晶体的导电现象是由带电点缺陷在外电场作用下运动产生的. 为了导出电导率与温度的关系，先考虑一个正的填隙离子在沿 x 方向的电场 $\boldsymbol{\varepsilon}$ 作用下的运动情况.

在无外电场时，$\varepsilon=0$，带电点缺陷处于对称的势阱中，如图 6.3.2(a)所示. 点缺陷在热涨落作用下向左或向右的跳跃概率是相同的，即是无规则的布朗运动，不产生宏观电流. 当沿着 x 方向存在一电场 ε 时，晶格中的势场是外电势场与晶格势场之和. 若取间隙位置为势能零点，间隙在 x 方向的距离为 a，正填隙离子的电荷为 e，则势阱左、右两边的势垒高度分别为 $E_I + ea\varepsilon/2$ 和 $E_I - ea\varepsilon/2$. 从而使正填隙

离子向左和向右的跳跃概率分别为

$$P_{左}=\nu_{0I}e^{-(E_I+ea\varepsilon/2)/(k_BT)} \quad (6.3.2)$$

$$P_{右}=\nu_{0I}e^{-(E_I-ea\varepsilon/2)/(k_BT)} \quad (6.3.3)$$

向左、向右的跳跃概率实际上可以认为是单位时间向左、向右所跳动的步数. 由于每次跳动的距离是 a,所以单位时间填隙离子平均沿电场移动的距离,即平均速率为

$$\begin{aligned} v_I &= a(P_{左}-P_{右}) \\ &= a\nu_{0I}\left[e^{-(E_I-ea\varepsilon/2)/(k_BT)}-e^{-(E_I+ea\varepsilon/2)/(k_BT)}\right] \\ &= a\nu_{0I}e^{-E_I/k_BT}\times 2\sinh\left(\frac{ea\varepsilon}{2k_BT}\right) \end{aligned} \quad (6.3.4)$$

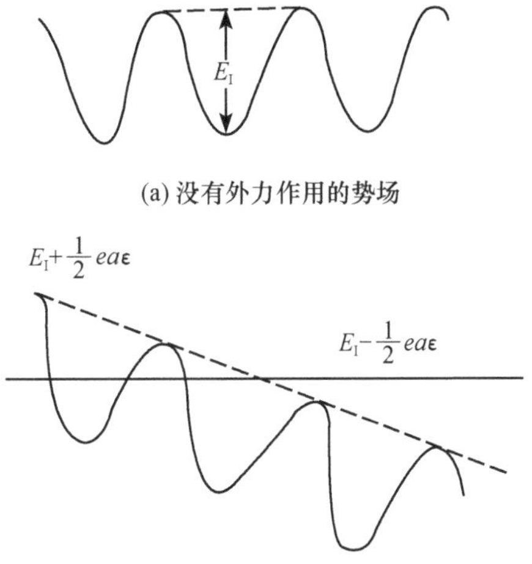

(a) 没有外力作用的势场

(b) 在外力作用下的势场

图 6.3.2 外力作用对势场的影响

在弱电场下,即 $ea\varepsilon \ll 2k_BT$. 在室温下,由于 $k_BT\approx 1/40\text{eV}$,$a\approx 10^{-10}\text{m}$,因此室温下 $\varepsilon \ll 10^8\text{eV/m}$ 都认为是弱电场. 此时有 $\sinh[ea\varepsilon/(2k_BT)]\approx ea\varepsilon/(2k_BT)$,所以式(6.3.4)为

$$v_I = a^2 v_{0I} e\frac{1}{k_BT}e^{-E_I/(k_BT)}\varepsilon = \mu_I\varepsilon \quad (6.3.5)$$

式中

$$\mu_I = \frac{a^2\nu_{0I}e}{k_BT}e^{-E_I/(k_BT)}$$

称为离子迁移率,与填隙离子扩散系数

$$D_I = \frac{1}{6}a^2\nu_{0I}e^{-E_I/(k_BT)}$$

比较,可得 μ_I 与 D_I 的关系——爱因斯坦关系

$$\mu_I = \frac{6eD_I}{k_BT} \quad (6.3.6)$$

对于既可作扩散运动又可在外电场下作"漂移"运动的带电粒子,只要忽略它们之间的相互作用,爱因斯坦关系就成立.

若 n_I 为正填隙离子的平衡浓度,则这种迁移机构对电流密度的贡献为

$$j_I = n_I e v_I = \sigma\varepsilon \quad (6.3.7)$$

$$\sigma = \frac{n_I e}{k_BT}\nu_{0I}a^2 e^{-E_I/(k_BT)} \quad (6.3.8)$$

式(6.3.7)是离子导电的欧姆定律,σ 是导电率. 由平衡浓度与温度的关系式

$$n_I = Ne^{-u_I/(k_BT)}$$

可知,电导率

$$\sigma = \frac{e^2}{k_BT}Na_I^2\nu_{0I}e^{-(u_I+E_I)/(k_BT)} \quad (6.3.9)$$

将以指数形式随温度升高而迅速变大.

若同时考虑 4 种缺陷的运动,则电流密度便为 4 种缺陷迁移机构贡献之和

$$j = \sum_{i=1}^{4} j_i = \left[\frac{1}{k_B T}\sum_i e_i^2 N a_i^2 \nu_{0I} e^{-(u_i+E_i)/(k_B T)}\right] \cdot \varepsilon = \sigma\varepsilon \qquad (6.3.10)$$

其电导率也为 4 种缺陷的贡献之和

$$\sigma = \sum_{i=1}^{4} \sigma_i = \frac{1}{k_B T}\sum_i N e_i^2 a_i^2 \nu_{0I} e^{-(u_i+E_i)/(k_B T)}$$

6.3.3　色心

由于离子晶体的满带与空带间有很宽的能隙,禁带宽度大于光子能量,用可见光照射晶体时,不可能使满带电子吸收光子而跃迁到空带,因而不能吸收可见光,表现为无色透明晶体. 但是,如果我们设法在离子晶体中造成点缺陷,这些电荷中心可以束缚电子或者空穴在其周围形成束缚态. 这种束缚态可用类氢模型处理. 这样,通过光吸收可使得被束缚的电子或空穴在束缚态之间跃迁,使得原来透明的晶体呈现颜色,这类能吸收可见光的点缺陷称为色心.

1. F 心

最常见的色心是 F 心,来自德语"Farbe"(颜色). 把碱卤晶体在碱金属蒸气中加热一段时间,然后骤冷到室温,晶体就出现了颜色. 例如,NaCl 晶体在 Na 蒸气中加热后晶体变为黄色,KCl 晶体在 K 蒸气中加热后变成紫色. 这个过程称为增色.

在增色过程中,碱金属原子扩散进入晶体,且以一价正离子的形式占据正常格点位置,并放出一个电子,此电子可在晶体中巡游. 过多的碱金属原子的进入破坏了原来的化学比. 因为缺乏多余的 Cl^- 离子供给,使之与多余的 Na^+ 离子相伴,于是将有等量的负离子空位产生. 这可由着色晶体密度比纯晶体的密度减小的事实得到证实. 带正电的负离子空位与其束缚的钠原子提供的价电子所形成的系统,就是 F 心,如图 6.3.3 所示.

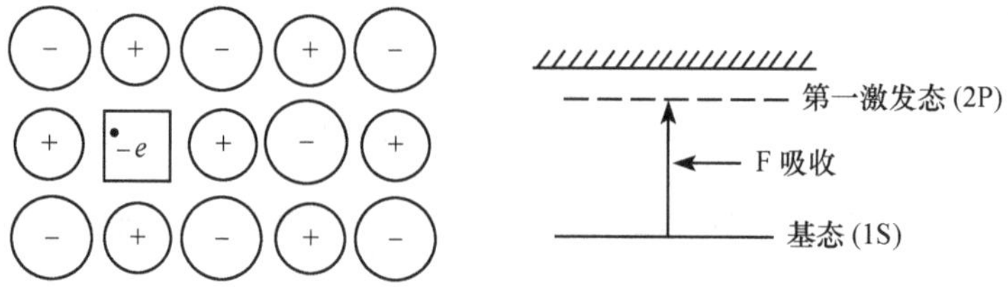

(a) F心的形成，负离子空位束缚一个电子　　(b) F心的电子能态

图 6.3.3　F 心的形成方式及其能态结构

F 心在可见光区域有一个钟形吸收带,称为 F 带. 图 6.3.4 是基质碱卤晶体的 F 带. 可用类氢模型来描述 F 心的束缚能级. F 吸收带可看成是电子从类氢基态 1s 态到第一激发态 2p 态的跃迁产生的. 这本是位于可见光波段的一条吸收谱线,由于晶格振动的影响,使得谱线加宽而成为吸收带. 既然 F 心是由负离子空位束缚电子形成的,它应与形成负离子空位的具体过程无关. 即无论将碱卤晶体在哪一种碱金属中加热,所得到的吸收谱应无本质差别. 这一点已被实验所证实,如表 6.3.1所示.

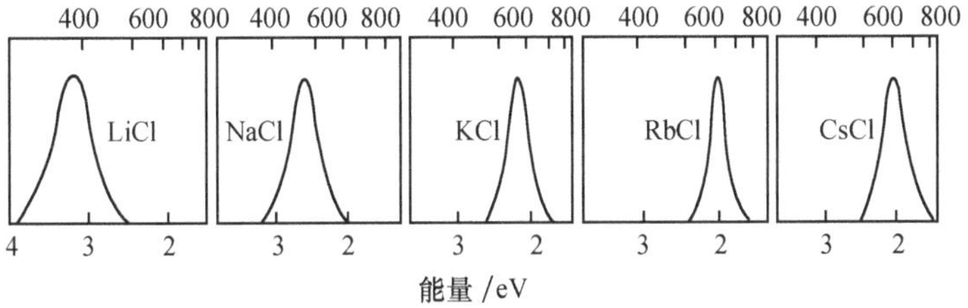

图 6.3.4 几种碱卤晶体的 F 带;含有 F 心的晶体的光吸收对波长的关系

表 6.3.1 F 心吸收能量(E_F)的实验值

E_F/eV	F	Cl	Br	I
Li	4.94	3.16	2.68	
Na	3.60	2.66	2.26	2.01
K	2.79	2.20	1.97	1.78
Rb	2.34	1.97	1.76	1.70
Cs	1.84			

注:本表列举了 300K 时具有 NaCl 型结构的碱卤晶体 F 心的吸收能量值,数据来自 Omar M A. 1987. 固体物理学基础. 贾明,张文彬,李振亚,秦大成,吴晓南译. 北京:北京师范大学出版社.

以 F 心为基础还可以形成一些其他形式的色心. 例如,F 心的 6 个最近邻离子中的某一个被一个外来的碱金属离子所代换,就成为 F_A 心. 例如,把 KCl 晶体在 Na 蒸气中增色,就可能出现 F_A 心,如图 6.3.5(a)所示. 两个相邻的 F 心构成的机构称为 M 心;3 个相邻的 F 心构成 R 心,如图 6.3.5(b)、(c)所示.

2. V 心

将碱卤晶体在卤素蒸气中加热,然后骤冷至室温,造成卤素原子过剩,在晶体中出现正离子空位,形成负电中心. 它将束缚邻近的负离子所有的空穴. 这样的系统称为 V 心,V 带处在紫外区域.

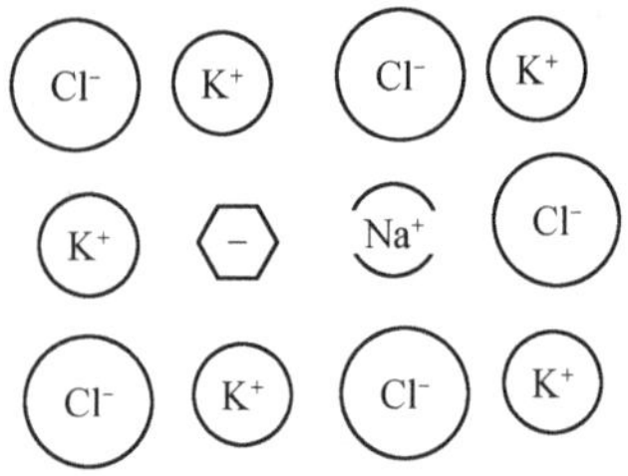

(a) KCl 晶体中的一个 F_A 心，F 心（图中的六边形）的六个近邻 K^+ 的一个被 Na^+ 取代

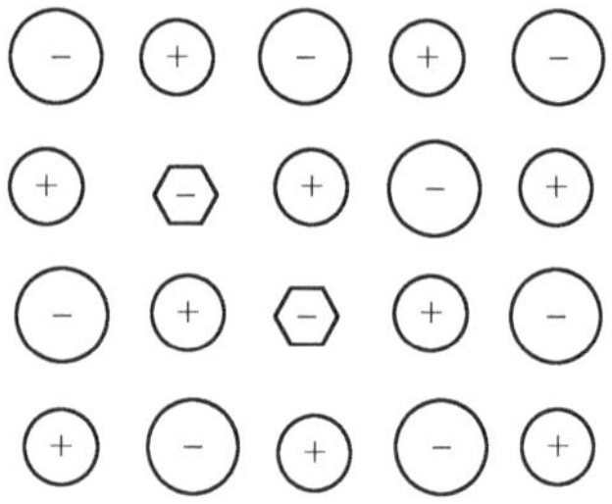

(b) (100) 面两个相邻的负离子空位各俘获一个电子构成 M 心

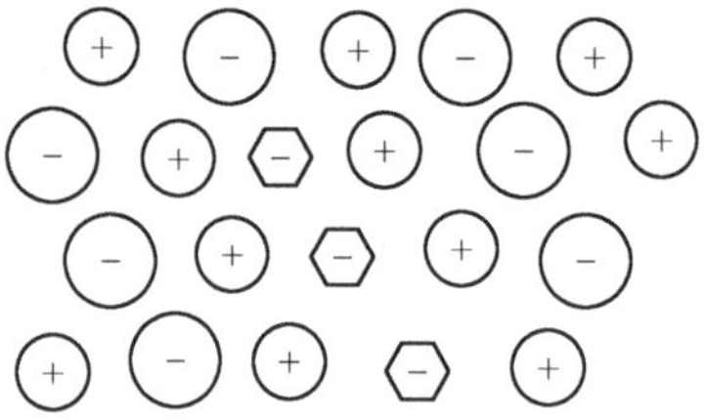

(c) (111) 面三个相邻的负离子空位各俘获一个电子构成 R 心

图 6.3.5　以 F 心为基础形成的其他色区

6.4　线缺陷　位错

线缺陷表示晶体内在某一条线附近原子排列出现对晶格周期性的偏离，是一维缺陷，也称为位错. 位错概念最初是为了解释金属的范性形变而提出的. 现在实验已经证实，位错是客观地存在于晶体内部的，通过晶体腐蚀后可在显微镜下直接观察到. 位错对晶体的力学、电学、光学等方面性质以及晶体的生长和杂质、缺陷的扩散等都有重大影响.

6.4.1　刃位错　螺位错

位错可分为刃位错和螺位错两种.

1. 刃位错

如图 6.4.1(a)所示，晶体中原子的上半平面相对于下半平面发生了一个原子间距 $\boldsymbol{a}$ 的滑移，滑移矢量 $\boldsymbol{a}$ 称为伯格斯矢量. EF 线以左是已滑移区，以右是未滑移区，EF 线称为位错线. 在位错线 EF 附近，晶体的上半平面多出一半截晶面，下半平面没有适当的晶面与之配对，就像插入晶体内的一把刀刃. 在位错线附近，晶格的周期性遭到破坏. 我们形象地称这种线缺陷为刃位错. 有两种刃位错: 多余的半截晶面位于滑移平面上半部分者称为正刃位错, 见图 6.4.1(b), 用符号"⊥"表示. 反之称为负刃位错, 见图 6.4.1(c), 用"⊤"表示. 刃位错的一个显著特征是滑移矢量 $\boldsymbol{a}$ 与位错线相互垂直.

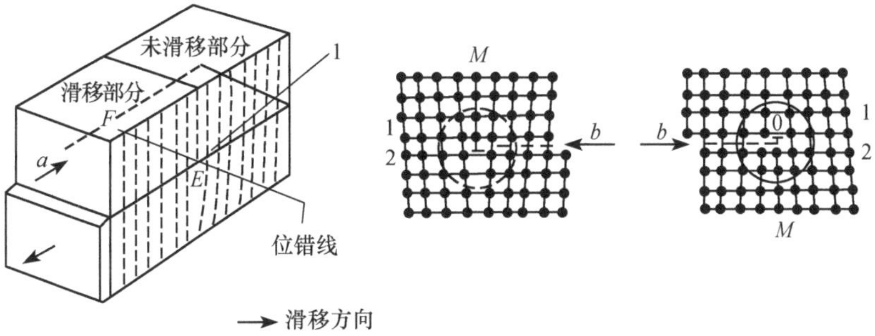

(a) 刃位错　　(b) 正刃位错　　(c) 负刃位错

图 6.4.1 刃位错结构示意图

2. 螺位错

滑移矢量 $\boldsymbol{a}$ 与位错线平行的位错称为螺位错, 如图 6.4.2(a)所示. $ABCD$ 面为滑移面, BC 线两侧的原子沿 AD 方向滑移一个伯格斯矢量 $\boldsymbol{a}$, AD 为滑移部分的分界线, 称为螺位错线. 存在螺位错时, 原来与 AD 垂直的晶面, 由于滑移面两边晶面的相对位移, 现在变成螺旋梯形式的结构, 如图 6.4.2(b)所示. 螺位错正是由此得名. 与刃位错相比, 除了伯格斯矢量 $\boldsymbol{a}$ 平行位错线外, 螺位错并没有多余的半截晶面.

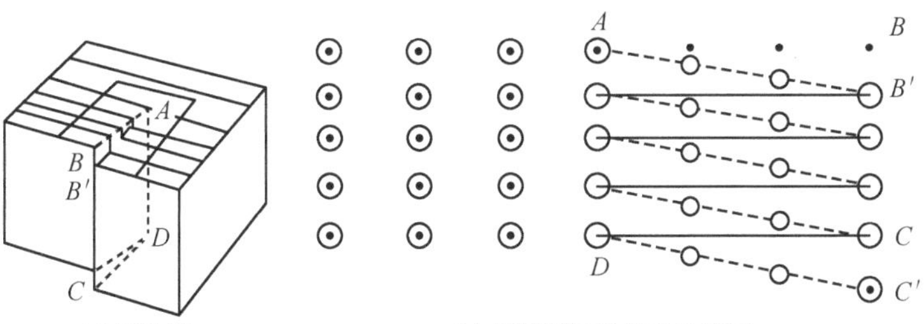

(a) 螺位错　　(b) 螺位错附近的原子排列

图 6.4.2 螺位错结构示意图

实际晶体中的位错不限于上述的直线形, 也可以以比较复杂的其他形式出现. 但任何复杂的位错总可以看作是由一段段刃位错与螺位错构成的.

6.4.2　位错的滑移

晶体在外力作用下，能够产生弹性与范性两种形变. 如图 6.4.3 所示，某层原子 A 受到外应力而产生一位移 x，当位移 x 小于位移方向晶格常数 a 的一半，即 $x<a/2$ 时，若外力撤销，原子 A 将自动恢复原位，此即弹性形变. 但当外应力增大，超过某种限度，使 $x>a/2$ 时，原子将不能自动回到原来位置，而容易移到最近的平衡位置 A'，此时就发生了滑移，这在实验上已经观察到. 例如，一单晶棒发生范性形变时，在金相显微镜下，可观察到晶体表面出现一些条纹，称为滑移带. 用多晶金属棒也可观察到类似现象. 所以范性形变是晶面滑移的结果.

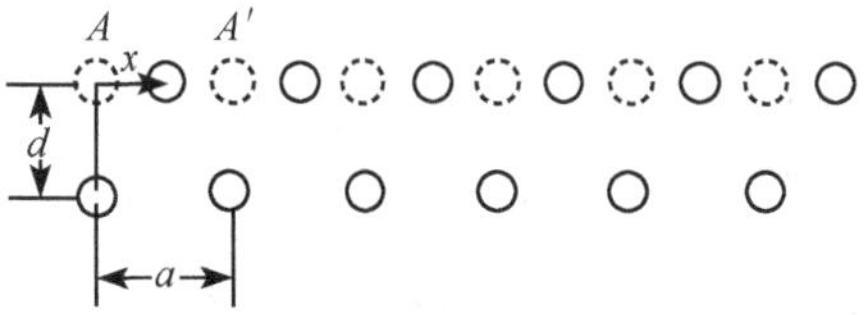

图 6.4.3　位错的滑移

怎样理解晶面滑移机制，人们经历了一个认识过程. 最初人们认为滑移过程是晶面之间整体的相对刚性滑移. 按照这个模型，能使理想晶体某晶面族发生滑移的最小切应力，叫做**临界切应力** τ_c，如图 6.4.3 所示，为

$$\tau_c \approx G\frac{x}{d}, \qquad x=\frac{a}{2}$$

式中，G 为切变模量，$G\approx 10^9 \sim 10^{10}\,\mathrm{N/m^2}$，而 x/d 的数量级约为 1，所以 τ_c 约为 $10^9 \sim 10^{10}\,\mathrm{N/m^2}$. 但对于纯金属材料，临界切应力 τ_c 的实验值为 $10^5 \sim 10^6\,\mathrm{N/m^2}$，比理论值小 $10^3 \sim 10^4$ 数量级. 这说明刚性相对滑移模型不能反映滑移过程的实际机制.

为了解释金属范性变形的滑移过程，泰勒等人提出了位错及位错运动的理论模型. 按照这个模型，滑移不是晶面一部分相对另一部分的整体刚性移动，而是位错线沿某晶面的相继运动. 位错线运动扫过的晶面叫做滑移面. 当位错线滑移扫过晶面达到表面时，位错消失，晶体沿滑移面移动一个原子的间距的距离，产生范性形变. 因此晶体的范性可变为可视为位错在切应力作用下的连续运动.

位错的运动可以这样理解：位错线上的原子 A 在下半平面无配对时，它将受到原子 B 和 C 几乎相等的吸引，如图 6.4.4(a)所示；因此只需作用一个很小的应力就可以使它向右移动一个小距离，从而 C 的吸引占优势，因此它可和 C 组成完整晶面，而使 D 成为无配对的半截晶面，如图 6.4.4(b)所示；于是位错线就从 A 到 D

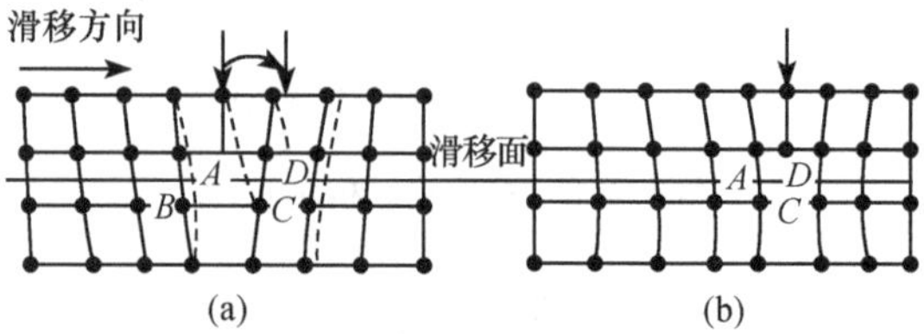

图 6.4.4　刃位错的运动

移动了一个原子的间距,位错线的这种运动持续进行,就使位错线右移直到达到晶体表面.按照这个模型,滑移时,只有位于位错线附近的原子参加了滑移,而其他原子都占据正常格点并不运动,所以只要有较小的切应力,位错就会开始移动,这就是临界切应力远小于刚性理论值的原因.

上述位错滑移模型也称为蠕动模型,在自然界里也是常见的.例如,常见的爬虫爬行时,躯体上的各点并不是同时移动的,而是后面尾部先缩短变位,然后再向头部方向波及而向前爬行的,如图 6.4.5 所示.这样蠕动爬行所需的力要比同时移动所需的力小得多.图 6.4.6 和图 6.4.7 分别给出了刃位错和螺位错的滑移过程.螺位错和刃位错滑移的不同之处在于:在刃位错滑移过程中,原子的移动方向、位错线的运动方向和外加应力方向三者是平行的;而在螺位错滑移方向与外应力方向相同,而与位错线运动方向垂直.

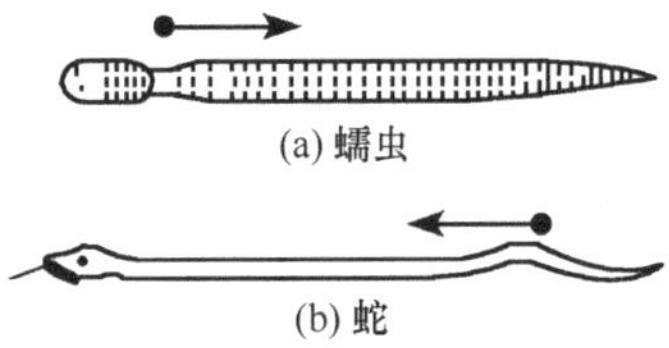

图 6.4.5 蠕虫和蛇的运动方式

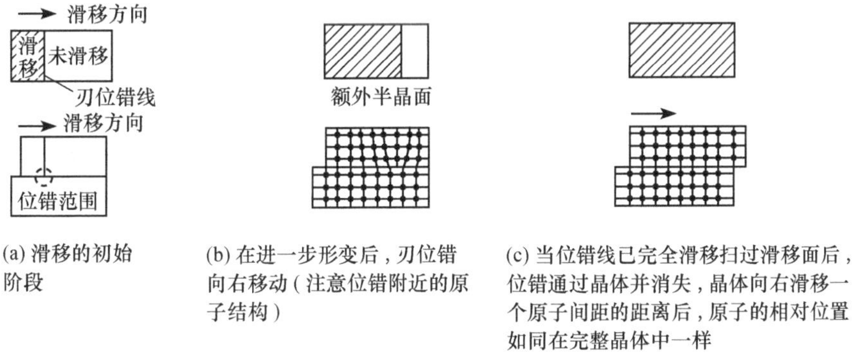

图 6.4.6 刃位错在晶体中的滑移过程图

上下部分分别表示俯视与侧视图

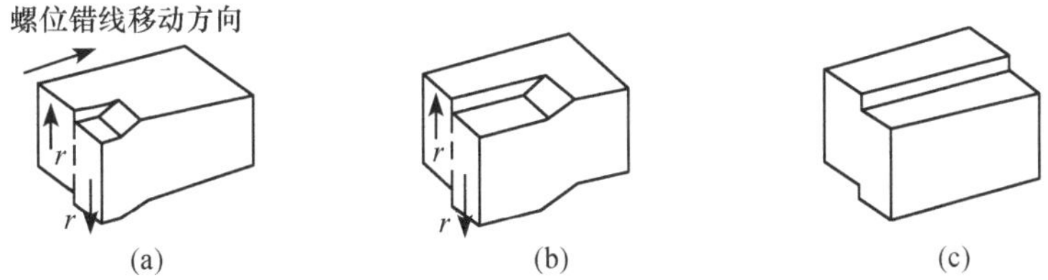

图 6.4.7 螺位错在晶体中的滑移过程

6.4.3 与位错有关的一些重要现象

1. 杂质集结、金属硬度与位错

因为位错周围有应力场存在,从而会使杂质原子聚集到位错附近.例如,刃位错中正刃位错，滑移面上方晶格被压缩，下方晶格被拉伸. 如果由较小的杂质原子代替位错线上方附近的基质原子，用半径较大的杂质原子代替位错线下方附近的基质原子，则可降低晶格的形变，减弱位错附近的应力场，从而降低畸变能量. 因而位错对杂质原子有集结作用.

杂质原子的集结降低了位错附近的能量，使位错滑移较前困难，位错好像被杂质“钉扎”住了. 因此晶体对塑性形变表现出更大的抵抗能力，使材料的硬度大大提高. 这一现象称之为掺杂硬化.

在半导体材料中，由于杂质在位错周围的聚集，可能形成复杂的电荷中心，从而影响半导体的电学、光学和其他性质.

经显微镜观察证实，位错的腐蚀也是位错集结杂质原子的结果. 由于腐蚀剂原子在位错附近的聚集，使位错周围受到腐蚀而形成腐蚀坑，因此可从位错腐蚀坑的金相图来检验位错.

2. 晶体生长与螺位错

晶体生长的主要过程是：由于热涨落，首先形成一固态核心；然后原子、离子及其集团在核心表面逐步堆积扩大. 所以，为了要在完整晶面上凝结新的一层，关键是要靠涨落在晶面上形成一个小核心. 如果晶面上存在螺位错的台阶（图 6.4.8 中的 A 处），台阶处比平面处对外来原子有较强的束缚作用，落在那里的粒子不容易逃逸掉，位错台阶就起了凝结核的作用. 而且，随着原子沿台阶的集结生长，并不会消灭台阶，而只会使台阶向前移动. 由于越靠近螺位错线，台阶移动的角速度（晶体生长速度）越大，结果逐渐形成螺旋状的台阶，如图 6.4.9 所示，其中(a)、(b)、(c)、(d)表示时间的先后顺序.

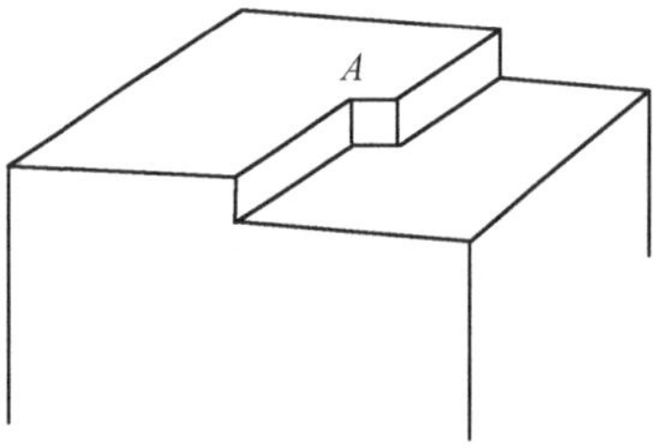

图 6.4.8　晶面上的螺位错台阶

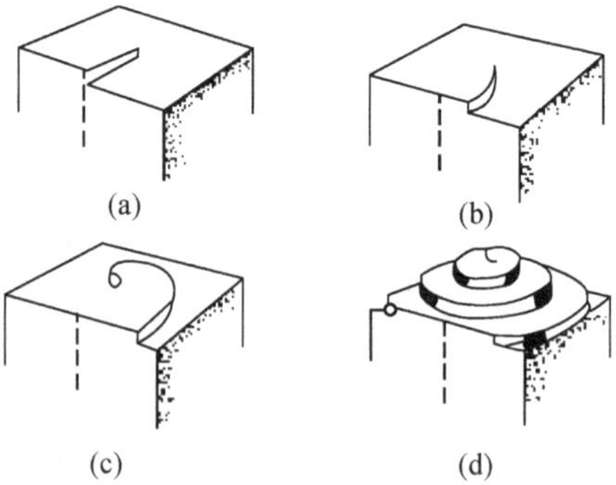

图 6.4.9　生长台阶的发展

3. 位错与空位

位错与空位有着密切的关系. 首先空位可能在晶体内形成位错. 当温度较高

时，晶体中空位数目也较多；如果降低温度，空位可能发生凝聚，在晶格中形成空隙，如图 6.4.10(a)、(b)所示. 当这样一个空隙塌陷时，将在空隙的边缘形成刃位错，如图 6.4.10(c)所示. 现在一般认为，铸造材料中的位错还是起源于空位的凝结.

另一方面，位错在运动过程中可以产生或消灭空位. 一般说，位错线既可以在滑移面内运动，也可以垂直于滑移面运动，这后一种运动称为“攀移”. 如图 6.4.11 所示. 当刃位错向下攀移时，半晶面被延长，结果在刃位错处增加了一列原子，由于原子总数不变，所以同时在结果中产生空位. 相反，若位错向上攀移，相当于在位错处减少一列原子，这些攀移时释放出来的原子就会变成填隙原子，或者填充原来的空位. 所以位错的攀移总是伴随着空位或填隙原子的产生和消灭.

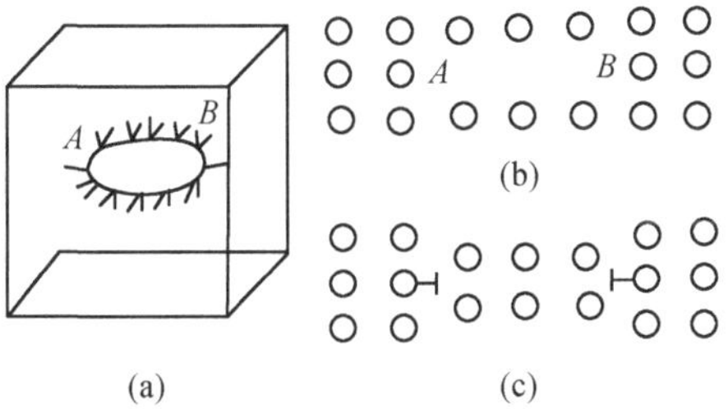

图 6.4.10 空位的凝聚与位错

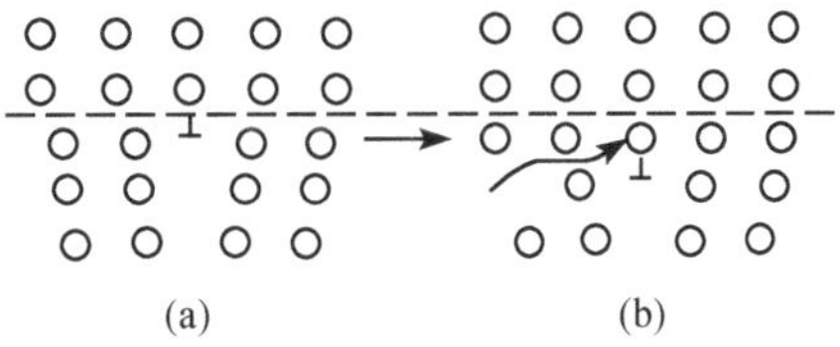

图 6.4.11 位错攀移

6.5 面 缺 陷

晶体内部偏离周期性点阵结构的二维缺陷称为面缺陷. 晶体中的面缺陷主要有晶粒界面和堆积层位错两种.

6.5.1 晶界

实际的固体材料大多是由大量晶粒结成的多晶体. 各晶粒都具有完整的晶格结构，是单晶体. 但各晶粒之间的堆积取向是完全无规的. 晶粒之间的边界——晶界是原子无序排列的过渡层. 过渡层的厚度相当于几个晶格常数. 显然晶界是一种面缺陷.

晶界会对材料的性质产生重要影响. 例如，杂质中原子易在晶界附近聚集，往往导致材料变脆. 晶界会阻断位错线的滑移，因而晶粒越小，晶粒面积越大，材料硬度越大. 另外晶界在相变过程中往往起到重要作用，新的固相往往是在晶界处成核生长的.

要描述晶界的结构情况是非常复杂的. 一种最简单的情况是：小晶粒彼此取向

只是差一很小的角度,构成“小角晶界”,也称为镶嵌结构. 图 6.5.1 表示两个取向不同的简单立方晶体的界面,在角 θ 的两边为完整的简单立方晶格,但彼此取向不同. 可以认为单晶取向是绕垂直于纸面的轴转了一小角 θ,θ 内的区域为过渡区. 由于 θ 很小,可以设想,过渡区是由少数几个多余的半截晶面所组成的,即可认为晶界过渡区是由一些刃位错的排列构成的. 若 D 代表两刃位错之间的距离,b 代表滑移矢量的大小,即晶格常数,则有

$$D=\frac{b}{\theta}$$

这种模型已为 X 射线、光子衍射实验所证实.

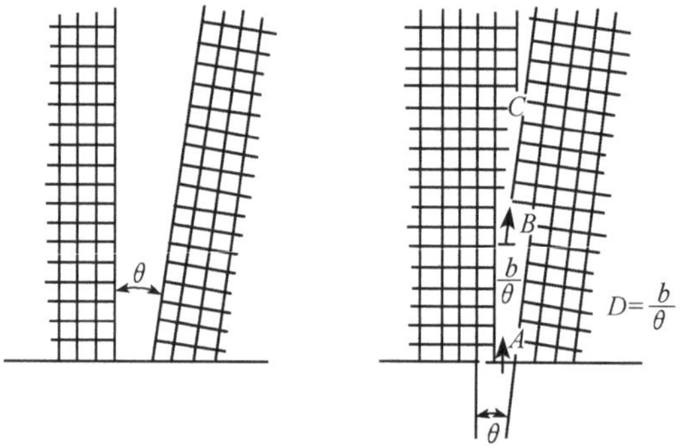

(a) 小角晶界　　(b) 小角晶界可以看成是一系列刃位错的相继排列

图 6.5.1　小角晶界的结构示意图

6.5.2　堆垛层错

堆垛层错是在密堆积结构中,晶面堆垛顺序出现错乱时产生的面缺陷. 可用面心立方结构来说明这种面缺陷的形成. 沿面心立方结构的[111]方向看,格点相继排列在晶面 A、B、C 上,其正常堆垛顺序为

$$\cdots\quad \overrightarrow{ABC}\quad \overrightarrow{ABC}\quad \overrightarrow{ABC}\quad \cdots$$

如果由于某种原因,堆垛层次发生错乱,如从某晶面 C 开始 AB 堆垛交错,形成

$$\overrightarrow{ABC}\quad \overrightarrow{ABC}\quad \overrightarrow{AB}\quad \overset{\downarrow}{C}\quad \overleftarrow{BA}\quad \overleftarrow{CBA}\quad \overleftarrow{CBA}$$

堆积. 可看出这样的堆积具有镜面对称性. 我们把排列顺序互为物像关系的晶体称为孪晶. 画有↓号的 C 面是左、右两块孪晶的边界,是一种面缺陷. 又如,由于某种原因在堆垛过程中多出或者缺少某层晶面,形成

$$\overrightarrow{ABC}\quad \overrightarrow{ABC}\quad \overset{\downarrow}{A}C\quad \overleftarrow{BC}\quad \overrightarrow{ABC}\quad \overrightarrow{ABC}\qquad (\text{多一层 } C)$$

或

$$\overset{\frown}{ABC} \quad \overset{\frown}{ABC} \quad \overset{\frown}{AB} \quad \overset{\frown}{ABC} \quad (少一层 C)$$

两种实际常见的堆积缺陷.

6.6 合金与相图

6.6.1 合金与相图

纯金属由于缺乏足够的硬度和强度,很少直接在工业中应用．给纯金属掺入适当的杂质,可以大大地改变金属的性能. 如在铁中加碳或其他金属得到较硬的钢;在易变形的铜中加入锌可得到有较大机械强度的黄铜等. 这些由两种或两种以上金属或非金属物质组合的熔合体称之为合金.

合金不同于化学上的化合物. 在合金中,组成物质的比例是可以变化的. 但是,随着组合物质比例的不同,将引起合金晶格结构的不同,清楚阐明合金的结构与组成物质比例及温度之间的关系,相图是不可缺少的工具. 为此,先回顾有关相图的基本概念:

1) 组元

组成合金的最基本的、独立的组成物质称为组元. 例如,钢的组元是 Fe 和 C. 组元不仅可以是元素,也可以是化合物. 但是如果在合金形成后出现了新的化合物,则这种新物质不是独立的,它不是组元.

2) 成分

组元原子数或组元质量占总原子数或质量的百分比称为成分.

3) 相

平衡时系统中具有相同物理性质和化学性质、均匀一致的部分称为一个相. 相与相之间有明显的界面. 把上述定义用于合金,则称那些成分相同、结构相同,并有界面与其他部分分开的系统的某均匀组成部分为合金的一个相.

4) 相律

若体系的相数为 σ,每一相中的组元数都为 k,体系的状态参量数为 n(对简单系统,独立状态参量数 $n=2$,通常选为温度与压强;若考虑表面张力、电磁场等,n 将大于 2),则体系的自由度数(独立变数)f 满足

$$f = k + n - \sigma \tag{6.6.1}$$

此关系称为吉布斯相律.

5) 相图

平衡时,体系的状态、组元的成分和温度三者之间相互关系的几何图示称为相图,也称状态图. 相图上的一个点代表一个热力学平衡态;相图上的一条线表示一个准静态过程. 利用相图可以了解在各种温度下、不同成分的合金处在什么相,以

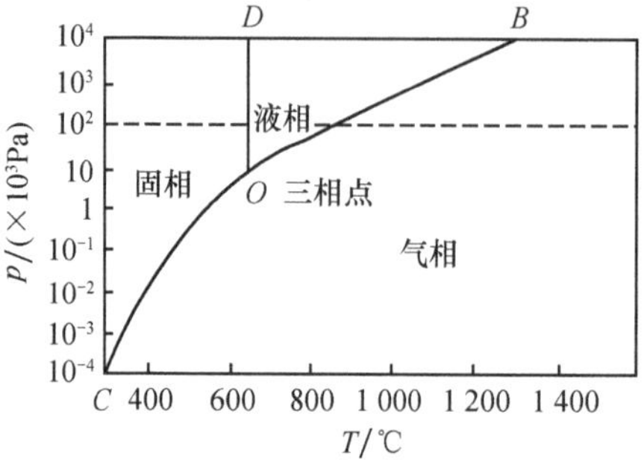

图 6.6.1　镁的相图

及在加热和冷却过程中可能发生的相变.相图是由实验测定、绘制的.

图 6.6.1 给出了一种最简单的单元(纯金属镁)相图.图中的 OB、OC 和 OD 线将相图分为固、液、气 3 个单位区;3 条线上的点代表两相平衡共存;3 条线的交点 O 为三相共存点.如果体系的压强恒定,一般情况下,固体材料总可以认定是处在压强 $p\approx1\times10^5\,\text{Pa}$ 之下.由相图可看出,当温度 $T>1200$℃时,镁完全处于气态;当 1200℃$>T>$640℃时,完全处于液态;$T<$640℃时完全处于固态.等压线 $p=1\times10^5\,\text{Pa}$(虚线)与 OB 线的交点为镁的气-液两相平衡共存,气-液相变过程也完全在该点完成.同样,液-固共存与液-固相变点是等压线与 OD 线的交点.当压强低于三相点 O 所对应的值时,随着温度的变化将直接产生固-气相变.

对合金来说,根据合金组元数的不同,相应的相图可分为二元、三元……其中最基本,也最常用的是二元合金的相图.二元合金由于其组织性质的不同,其相图的形状也是不同的,有的相当复杂,但最基本的类型有匀晶型、共晶型和包晶型,如图 6.6.2 所示.由于在一般压力下,液、固态受压力的影响很小,而在研究固体材料时通常只涉及到凝聚相,即液相与固相,因此,除了超高压情况外,一般条件下可认为体系处于恒定大气压 $1\times10^5\,\text{Pa}$ 下.合金的相,除了受本身成分影响外,主要受温度影响.在图 6.6.2 中,用垂直轴表示温度,水平轴表示成分.图中一些曲线把图面划分成若干区域,每一区域代表一定的相结构,可以是单相,如图中注明的 L、α、β……各区;也可以是两相平衡共存,如图中的 $L+\alpha$、$\alpha+\beta$……各区.由一个相区过渡到另一个相区表示相结构的变化,即变化过程.

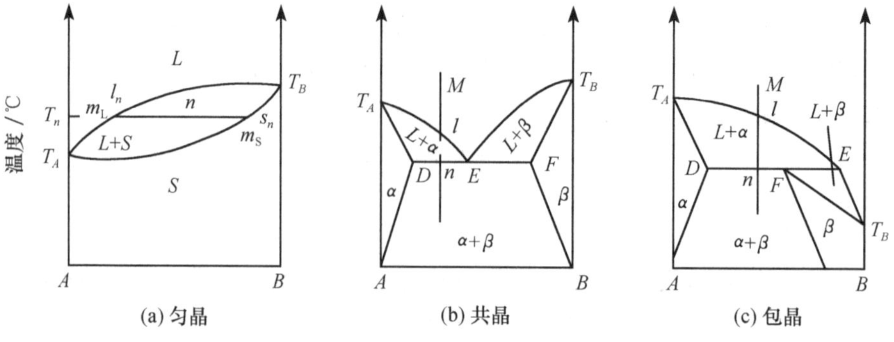

图 6.6.2　三种基本的二元合金相图

下面对图 6.6.2 所示的二元合金相图作几点简单说明：

(1) 匀晶与非匀晶相图. 只有单一固相态的合金相图称为匀晶相图，如图 6.6.2(a)所示；否则，则称为非匀晶相图，图 6.6.2(b)、(c)所示的共晶、包晶相图都属于此类.

(2) 液相线与固相线. 相图中的曲线是不同相区的分界线. 液相线表示，该线以上为高温熔融的液相区，以下是液-固平衡共存区，如图 6.6.2(a)中的 T_ALT_B 曲线. 这个共存区域的另一侧边界线称为固相线，以下是完全固相区，如图 6.6.2(a)中的 T_AST_B 曲线. 一般说来，液相线由若干折线组成，如图 6.6.2(b)中的 T_AE、ET_B，而且每段液相线，都有固相线与之对应，如图 6.6.2(c)中的 T_ADE、EFT_B 等.

(3) 杠杆定则. 在一定温度下，可由所谓"杠杆"定则确定两相平衡共存时两相的相对成分. 以图 6.6.2(a)中的液-固平衡区 n 点所表示的态为例，过 n 点作等温线 T_n 与液相线和固相线分别交于 l_n 点和 s_n 点，若以 m_L 和 m_S 分别表示温度 T_n 时液相和固相的质量，则有

$$\frac{m_\mathrm{S}}{m_\mathrm{L}}=\frac{\overline{l_n}}{\overline{s_n}}$$

式中，$\overline{l_n}$、$\overline{s_n}$分别表示 n 到 l_n、s_n 的距离. 此定则不仅适用于固-液共存区，也适用于任何平衡两相共存区域.

(4) 共晶转变. 由图 6.6.2(b)可看出，共晶相图的基本特点是固相线有一段是水平等温线 DEF，称为共晶线. 液相线的温度在 E 点最低，E 点称为共晶点. E 点的温度和成分分别称为共晶温度和共晶成分.

当合金从液相开始凝结时，从图 6.6.2(b)中的 M 点开始降温，到达 l 点时开始析出 α 固相；在 l 到 n 之间为液相和 α 相平衡共存；到达 n 点时，是液相与 α 固相和 β 固相的平衡共存；继续降温，最后形成 α 相和 β 相的机械混合物. 我们把在一定温度下由一定成分的液相同时结晶出两种固相的过程叫**共晶转变**，其产物叫**共晶体**. 当然在准静态凝结过程中，每一平衡点的两相质量比也满足杠杆定则.

(5) 包晶转变. 与共晶相图比较，图 6.6.2(c)所示的包晶相图虽然也存在一条水平等温线，但所不同的是，等温线 DFE 之上只有一个匀晶转变区 $L+\alpha$，即从液相中析出 α 固相；而在等温线之下又出现了一个匀晶转变区 $L+\beta$，这个区域好似从共晶体上方翻转下来的，而且液相点 E 位于 D、F 两个固相点之外，称为包晶点；此外，水平线 DFE 上下两侧都是两相共存区，而且有一个相是相同的.

当合金从液相开始降温，到达等温线上 n 点时，其相变过程与共晶过程的前半部分完全类似. 刚达到 n 点时，体系只存在 L_E 相与 α_D 相，质量之比为$\overline{nD}/\overline{nE}$；当温度一旦稍低于温度 T_n 时，如温度为 T_1 时，由于 α 已停止结晶，L_E 相对应的成分对 β 相来说已是过饱和了，从而析出 β 相，这样导致 L_E 与 α_D 比例偏离$\overline{nD}/\overline{nE}$，为了维持这个比例，$\alpha$ 相将发生回熔. 所以保持 L、α、β 三相平衡的准静态凝固过程必须是

液相 L 和固相 α 按固定的比例 $\overline{DF}/\overline{EF}$ 减少而形成新出现的固相 β. 这个过程不断进行，直到液相 L 和 α 相全部消失为止，系统从而进入 $\alpha+\beta$ 固相区或进入 $L+\beta$ 液固相区. 究竟发生哪种情形，取决于液态熔体的成分. 如果从相图中的 M 点开始降温，它的成分在 F 点的左边，与水平等温线交点为 n，转变的结果是 α 和 β 两固相混合区. 若从 M' 点开始，其成分 F 右边，与水平等温线的交点为 n'，转变的结果是进入 $L+\beta$ 相区，液、固比例是 $\overline{n'F}/\overline{n'E}$.

这种由一种液相和一种固相产生另一种新的固相的过程称为包晶转变. $\overline{DFE}$ 称为包晶线；F 点称为包晶点；F 点的温度和成分分别称为转熔温度和包晶成分. 在这种转变过程中原来所析出的固相 α 的外层首先与液相反应，形成新固相 β，包在 α 相的晶体外面，这就是包晶转变名称的由来.

(6) 形成稳定化合物的二元相图. 在一些二元系中，两组元可形成稳定的化合物，在熔点以下保持自己的晶体结构. 由于化合物有固定的组分比，若把化合物 A_nB_m 当作组元，那么化合物二元相图就可看成是由 A 与 A_nB_m 和 B 与 A_mB_n 两个二元相图的拼合，两图宽度之比为 m/n，如图 6.6.3 所示.

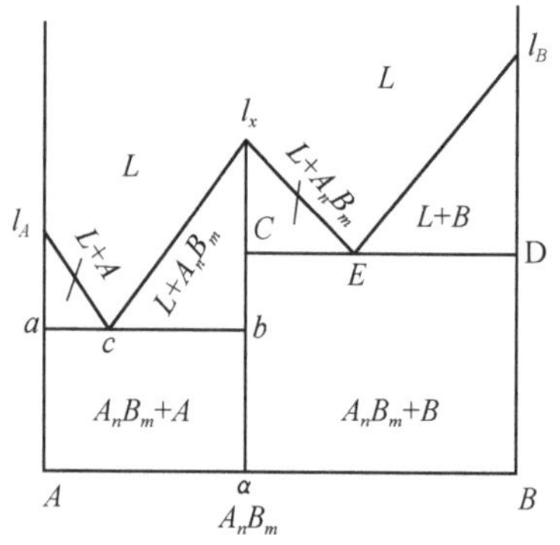

(a) 由两个完全不互溶的共晶相图构成

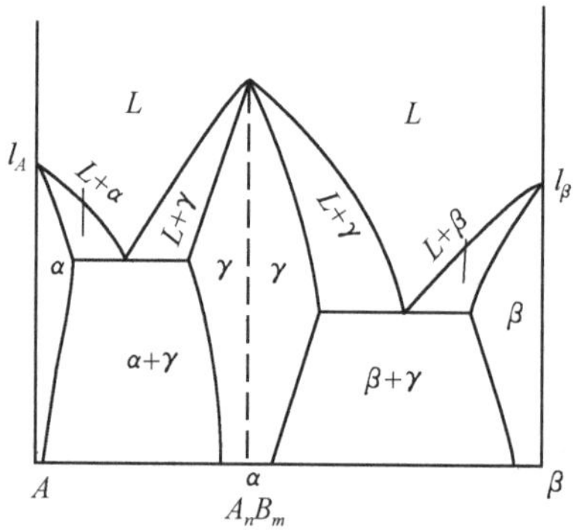

(b) 由两个部分互溶的共晶相图构成

图 6.6.3　形成稳定化合物的二元相图

6.6.2　合金的固体相

按照合金成分不同对合金固相结构的影响，合金固体相通常可分为固溶体和中间相两大类. 下面分别作简要介绍.

1. 固溶体

固溶体即固态溶液. 我们把含量较多的基质物质看作溶剂，把含量较少的掺杂物质看作是溶解在基质溶剂中的溶质. 结构上，固溶体是单相合金，其固体相保持溶剂的晶格结构. 溶质在固溶体中浓度的最大限度称为固溶度或固溶极限. 按照固溶度是否有限,固溶体又可分为连续固溶体和有限固溶体.

连续固溶体:连续固溶体中两种元素可以无限制地相互溶解. 随着成分的变化,可以从一种纯元素的情况连续过渡到另一种纯元素的情况,过程中不出现任何结构相变,即合金可以以任何成分比例组成单一的固相. 其相图如同图 6.6.2(a)所示的匀晶相图那样.

显然,形成无限固溶体的两种物质必须要有相同的晶格结构,相同的原子或离子半径及相似的化学组成. 如 Cu-Ni 合金就是典型的无限固溶体.

有限固溶体:若溶质物质在溶剂物质中的溶解度是有限的,即固溶度有限,超过某一界限,合金的相将是两种元素各自单独存在时晶格结构形式的混合,或者说有溶质相析出,则称此固溶体为有限固溶体. 图 6.6.2(b)、(c)中 α、β 相就是有限固溶体. 它们都保持溶剂物质的晶格结构不变.

也可按溶质原子在溶剂物质晶格中所占的位置不同对固溶体分类:若溶质原子处于溶剂原子的晶格位置而代替了溶剂原子,则称这样形式的固溶体为替代式(置换式)固溶体,两种原子在晶格上的分布一般是无规的;若溶质原子无规地处于溶剂晶格的间隙位置形成固溶体,则称为间隙固溶体,原子的间隙位置一般较小,只能容纳线度较小的原子,而且容纳的数目也是有限的,所以间隙固溶体一般都是有限固溶体.

影响固溶体的因素很多,主要有以下几点:

(1) 晶格结构影响. 两组元有相同的晶格和相近的晶格常数是形成连续固溶体的必要条件;即使不能形成连续固溶体,所形成的有限固溶体的浓度也较大.

(2) 原子大小影响. 原子线度的差别越小,固溶度越大. 经验证明,两组元原子半径的差别小于 15%,才可能形成固溶度较大的替代式固溶体;对于间隙固溶体,原子半径比 $r_{溶剂}/r_{溶质}<0.59$ 时,才能形成. 因为原子大小的不同将引起溶质原子附近排列的畸变,使体系能量增加,晶格就不稳定,不利于固溶体的形成.

(3) 原子电负性影响. 只有当两种原子的电负性相差较小时,才能形成固溶体. 因为固溶体基本上是金属键结合的,如果负电性较大,它们便倾向于形成共价键-离子键结合,即倾向于形成化合物而不是形成固溶体.

(4) 相对原子价的影响. 实验表明,高原子价的元素在低价元素中的溶解度一般大于相反情况下的溶解度. 高熔点元素在低熔点元素中的溶解度高于与之相反的情况.

固溶体虽然是单相合金,其结构保持溶剂组元的晶格类型,但与纯溶剂组元的晶格相比,其结构仍有或多或少的变化,主要表现在,晶格常数变化及晶格发生畸变;另外,由于热涨落,伴随溶质原子的无规分布可能产生原子的偏聚和短程有序区. 这些影响固溶体的机械性质. 一般来说固溶体比纯组元固体有更好的综合力学性质，既有较高的硬度和抗拉强度，又有较好的冲击韧性和延伸性.

2. 中间相

如果两种元素只有有限的相互溶解度，当超过两元素的固溶度后，可能出现既不同于溶剂元素也不同于溶质元素晶格结构的新的固体相，由于此时的成分比处于相图成分坐标的中间位置，所以称为中间相. 如图 6.6.4 所示的 Cu-Zn 合金相图里，β、γ 等相就是中间相. 中间相的种类十分繁多，这里简单介绍一些典型的中间相.

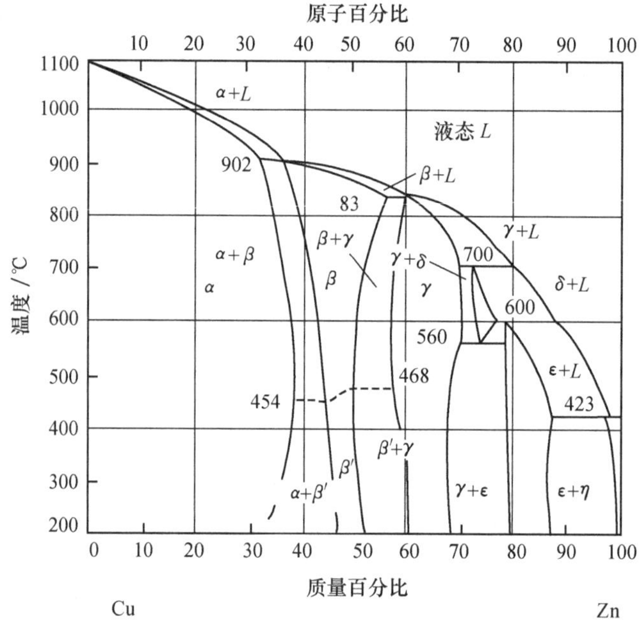

图 6.6.4　多相合金相图

1) 正常价化合物

当两种原子的正、负电性差别较大时，则以确定的成分形成化合物. 成分由化合价规律确定. 化合物以共价-离子混合键结合. 化合物分子规则排列成晶格，称为正常价化合物. 化合物成分确定，在相图上用一条竖直线表示，如图 6.6.5 中 Mg_2Si. Ⅲ族和Ⅴ族元素在 1/2 原子成分下形成Ⅲ-Ⅴ 族化合物，以共价结合为主，大多数具有闪锌矿结构. 它们都是重要的半导体材料.

2) 间隙相和间隙化合物

由过渡族元素与非金属元素(如 B、C、N、H 等)可以形成间隙相或间隙化合物，这主要取决于两种原子线度的相对大小.

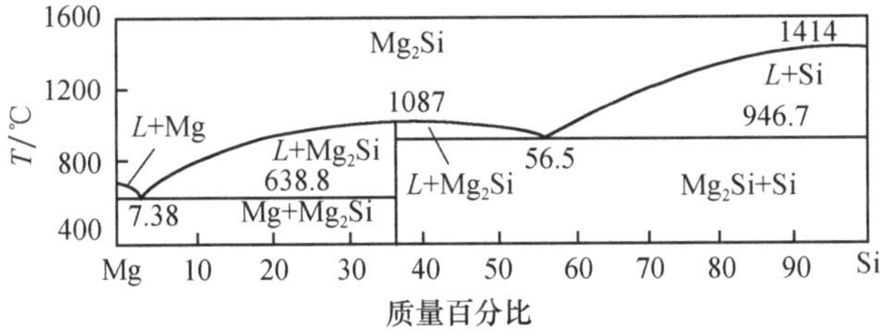

图 6.6.5 Mg-Si 系相图

当非金属原子半径 $r_{非}$ 与过渡族金属原子半径 $r_{金}$ 之比 $r_{非}/r_{金}<0.59$ 时，形成间隙相. 此时较大金属原子占据格点位置，较小非金属原子处于间隙位置，而且金属元素构成不同于它们在纯金属时的晶格结构. 间隙相两元素的原子数之比，一般满足简单化学式的要求，如果用 M 代表金属元素，X 代表非金属元素，其化学式可写成 M_4X、M_2X、MX 和 MX_2 等. 例如，纯钒是体心立方晶格，间隙相的碳化钒(VC)中的钒成为面心立方晶格，碳原子规则地分布在间隙位置，最终形成 NaCl 结构类型.

间隙相可以溶解组元元素，间隙相之间也可以互溶，形成有限固溶体(称为二次固溶体). 因此在相图上占据一定的成分范围的相区. 间隙相具有高熔点、高硬度，且具有金属光泽、较高导电率等金属特性.

当 $r_{非}/r_{金}>0.59$，一般形成复杂的化合物，称为间隙化合物，如 Fe-C 系中的 Fe_3C(渗碳体)就属于间隙化合物. 在相图上，间隙化合物也用一竖直线表示. 间隙化合物具有很高的熔点和硬度，称为硬质合金，如 Cr_3C_3、MnC_3 等. 它们是重要的高温材料和刀具材料.

3) 电子化合物

不同于前两类中间相，有一类以金属价结合的中间相，不遵守化合价规则，但其结构取决于价电子数与原子数的比值. 我们称此中间相为电子化合物. 如图 6.6.4 中所示的 Cu-Zn 合金中的 β 相、γ 相、ε 相都是典型的电子化合物.

电子化合物的成分可以有一定的变化范围，当溶质原子达到一定的百分比后，将有新的中间相出现. 对 Cu-Zn 合金来说，当 Zn 原子的百分比小于 35%时，合金具有与溶剂元素 Cu 相同的晶体结构——面心立方结构，此时是固溶体；当 Zn 成分等于 35%时，出现体心立方的 β 相；并且随着 Zn 成分的增大，β 相不断增大，在 Zn 成分小于 50%附近很窄的区域内以 β 相单独存在；当 Zn 成分等于 50%时，出现 γ 相，为较复杂的立方结构；当 Zn 继续增加，就会出现具有六角密积结构的ε 相.

6.6.3 休姆-罗瑟里定则和合金相的能带理论

1) 休姆-罗瑟里(Hume-Rothery)定则

休姆-罗瑟里对大量合金进行分析对比后发现：当每个原子的平均价电子数达到一定值时，电子化合物均出现具有特定晶格结构的相，其规律如下：

价电子数 / 原子数	3/2	21/13	7/4
结构	体心立方(β)	复杂立方(γ)	六角密积(ε)

以上规律称为**休姆-罗瑟里定则**. Ⅱ、Ⅲ及ⅣB 族元素与 Cu、Ag、Au 组成的合金,都符合上述规律.

2) 休姆-罗瑟里定则的能带理论解释

休姆-罗瑟里定则可用价电子的能带填充情况来解释. 仍以 Cu-Zn 合金为例,溶剂物质为一价 Cu,具有面心立方结构. 当溶入二价的 Zn 原子后,Zn 原子将替代一部分晶格格点上的 Cu 原子,因而引起晶体价电子密度 n_e 增大. n_e 的增大可以引起两种变化:

(1) 不改变晶体结构,而仅仅使费米面半径 $k_F=(3\pi^2 n_e)^{1/3}$ 增大.

(2) 引起晶体结构的变化,晶体进入新的相.

到底发生哪种变化,要看哪种变化所需的能量较少.

当费米面远离布里渊区界面时,金属价电子可近似用自由电子描述,其能态密度 $g(E)$ 随能量 E 的增大而增大,故外来价电子占据下一个能态只需要消耗不多的能量. 此时价电子密度 n_e 的增大只引起费米面半径 k_F 的增大. 然而当费米面接近布里渊区界面时,由 4.7 节讨论可知,能态密度随能量的增大而急剧下降,进一步填充电子所需能量急剧增大. 相比之下,重新组成一新相所需的能量较少,这时晶体将发生结构变化,进入新相. 图 6.6.6 给出了面心立方与体心立方晶体能态密度与能量的关系曲线.

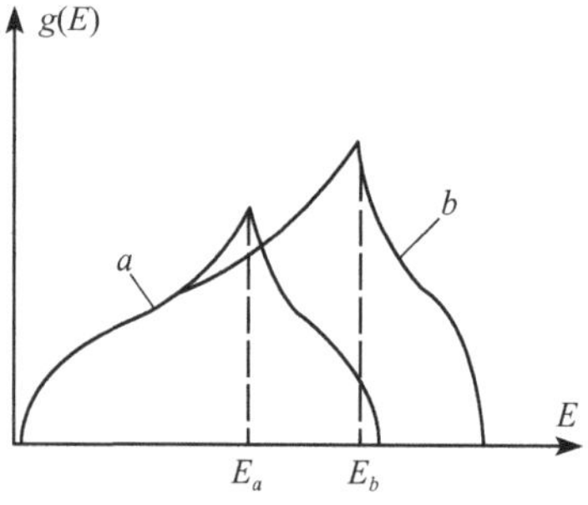

图 6.6.6 能态密度与能量的关系
a. 体心立方晶体; b. 面心立方晶体
E_a、E_b 表示费米面接触到布氏区边界时的能量

现以 Cu-Zn、Au-Zn 合金为例,用上述理论来计算合金 β 相单独存在区域内,每个原子的平均价电子数. β 相具有体心立方结构,若设体心立方的晶格常数为 a,则其倒格子是晶格常数为 $4\pi/a$ 的面心立方格子,其第一布里渊区是一菱形十二面体. 由图 1.6.4 可求得,第一布里渊区内切球的半径 r 为面心立方倒格子的面对角线长度的 1/4,即

$$r=\frac{1}{4}\times\frac{4\pi}{a}\sqrt{2}=\frac{\sqrt{2}\pi}{a}$$

在自由电子近似下,费米面是球面,当费米面达到布里渊区界面时,即 $k_F=r$ 时,费米面内的价电子数就是 β 相所能容纳的最多价电子数. 如果电子继续增加,将有 γ

相析出. 由于在 k 空间的态密度为 $2V/(2\pi)^3$，V 为晶体体积，对体心立方晶格 $V=Na^3/2$，N 为原子数，$a^3/2$ 为原胞体积，因此，费米面内的价电子数

$$N_e = 2\frac{V}{(2\pi)^3}\times\frac{4}{3}\pi k_F^3 = 2\frac{1}{(2\pi)^3}N\times\frac{1}{2}a^3\times\frac{4}{3}\pi\left(\frac{\sqrt{2}\pi}{a}\right)^3 = \frac{\sqrt{2}}{3}\pi N\approx 1.48N$$

由此可得，β 相时价电子数与原子数的比

$$\frac{N_e}{N}=\frac{\sqrt{2}}{3}\pi\approx 1.48$$

与休姆-罗瑟里定则基本符合. 由 N_e 与 N 的比值，可求得 Zn 的浓度；设 Zn 原子数为 N_{Zn}，则

$$\frac{N_e}{N}=\frac{2N_{Zn}+N-N_{Zn}}{N}=1.48$$

得

$$\frac{N_{Zn}}{N}=1.48-1=0.48$$

即在 β 相时，Zn 浓度为 $0.48N$. 这也与实验结果一致. 对 γ 相、ε 相进行完全类似的计算，也都得到与休姆-罗瑟里定则相符的结果. 这说明用能带理论解释电子化合物是成功的.

本章要点

1. 缺陷

对理想周期性结构的任何偏离都称之为缺陷. 缺陷的存在对晶体的性质有重大影响，以至可决定性的改变晶体的性质.

2. 点缺陷

点缺陷是在一个或几个原子的微观区域内对理想结构的偏离. 它包括由原子热振动涨落所引起的热缺陷和晶体中的杂质原子.

肖特基缺陷(空位)平衡数目

$$n_S = Ne^{-u_S/(k_BT)}$$

填隙原子缺陷数目

$$n_I = N'e^{-u_I/(k_BT)}$$

夫伦克尔缺陷数日

$$n_F=\sqrt{NN'}e^{-u_F/(2k_BT)}$$

色心. 能吸收可见光的点缺陷称为色心. 离子晶体中带电点缺陷产生局域电子态，载流子在这些电子态之间的跃迁产生吸收带，吸收带的吸收中心称为色心频率.

3. 热缺陷的运动

空位跳动概率

$$P_S = \nu_{0S}\exp\left(-\frac{E_s}{k_B T}\right)$$

填隙原子的跳动概率

$$P_I = \nu_{0I}\exp\left(-\frac{E_I}{k_B T}\right)$$

正常格点原子跳到间隙位置的概率

$$P = \nu_{0I}\exp\left(-\frac{u_S + u_I + E_I}{k_B T}\right)$$

4. 扩散的微观机制

空位机制

$$D_S = \frac{1}{6}a^2\nu_{0I}e^{-(u_S+E_S)/(k_B T)}$$

填隙原子机制

$$D_I = \frac{1}{6}\nu_{0I}e^{-(u_I+u_S+E)/(k_B T)}$$

5. 离子晶体的电导率

$$\sigma = \sum_{i=1}^{4}\sigma_i = \frac{1}{k_B T}\sum_{i}^{4} N e_i^2 a_i^2 v_{0I} e^{-(u_i+E_i)/(k_B T)}$$

6. 线缺陷

位错线：晶体中偏离理想周期结构的线称为位错线.

刃位错：滑移方向与位错互相垂直的位错称为刃位错. 它对晶体的范性和强度有较大影响.

螺位错：滑移方向与位错线平行的位错称为螺位错. 它可明显提高晶体的生长速度，是凝固的生长点.

位错运动机理——蠕动模型.

7. 面缺陷

晶界和堆积层是两类主要的面缺陷.

8. 合金与合金相

合金：由两种或两种以上元素组成的溶合体称为合金. 合金可分为固溶体和中

间相两类.

相:成分相同,结构相同,并有界面与其他部分分开的系统的某均匀部分称为一个相.

固溶体:固溶体是一种固态溶液.其溶剂元素与溶质元素不发生化学反应.固溶体可分为:

(1) 连续固溶体:两种元素无限制地相互溶解的固溶体称为连续固溶体.

(2) 有限固溶体:两种元素溶解度是有限的固溶体称为有限固溶体.

中间相:超过溶解度后,合金出现的不同于溶剂、溶质元素单独存在时的结构,称之中间相.中间相可分为:

(1) 正常价化合物;

(2) 间隙化合物;

(3) 电子化合物.

9. *休姆-罗瑟里定则*

对电子化合物,其结构相与 n_e/n_a 满足一定的对应关系.其中 n_e、n_a 分别是价电子数和原子数.

思考题

6.1 为什么形成一个空位所需的能量低于形成一个弗仑克尔缺陷所需的能量?

6.2 离子晶体有哪些类型的点缺陷? 什么叫色心?

6.3 讨论填隙原子和空位复合时,可将其中一种缺陷看成相对静止,另一种缺陷移近它而进行复合.这种近似处理的根据何在?

6.4 自扩散是以点缺陷的存在为前提的,扩散系数 $D(T) \sim \mathrm{e}^{-Q/(k_B T)}$ 中出现激活能项的根据是什么? Q 与哪些因素有关?

6.5 分析位错线可以聚集杂质的根据.

6.6 位错运动的蠕动模型有什么实验依据?

6.7 比较固溶体和中间相.

6.8 何为共晶、包晶反应?

6.9 试用能带理论解释休姆-罗瑟里定则.

习题

6.1 由 N 个原子组成的晶体,证明其肖特基缺陷数目 $n_S = N\mathrm{e}^{-u_S/(k_B T)}$,其中 u_S 为形成一个空位所需的能量.

6.2 铜中形成一个肖特基缺陷的能量为 1.2eV,若形成一个间隙原子的能量为 4eV,试分别计算 1300K 时的肖特基缺陷和填隙原子数目，并对两者进行比较(铜的熔点是 1360K).

6.3　设一个钠晶体中空位附近的一个钠原子迁移时必须越过 0.5eV 的势垒，原子振动频率为 10^{12}，试估算室温下放射性钠在正常钠中的扩散系数及 373K 时的扩散系数(已知形成一个钠空位所需能量为 1eV).

6.4　在离子晶体中，由于电中性要求，正、负离子空位多成对出现. 令 n_{SP} 代表正、负离子空位的数目，u_{SP} 是产生一对缺陷所需的能量，N 是原有的正、负离子对的数目. 在理论上可推出

$$n_{SP}/N = e^{-u_{SP}/(2k_B T)}$$

(1) 试述产生正、负离子空位后，晶体体积的变化 $\Delta V/V$(V 为原有的体积).

(2) 在 800℃时，用 X 射线测定食盐的离子间距，再由此测定密度 ρ，算得分子量 M_p 为 58.430±0.016，而用化学方法所测定的分子量 M_c 是 58.454，求在 800℃时缺陷 n_s/N 的数量级.

6.5　在一维晶格中，晶格粒子的势能曲线如习题 6.5 图所示. 设晶体中只有一种肖特基缺陷，格点上的粒子每秒从能谷 1 跳到能谷 2 的概率为

$$P = \frac{v}{l}\exp\left(-\frac{W}{k_B T}\right)$$

其中 l 为缺陷的最近邻格点数目. 试推导出扩散流密度和扩散系数的表达式.

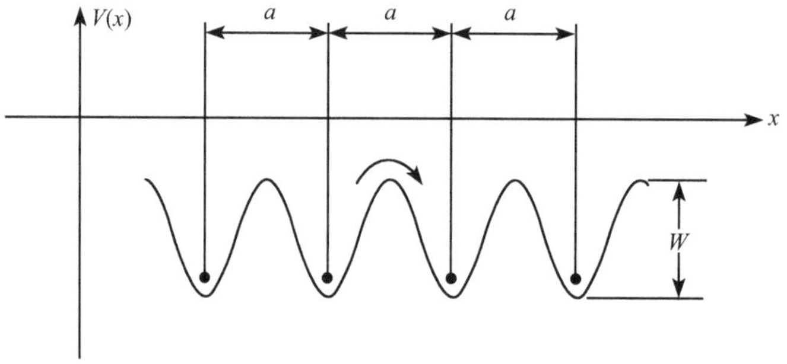

习题 6.5 图

6.6　试导出表示 A-B 二元系成分的原子百分数与质量百分数的换算公式.

参考书目

奥默尔 M A. 1987. 固体物理学基础. 北京：北京师范大学出版社
陈金富. 1986. 固体物理学学习参考书. 北京：高等教育出版社
方俊鑫，陆栋. 1980，1981. 固体物理学(上、下册). 上海：上海科学技术出版社
方可，胡述楠，张文彬. 1993. 固体物理学. 重庆：重庆大学出版社
冯端，金国钧. 2013. 凝聚态物理学. 上卷. 北京：高等教育出版社
冯端，师昌绪，刘治国. 2002. 材料科学导论. 北京：化学工业出版社
管惟炎，等. 1981. 超导电性物理基础. 北京：科学出版社
郭贻诚，王震西. 1984. 非晶态物理学. 北京：科学出版社
黄昆，韩汝琦. 1988. 固体物理学. 北京：高等教育出版社
李正中. 2002. 固体理论. 2 版. 北京：高等教育出版社
陆栋，蒋平，徐至中. 2003. 固体物理学. 上海：上海科学技术出版社
马本堃，等. 1992. 固体物理基础. 北京：高等教育出版社
吴代鸣. 2014. 固体物理基础. 2 版. 北京：高等教育出版社
阎守胜. 2003. 固体物理基础. 北京：北京大学出版社
Imry Y. 1997. Introduction to Mesoscopic Physics. New York：Oxford University Press
Philip P. 2002. Andvanced Solid State Physics. New York：Westview Press
Zallen R. 1983. The Physics of Amorphous Solids. New York：Wiley-Interscience Publication
Hook J R，Hall H E. 1996. Solid State Physics. Chicheter，New York：John Wiley & Sons Inc
Kittel C. 1996. Introduction to Solid State Physics(7th Ed.). New York：John Wiley & Sons Inc
Kachhave C M. 1990. Solid State Physics. New Delhe：Tata McGraw-Hill Publishing Press

附录 几种常见的物理常量及单位变换

物理量	符号	数值	数值的单位	
			SI 制	CGS 制
真空中的光速	c	2.997925	$10^8 m\cdot s^{-1}$	$10^{10} cm\cdot s^{-1}$
磁导率(真空)	μ_0		$4\pi\times10^{-7} H\cdot m^{-1}$	1
电容率(真空)	$\varepsilon_0=\frac{1}{\mu_0 c^2}$		$10^7/(4\pi c^2) F\cdot m^{-1}$	1
基本电荷	e	1.60219	$10^{-19}C$	—
电子静止质量	m	9.10956	$10^{-31}kg$	$10^{-28}g$
质子静止质量	m_p	1.62761	$10^{-27}kg$	$10^{-24}g$
中子静止质量	m_n	2.81792	$10^{-27}kg$	$10^{-24}g$
经典电子半径	$r_e=\frac{e^2}{4\pi\varepsilon_0 mc^2}$	2.817939	$10^{-15}m$	$10^{-13}cm$
质子电子质量比	m_p/m	1836.15152	—	—
普朗克常量	h	6.626176	$10^{-34}J\cdot s$	$10^{-27}erg\cdot s$
玻尔兹曼常量	k_B	1.380662	$10^{-23}J\cdot K^{-1}$	$10^{-16}erg\cdot K^{-1}$
阿伏伽德罗常量	N_A	$6.02214199\times10^{23}mol^{-1}$	—	—
普适气体常量	R	8.314472	$JK^{-1}\cdot mol^{-1}$	$10^7 erg\cdot mol^{-1}K^{-1}$
法拉第常数	$F=N_A e$	9.648453	$10^4C\cdot mol^{-1}$	
精细结构常数	a	7.297352×10^{-3}	—	—
里德伯常量	R_∞	2.17991	$10^{-18}J$	$10^{-11}erg$
里德伯能量	hcR_∞	13.6058eV	—	—
玻尔半径	a_0	5.29177	$10^{-11}m$	$10^{-9}cm$
玻尔磁子	$\mu_B=\frac{e\hbar}{2mc}$	9.27410	$10^{-24}J\cdot T^{-1}$	$10^{-21}erg\cdot G^{-1}$
电子磁矩	μ_e	9.284832	$10^{-24}J\cdot T^{-1}$	$10^{-21}erg\cdot G^{-1}$
电子荷质比	e/m	1.75880×10^{11}	$Ck\cdot g^{-1}$	—

相当于 1 电子伏特的	
电磁波波长 $\lambda_0\left(\frac{hc}{\lambda_0}=E\right)$	1.2398521×10^{-6} m
电磁波波数 $k_0(hk_0c=E)$	8.065479×10^{5} m
电磁波频率 $\nu_0(h\nu_0=E)$	$2.4179696\times10^{14}\,s^{-1}$
电子速度 $v\left(\frac{1}{2}mv^2=E\right)$	$5.9309435\times10^{5}\,ms^{-1}$
温度 $T(k_BT=E)$	1.160450×10^{4} K
相当于 1 里德伯的能量	2.179907×10^{-18} J
相当于 1 电子伏特的能量	1.6021892×10^{-19} J